Ullstein Sachbuch

Ullstein Sachbuch
Ullstein Buch Nr. 34131
im Verlag Ullstein GmbH,
Frankfurt/M – Berlin – Wien
Bearbeitung:
Wilhelm Roggersdorf

Ungekürzte Ausgabe

Umschlagentwurf:
Jürgen Spohn

Lizenzausgabe mit
freundlicher Genehmigung
der Econ Verlag GmbH,
Düsseldorf und Wien

Printed in Germany 1983
Gesamtherstellung: Ebner Ulm

ISBN 3 548 34131 4

Juni 1983

CIP-Kurztitelaufnahme
der Deutschen Bibliothek

Däniken, Erich von:
Reise nach Kiribati: Abenteuer zwischen
Himmel u. Erde / Erich von Däniken.
[Bearb.: Wilhelm Roggersdorf]. –
Ungekürzte Ausg. – Frankfurt/M; Berlin;
Wien: Ullstein, 1983.
(Ullstein-Buch; Nr. 34131: Ullstein-
Sachbuch)
ISBN 3-548-34131-4
NE: Roggersdorf, Wilhelm [Bearb.]; GT

Erich
von Däniken

Reise nach Kiribati

Abenteuer
zwischen
Himmel und Erde

mit 35 farbigen
und
65 einfarbigen
Abbildungen

Ullstein Sachbuch

INHALT

Brief an meine Leser 7

1 Reise nach Kiribati 10

2 Aus irgendeinem Grunde 67

3 Geist – der Urgrund aller Materie 100

4 Auf der Jagd nach Enten und grünen Männchen 117

5 Im gelobten Land? 148

6 Götterdämmerung 195

Bildquellenverzeichnis 255

Bibliographie 256

Legenden zum Farbteil 261

Register 263

BRIEF AN MEINE LESER

Es ist unmöglich,
Staub wegzublasen, ohne daß eine
Menge Leute zu husten anfangen

Prinz Philip,
Herzog von Edinburgh,
Gemahl von Königin Elisabeth II.

Liebe Leserin
Lieber Leser

Ein kluger Mann, der sich mit unseren Lesegewohnheiten beschäftigte – ich glaube, es war Professor Alphons Silbermann – ermittelte, daß eine ›Lesergeneration‹ vier Jahre währt. Rechnen Sie, bitte, mal durch, es scheint zu stimmen. Vom zweiten bis sechsten Lebensjahr machen kräftige Bilderbücher die erste Lesergeneration. Dann kommen leidige Schulbücher und Märchenbände, bis mit zehn Jahren – heute! – ›Comics‹ und für wache Mädchen und Buben Jugendromane, Abenteurer- und Reiseberichte, Schilderungen aus der Tierwelt folgen. Früherwachsen, gehören ab etwa 14 Jahren schon Romane der ganzen Bandbreite und erste interessante Sachbücher zum Lesestoff. Mit 18 meldet sich die erste besondere Zuneigung zu speziellen Themen, die – vielleicht – das Leben begleiten oder – durch Beruf, Privatleben, Hobby und besondere Ereignisse – neuerlich den Rhythmus der Lesergenerationen wechseln.

Bedenke ich diesen Rhythmus, dann vergingen, seit 1967 mein erstes Buch erschien, dreieinhalb Lesergenerationen. Wer 1967 sechzehn Jahre alt war, ist heute 30! Vielleicht, lieber Leser, begegneten wir uns damals schon, vielleicht gehören Sie zum großen Stamm meiner Leser, der zuverlässig zur Stelle ist, wenn etwa alle zwei Jahre ein neues Buch erscheint.

Ganz gewiß aber stoßen viele junge Leser dazu, wenn ich mit einem neuen Buch meine ›alten‹ Thesen mit blitzneuen Erkenntnissen belege. Das ist das Geschick jeder Hypothese – auch der allerwissenschaftlichsten! –, daß sie weiterentwickelt werden muß. Und da bin ich, ich gestehe es, jedesmal in einem Dilemma: Für meine Stammleser sind die Ausgangspositionen klar. Was aber muß ich meinen neuen Lesern an ›Handwerkszeug‹ mitgeben, damit sie zwischen Himmel und Erde festen Grund unter die Füße bekommen? Meine alten Leser will ich nicht langweilen, doch meine neuen keinesfalls ohne Kompaß in den Wald schicken.

Es bleibt mir nur, in Telegrammkürze zu notieren, was ich seit 14 Jahren behaupte:

- In vorgeschichtlicher Zeit erhielt die Erde Besuch von unbekannten Wesen aus dem Weltall. In der einschlägigen Literatur nennt man sie ›Außerirdische‹ oder ›Extraterrestrier‹
- Die Außerirdischen schufen die menschliche Intelligenz durch Veränderung des Erbmaterials der noch primitiven Erdbewohner. Wissenschaftler würden es als Mutation, eine künstlich erzeugte Veränderung der Erbmasse, bezeichnen. Nach meinem Verständnis ist das Entstehen menschlicher Intelligenz kein Zufall, kein Treffer in der Lotterie mit dem Zufallsspiel unter Milliarden Möglichkeiten, sondern ein geplanter Eingriff von unbekannten Wesen aus dem All
- Auch durch Erdbesuche der Fremden entstanden älteste Religionen, kam es zur Bildung von Mythen und Legenden, die in ihrem Kern Realitäten ehemaliger Ereignisse überliefern

Wären diese kurz umrissenen Hypothesen nicht von hoher Brisanz, hätten sie keine Weltdiskussion auslösen können. In der Tat säge ich unverdrossen an den Grundpfeilern des traditionellen Denkgebäudes. Ausgestattet mit Kenntnissen, die ich mir in 20 Jahren erwarb, wurde ich zum Grenzgänger zwischen den Erbhöfen der Archäologen, Völkerkundler, Abstammungsforscher, Raumfahrtspezialisten . . . und notwendigerweise auch Theologen. Klar, daß ich auf meinem Marsch vielen auf die Füße treten muß, das ergibt sich zwangsläufig. Klar auch, daß ich – in speziellen Fällen – des Irrtums überführt wurde. Das gebe ich dann auch zu.

Aber, und das bestätigt mich in meinen Bemühungen, es ist viel dran an meinen Hypothesen: In allen Weltsprachen erschienen Bücher, die mich attackierten. Eine ganze Phalanx von Autoren rangelte sich an meinem Welterfolg hoch mit Angriffen – zum Teil unter der Gürtellinie. Ertrinkende schlagen halt wild um sich. Ich bin nachsichtig. Andrerseits kommen auch zunehmend Werke auf den Markt, die sich ernsthaft und sogar wohlwollend meiner Thesen annehmen. Anerkannte Wissenschaftler sind darunter.

Das Thema fand wie kaum ein zweites in unserem Jahrhundert ein Weltecho. Dazu trugen nicht nur meine Filme *Erinnerungen an die Zukunft* und *Botschaft der Götter* bei. Mindestens befruchtet wurden auch die amerikanischen Superfilme *Krieg der Sterne* und *Das Imperium schlägt zurück* von meinen Gedanken. Stammleser begegnen auf der Leinwand Situationen, die ihnen vertraut sind.

Die Popgruppe *Exiled* (RCA-PL 25297) langt, Englisch gesungen, mit ihrem neuesten Titel in die vollen.

Da heißt es übersetzt:

»Es war vor Tausenden von Jahren, da eine gewaltige Armada von Raumschiffen ein Meer von Sternen durchquerte. Sie war unterwegs auf der Suche nach Planeten, die sich für die Erhaltung und Weiterentwicklung des Lebens eigneten. Diesem Ziel diente auch die Entdeckung und Besiedlung des Planeten Erde. Erst jetzt gehen wir daran, die überlieferten Aufzeichnungen jenes phantastischen Ereignisses zu enträtseln . . . Und was immer auch auf Erden und im Himmel geschehen sollte, von nun an werden wir mehr verstehen und begreifen . . .«

Daß meine Thesen so populär wurden, daß sie in die Popmusik eingingen, freut den Autor, der am Text ganz und gar ›unschuldig‹ ist. Es gibt mir die Zuversicht, daß gerade die junge Generation hellwach für zukunftsträchtige Ideen ist.

Hören wir, liebe Leser, auf den Propheten Hesekiel, der um 592 vor Christus lebte:

»Menschensohn, du wohnst inmitten eines widerspenstigen Geschlechts, das Augen hat zu sehen und doch nicht sieht, und Ohren hat zu hören und doch nicht hört!«

Was mich angeht, werde ich weiter Staub wegblasen, auch wenn eine Menge Leute zu husten anfangen!

Alte und neue Leser lade ich ein, mich auf einigen Reisen zu begleiten. Sie werden viel Neues erfahren und auch von Widrigkeiten lesen, die einem ›Sonntagsforscher‹ auf seinen Weltreisen begegnen.

Herzlich Ihr

ERICH von Däniken

1 REISE NACH KIRIBATI

Überraschung und Verwunderung
sind der Anfang des Begreifens
Ortega y Gasset

Ein Pfarrer lockt mich zu fernem Ziel · Wo liegt Kiribati? · Die Nacht, in der wir wie die Scheichs lebten · Streik auf einer Insel des Friedens · Theorien über den Ursprung von Kiribati · Teeta, unser schwarzer Engel · Kostbare Bibliothek in Bairiki entdeckt · Von Nareau und anderen Außerirdischen · Flug nach Abaiang · Der magische Kreis · Vor einem Riesengrab in Arorae · Navigationssteine auf Arorae · Schöpfergötter aus der schwarzen Dunkelheit · Wie Riesen sich verewigten · Abschied von neuen Freunden und uralten Rätseln

Ohne diesen Brief aus Kapstadt, Südafrika, wäre ich nie im Leben nach Kiribati gekommen:

»Dear Mr. von Däniken,

Sie sind ein Mann mit vielen Verpflichtungen, deshalb komme ich gleich zur Sache.

Ich faßte die Absicht, Ihnen zu schreiben, daß es gute Beweise für die Götter gibt, die vom Himmel kamen. Während meiner Zeit als Missionar im pazifischen Raum hat man mir Gräber von zwei Riesen gezeigt, die nach lokaler Überlieferung vom Himmel kamen.

Die Gräber sind gut erhalten, und jedes ist ungefähr fünf Meter lang. In Felsen gibt es auch versteinerte Fußabdrücke, und die sind so zahlreich, daß es leicht ist, sie zu fotografieren.

Ferner gibt es einen ›steinernen Kompaß‹ und schließlich sogar einen Ort, von dem die Legende behauptet, dort seien Götter gelandet. Dieser Platz ist sehr interessant, denn es handelt sich um einen Kreis, der völlig frei von pflanzlichem Leben ist.

Falls Sie an diesen Informationen interessiert sind, fühle ich mich geehrt, Ihnen weitere Details mitzuteilen. Wenn Sie all dies schon von anderer Seite kennen, habe ich Verständnis dafür, wenn ich nicht mehr von Ihnen höre.

Mit allen guten Wünschen und bestem Dank für die guten Stunden der Lektüre

Ihr Reverend C. Scarborough«

Diesen Brief hielt ich Ende Mai 1978 in der Hand. Ein protestantischer Pfarrer, der sich meinen Ideen aufgeschlossen zeigt?

Ich bedankte mich sofort und bat um die angebotenen Informationen, fragte aber zugleich, ob es Literatur oder gar Fotografien von den mysteriösen Orten gäbe, und bot selbstverständlich an, alle Unkosten zu erstatten. Nach einem Monat antwortete Reverend Scarborough:

»Dear Mr. von Däniken,

haben Sie Dank für Ihren Brief. Lassen Sie mich klarstellen, daß ich keine Vergütung für meine Auslagen wünsche, denn ich bin glücklich, wenn ich Ihnen bei Ihren Recherchen helfen kann.

Zur Frage nach verfügbarer Literatur muß ich Ihnen mitteilen, daß es so gut wie keine Literatur über Kiribati gibt, und über die speziellen Punkte, die ich erwähnte, gibt es gar keine schriftlichen Zeugnisse. Schade.

Ich kann mir vorstellen, daß Sie Hinweise von Spinnern aus der ganzen Welt erhalten. Deshalb, meine ich, wäre es gut, wenn ich Sie wissen lasse, wer ich bin.

Ich bin heute Pfarrer von der Kongregation in Sea Point, Südafrika.

Vorher lebten meine Frau, meine beiden Kinder und ich auf den Kiribati-Inseln, wo ich als Missionar für die London Missionary Society *tätig war. Wir lebten dreieinhalb Jahre auf den Inseln und beherrschen die Sprache der Insulaner fließend. Während dieser Zeit haben wir alle sechzehn Inseln besucht, oft mehrere Wochen, ja Monate auf den winzigen Inselchen verbracht. Weil wir die Sprache beherrschten, wurde uns auch die fremde, oft unerklärliche geschichtliche Vergangenheit der Insulaner vertraut.*

Das erste, was mich stutzig machte, war die Tatsache, daß die Insulaner zwei Worte für ›Mensch‹ verwenden. Sich selbst nennen sie Aomata, *und das steht für ›Mensch‹ in der Mehrzahl. Jeder Mensch mit einer anderen Hautfarbe als ihrer eigenen wird, besonders wenn er groß gewachsen ist,* Te I-Matang *genannt – wörtlich übersetzt: ›Mensch vom Land der Götter‹. Je besser wir die Insulaner kennenlernten, begriffen wir, daß diese Unterscheidung zwischen ihnen und Fremden auf allen Inseln gemacht wird.*

Wenn Sie vielleicht irgendwann den Dingen selbst nachgehen werden, sage ich Ihnen gleich: die Insulaner können Fremden gegenüber sehr verstockt sein, wenn man nicht den richtigen Umgang findet. Sie sind sehr religiös, sie werden durch protestantische und katholische Priester erzogen, von denen viele Eingeborene sind. Ein Fremder, der sich mit ihnen nicht versteht, ihrem Rat nicht folgt, kann gleich zu Hause bleiben.

Zeigen Sie sich unter Insulanern nicht so sehr mit Europäern oder Angehörigen der Behörde. Zugleich aber benötigen Sie die Hilfe der Behörden, denn auf verschiedenen Inseln sind Reisen genehmigungspflichtig. Ich bin sicher, daß Sie aus Ihren Erfahrungen ein Meister in dieser Diplomatie sind.«

Im Brief standen Hinweise, wo die Riesengräber zu finden sind, und eine Beschreibung der Kompaß-Steine im Süden ›einer‹ Insel, Steine, die nach Beobachtung des Missionars eingeritzte Linien zeigen, über die sich entfernte Ziele anvisieren ließen. Bemerkenswert auch der Hinweis, wonach die Steine von irgendwoher hergebracht wurden, weil es Gestein ihrer Art auf den Eilanden nicht gibt. Zum ›Landeplatz der Götter‹ erläuterte mein Briefpartner:

»Ich muß Ihnen dazu zwei Möglichkeiten anbieten, denn ich vergaß, auf welcher Insel sich der Kreis befindet. Es war entweder die Insel Tarawa-Nord oder Abaiang. Beide Inseln liegen so nahe beieinander, daß man von der einen aus die andere mit bloßem Auge erkennt.

Wenn mein Gedächtnis mich nicht im Stich läßt, war es die Insel Abaiang. Dort behütet der örtliche Tabunia *– Hexendoktor, Zauberer – den geheimnisvollen Ort. Den Insulanern ist er bekannt, und diese werden Ihnen auch sagen, von welcher Seite her Sie sich dem Kreis nähern dürfen. Es ist ein Stück Land mit dicht bewachsenem Untergrund. Wenn die Priester es nicht erfahren, schleichen sich die Insulaner dorthin, um den alten ›Göttern‹ zu opfern.*

Das ist der Grund, weswegen Sie die Hilfe des Tabunia *brauchen; er wird Sie durch den Busch führen, wie er es mit mir tat, bis Sie auf den Kreis stoßen. Dort wächst nichts, kein Strauch, kein Baum, es ist nichts Lebendiges auf diesem Kreis zu sehen. Der Zauberer wird Ihnen sagen, daß jedes Lebewesen, das über den Kreis läuft, bald sterben wird. – Weshalb? Durch Radioaktivität? Wenn Sie dort sind, werden Sie auch die interessante Beobachtung machen, daß Baumstämme, die ursprünglich in den Kreis hineinwuchsen, sich in elegantem Bogen wieder herauswinden. Nichts wächst im Zentrum des Kreises.*

Als 1965 der Resident Commissioner *den Ort besichtigte, meinte er, er müsse radioaktiv verseucht sein, doch wie soll Radioaktivität auf diese kleine Koralleninsel gelangen? Aber ich erinnere an die Überlieferung der Eingeborenen, wonach dieser Ort der Landeplatz der Götter gewesen sein soll.«*

Der ferne, unbekannte Reverend traf meinen Nerv. Ich scharrte in den Startlöchern: Wo liegt Kiribati?

Wo liegt Kiribati?

Vier große Atlanten stehen in den Regalen meiner Bibliothek. Kiribati kennen sie nicht. Drei berühmte Lexika – Brockhaus, Larousse, Encyclopaedia Britannica – wissen, daß es 1200 Arten von Flöhen gibt, aber Kiribati kennen sie nicht. Kluge Bücher aus den siebziger Jahren können sie noch nicht vermerken, diese Kiribati-Inselchen, die im Stillen Ozean herumschwimmen. Es gibt sie, ich war dort, und es sind interessante Flöhe im unendlichen Meer.

Da mein frommer Informant im Diesseits auf Kiribati lebte, muß es zu finden sein. Ich fragte Gott und die Welt: ›Kennen Sie Kiribati?‹ und bekam als Antwort stets den gleichen verständnislosen Blick: Kiribati? Schließlich schrieb ich nach Kapstadt und fragte den ortskundigen Pfarrer:

Wo liegt Kiribati? Wie gelangt man hin, gibt es eine Flugverbindung?

Kann man dort wohnen, gibt es ein Hotel, irgendwelche Unterkünfte?

Welche Währung gilt in Kiribati?

Was für Geschenke sollten wir für Priester, Zauberer und Eingeborene ins Gepäck nehmen?

Müssen wir uns auf besondere Gefahren – Schlangen, giftige Skorpione oder Spinnen – gefaßt machen?

Haben Sie noch Verbindungen zu Freunden, Bekannten? Können Sie mir Adressen geben, an die ich mich unter Bezug auf Sie wenden darf?

Reverend Scarborough antwortete prompt und kundig. Der Nebel um Kiribati klärte sich auf:

Es handelt sich um eine Gruppe von 16 Inseln, die zur britischen Kronkolonie Gilbert Islands gehörten, bis sie 1977 ihre Unabhängigkeit erlangten . . . und den Namen wechselten. Mit nur 973 km^2 schwimmen sie im Stillen Ozean und geben rund 52000 Mikronesiern Boden unter die Füße.

Die Hauptinsel Tarawa mit einem Hafen und dem Verwaltungssitz wird sowohl von Nauru, der Inselrepublik, wie von Suva, der Hauptstadt der größten Fidschi-Insel, aus angeflogen.

Als Mitbringsel empfiehlt der Reverend moderne Vielzweck-Taschenmesser für die gehobenen Eingeborenen, preiswerte Sonnenbrillen für die Fischer und Aspirin für die Priester und die Insel-Damenwelt.

Schlangen und Spinnen, schreibt Mr. Scarborough beruhigend,

gäbe es nicht, wohl Skorpione, deren Bisse aber nicht schlimmer seien als ein Wespenstich. Warnend steht im Brief:

»Die wirkliche Gefahr droht von der See! Baden Sie nie im Meer, auch dann nicht, wenn die Insulaner Ihnen anders raten. Haifische sind eine echte Gefahr für jeden Schwimmer, doch auch andere submarine Lebensformen. Diesen Rat kann ich Ihnen nicht genug ans Herz legen: Never bathe in the sea!«

Wenn ich zurückdenke, weiß ich, daß wir ohne diese beschwörende Warnung in die Fluten gestiegen wären, ganz bestimmt sogar.

Mein unbekannter Gönner lud mich ein, mit seinen alten Freunden, den Pastoren Kamoriki und Eritaia, Verbindung aufzunehmen; das seien liebenswürdige Herren, die mir bestimmt helfen würden, wie mir auch Kapitän Ward vom Schiff *Moana-Roi* mit seiner gründlichen Inselkenntnis behilflich sein könne, zumal Ward mit den örtlichen Legenden und den heiligen Orten der Insulaner vertraut sei.

Dreimal Kiribati und zurück

Entgegen weitverbreitetem Aberglauben, ich sei ein reicher Mann, der sich solche Unternehmungen sozusagen aus der Hosentasche leisten kann, plane ich stets mehrere Ziele in einer Region, damit der Aufwand für Reisen unterm Strich nicht die Einnahmen übersteigt. Zu oft auch erwiesen sich Informationen vor Ort als falsch, als Hirngespinste von ›Spinnern‹, wie der Reverend schrieb, und dann waren Zeit und Geld umsonst vertan. Doch 1980 bot sich eine nützliche Kombination an: Im Sommer fand in Neuseeland der 7. Weltkongreß der *Ancient Astronaut Society* statt. Die AAS ist eine gemeinnützige internationale Organisation, die sich mit dem Themenkreis meiner Arbeit auseinandersetzt.

Neuseeland! Das war die ›halbe Miete‹ für das Ziel Kiribati!

Ich diktierte einen Brief an Pastor Kamoriki auf Tarawa. Anfang 1980 bekam ich eine mit zittriger Hand geschriebene Antwort, die auf ein hohes Alter des Pfarrers schließen ließ. Captain Ward, las ich, wäre seit einigen Jahren pensioniert und nach England zurückgekehrt, aber er selbst und seine Familie würden sich freuen, mich und meine Freunde zu empfangen, selbstverständlich müßten wir in seinem Haus zu Gast sein. Das hörte sich gut an. Nach herzlichen Grüßen entzifferte ich den Nachsatz in winziger, krakeliger Schrift: ›Haben Sie eine Einreisegenehmigung?‹

Mein Sekretär Willi Dünnenberger und ich ließen die Telefondrähte glühen: Welche Stelle gibt uns ein Visum? In den letzten zehn Jahren reisten wir in Kaffs am Ende der Welt, aber es gab in unserer Bundeshauptstadt stets Gesandtschaften und Botschaften, die unsere kühnen Reiseziele vertraten. Kiribati ist in der diplomatischen Landschaft der weltoffenen Schweiz ein weißer Fleck. Im Außenministerium gab uns ein Beamter den Tip: ›Rufen Sie mal bei den Australiern oder Engländern an!‹ – Von der australischen Botschaft erfahren wir, daß ihr Land zwar mit der Inselgruppe Handel betreibt, Entwicklungshilfe leistet, doch für Visa nicht zuständig ist. – In London weiß das ›Amt für pazifische Angelegenheiten‹ Rat: Die Aufenthaltserlaubnis für Schweizer ist bei der Einreise in Tarawa zu bekommen, wenn man sich verpflichtet, nicht länger als drei Monate auf den Inseln zu bleiben und wenn man ein bezahltes Rückflugticket vorweisen kann. Drei Monate! Wir wollen ja auf Kiribati keine Hütten bauen!

Wir richteten unser Gepäck: vier Kameras mit Objektivschatullen, Filmmaterial, Diktiergerät, ein kleiner Geigerzähler, Reiseapotheke, Taschenmesser, Sonnenbrillen, Aspirin. Wir geizten – wie immer – mit jedem Stück, aber es blieb ein Berg, unter dem zwei Männern Arme und Knie weich werden. Schon verzweifelt, meldete sich unser alter, junger Freund Rico Mercurio, einer von der raren Art junger Leute, denen nichts zuviel ist, die keine Uhrzeiten kennen, wenn es um etwas geht. – Rico schleift für eine noble Zürcher Firma Diamanten und noch kostbarere Edelsteine zu, die in schmucke Uhren eingepaßt werden, mit denen Ölscheichs – wer sonst? – ihren Harem beglücken. Rico meinte, nach zwei urlaubslosen Jahren täte ihm ein ›Abstecher‹ nach Kiribati gut, wo immer das läge. Wir bestätigten ihn in seiner Meinung.

Am 3. Juli 1980 flog unser Trio vollbepackt mit einer DC-10 der *Swiss Air* Kurs 176 über Bombay nach Singapur. Dort stiegen wir auf Kurs 28 der *Air New Zealand*, Ziel Auckland, um. Zwischen Zürich und Auckland liegen 25 lange Stunden reiner Flugzeit.

Sie sind schrecklich, diese Langstreckenflüge. Zuerst liest man einen Stoß Zeitungen, die man in den letzten Tagen nicht zu Gesicht bekam. Mehr aus Langeweile denn aus Hunger stopft man die reichliche Mahlzeit in sich hinein. Man klemmt den Kopfhörer über die Ohren, man versucht zu schlafen, aber man ist aus dem Zeitrhythmus, es gelingt nicht. Wir sehen uns den Krimi nach Agatha Christies ›Tod am Nil‹ an, aber nicht mal die gelinde Spannung schlägt die Zeit tot. Von den 850 Stundenkilometern Reisegeschwindigkeit nimmt man nichts wahr, weil man keinen Richtpunkt hat – unten ist immer nur Wasser, dann die australische Wüste und wieder Wasser. Seit Zürich wechselte die Besatzung dreimal, die Passagiere sitzen, hängen immer noch in ihren Sesseln, in Abständen gefüttert, mit Informationen aus dem Cockpit versehen. Die Zeit tritt auf der Stelle. Warum eigentlich verteufeln Rückschrittler die überschallschnelle *Concorde*? Warum ist das längst geplante amerikanische Superflugzeug SST noch nicht in Bau?

Wir spielen unser Spiel. Wir denken uns aus, was den Passagieren geboten werden könnte. Elektronische Bildschirmspiele. Beispielsweise. Vielleicht eine Beschäftigungstherapie mit Stickereien für die Damen, mit Tütenkleben für die Herren. Da käme was zusammen! Und bei Ablieferung der Heimarbeiten von Bord ließen sich die unter OPEC-Diktatur in astronomische Höhen gekletterten Flugpreise kleinklein reduzieren. Vielleicht. In 11000 Metern Höhe dachten wir sogar an ein Spielcasino. Rien ne va plus. Wirklich, nach einem derartigen Langstreckenflug geht nichts mehr, gar nichts.

Neuseeland

Ich liebe Neuseeland. Es hat etwas von der grünen Hügellandschaft des Schweizer Jura mit seinen Weiden und blitzsauberen Dörfern; es gibt Voralpen und Hochalpen, Sennereien, Klettertouren, Skilifte, klare Bergseen – wie zu Hause. Doch Neuseeland hat, was wir nicht bieten können: das Meer! Wer Schweiz plus Meer haben möchte, soll nach Neuseeland auswandern. Durch die ständige Brise vom Stillen Ozean her ist die Luft – trotz 40 Millionen Schafe – reiner und würziger als in der Schweiz. 40 Millionen Schafe und nur vier Millionen Neuseeländer! Hoffentlich übernehmen die Schafe nicht eines Tages die Regierung nach dem Revolutionsmotto: ›Vierbein gut – Zweibein schlecht!‹ in George Orwells ›Farm der Tiere‹!

Von Auckland ist der Weiterflug auf die Insel Nauru mit der *Air Nauru* für den 13. Juli geplant. Es liegt nicht am 13ten, daß der Flug um einen Tag verschoben wird. Die seltsamste Fluglinie der Welt hält sich nicht an flugplanmäßige Zeiten. Wir warten. Wir sind müde und manchmal ein bißchen hungrig, ein Zustand, der erklärbar macht, daß wir im Flughafenrestaurant eine grausliche Spezialität des Landes schluckten – Spaghetti-Sandwiches: Zwischen zwei watteweichen Toastscheiben kleben und ringeln sich weiße Würmer in einer klebrigsüßen Tomatensauce. Sie schmecken nicht besser, wenn sie angewärmt sind. Wir warten und schlucken in Stundenabständen diese schlimme Erfindung der neuseeländischen Küche, die überall lausig schlecht ist. Aus dem Lautsprecher rieseln in Stereo zum x-ten Male in den 24 Wartestunden Melodien aus dem ›Weißen Rößl‹, dessen resolute Wirtin am Wolfgangsee alle Köche des Landes zum Teufel schicken würde.

Eine Nacht in Nauru

Auf dem Flug von Auckland nach Nauru waren drei Passagiere an Bord der Boeing 737 der *Air Nauru*: Rico, Willi und ich und neun Mitglieder der Crew. Die *Air Nauru* fliegt mit drei zweistrahligen Passagierflugzeugen vom Typ Boeing 727 und zwei dreistrahligen vom Typ 737. Der Präsident der Republik Nauru soll gesagt haben, man brauche die Luftflotte der *Air Nauru*, um Phosphatverträge, Schecks, Ingenieure und Reparaturmannschaften einzufliegen, wenn ein ›normaler‹ Passagier mitfliegen möchte, würde der auch zugelassen. Das ist fraglos selten, denn die reiche Insel kennt keinen Tourismus.

Mit ihren 21 km^2 ist die Insel Nauru ein Inselchen, das fast unter dem Äquator und dem 167. Längengrad östlich von Greenwich liegt. Nauru ist von einem Saumriff umgeben, das zur Tiefsee steil abbricht und aus gehobenem Korallenkalk besteht, der von Phosphatlagern durchsetzt ist. Auf Phosphat gründet sich denn auch der Reichtum der Insel im tropischen Klima. Alle der rund 6000 Einwohner leben direkt oder indirekt vom Phosphat, von dem sie behaupten, es sei das beste und reinste der Welt. Im Hafen rattern staubige Förderbänder das unentbehrliche Düngemittel heran, von Kränen auf Frachter Kurs Australien und Neuseeland verladen. Nach dem Bericht der *Nauru-Phosphat-Corporation* von 1979 reichen die Vorräte noch für 14 Jahre, doch allein im Berichtsjahr wurde für 79444463 australische Dollars Phosphat verkauft. Beim bisherigen Lieferumfang dürfte das Phosphatvorkommen in knapp fünf Jahren abgeräumt sein. Dann ist es mit dem Inselreichtum am Ende. Der Export von Kokosnüssen und Gemüse bringt wenig.

Vor einigen Jahren ließ die Regierung das einzige akzeptable Hotel, das *Meneng*, für Piloten der *Air Nauru*, für Ingenieure und Geschäftspartner der *Phosphat-Corporation* bauen, damit die an bessere Unterkünfte gewohnten Reisenden wenigstens eine kühle Bleibe haben. So bläst einem denn auch gleich beim Eintritt die Klimaanlage ins verschwitzte Gesicht.

Im Speisesaal tragen die Serviererinnen ernste, stolze Mienen und eine Speisekarte in der Hand, die auf der Vorderseite eine eher schlichte Offerte macht: gebackenen Fisch mit süßen Kartoffeln und einem in Butter gedämpften Maiskolben. Aber die Rückseite bietet Sensationelles an: drei australische, zwei neuseeländische Weine – und den Château Mouton Rothschild, Jahrgang 1970, für 35 australische Dollars, das sind knappe 70 Schweizer Franken!

Wir hielten das Angebot für einen Scherz oder einen Druckfehler. Der Jahrgang 1970 brachte diesen Jahrhundertwein aus dem Bordeaux-Gebiet. Zu Hause ist er unter 400 Franken nicht aufzutreiben, in erstklassigen Restaurants muß man schlicht den doppelten Preis hinblättern. Château Mouton Rothschild ist ein Getränk für Scheichs, die Mohammed bitten, einen Moment wegzuschauen, wenn sie gegen sein Alkoholverbot verstoßen. Für gewöhnliche Sterbliche ist das kein Getränk.

Rico sagte: »Freunde, das ist der letzte Abend vor Kiribati. Wir wissen nicht, was uns dort erwartet, ich spendiere eine Flasche!«

Entgeistert starrte die Serviererin auf Ricos Zeigefinger, der den pompösen Wein aufspießte. Sie rührte sich nicht vom Fleck. Da Ricos Finger schier die Speisekarte durchbohrte wie seine fordernden Augen das entsetzte Mädchen, trollte es sich endlich hinters Buffet und flüsterte mit seinen hübschen Kolleginnen, die sofort kicherten und uns ungeniert anstarrten.

Grinsend und ein bißchen schadenfroh entkorkte der Weinkellner die Flasche. Wir zweifelten schon an ihrem Inhalt, als er uns das kostbare Gefäß – ›Flasche‹ ist in diesem Fall eine unwürdige Bezeichnung! – überreichte, einen echten 70er Château Mouton Rothschild, numeriert und auf der Etikette eine Zeichnung von Marc Chagall. Die Rothschilds garnieren ihren ›Mouton‹ stets mit der Zeichnung eines berühmten Malers.

Führten wir unsere Gläser zum Mund, wisperten und kicherten die uns beobachtenden Jungfrauen. Ich spendierte die zweite Flasche, dieser Wein war reinster Nektar, ein Göttergetränk. Hinter den lustigen Weibern von Nauru tauchte ein asiatischer Koch auf, dessen lachende Freude seine hohe weiße Mütze auf dem Kopf wackeln ließ. Die Maiden quietschten, als genössen wir unwissentlich Rizinusöl, das uns eine gestörte Nachtruhe beschweren würde. Dezent kontrollierten wir unsere Kleidung, ob vielleicht Unschickliches, Lächerliches an uns wäre. Wir waren tropisch-korrekt gekleidet.

Der Pilot der *Air Nauru*, der uns hergeflogen hatte, betrat den Saal. Da er die Landessprache beherrscht, baten wir ihn, zu erkunden, weswegen seit zwei Stunden über uns gelacht wurde. Er nickte und schritt – jeder Zoll ein Flieger – auf den Kreis der gackernden Hühner zu, um bald mit dem Ergebnis seiner Ermittlung an unseren Tisch zu treten:

»Die lachen, meine Herren, weil sich drei verrückte Ausländer gefunden haben, die dumm genug sind, einen so alten Wein zu trinken und auch noch 35 Dollars dafür zu zahlen. *Over! Bye-bye!*«

Wir schämten uns unserer Dummheit nicht. Willi bestellte die dritte Flasche, und ich schrieb in mein Notizbuch die Nummern von den Etiketten, wissend, daß dies meine erste und letzte Begegnung mit dem unvergeßlichen 70er Château Mouton Rothschild sein würde: 242/443 – 242/444 und 242/445.

Wir mahnten Rico zum Aufbruch. Er hatte – sprachlos, wie wir hier sind – einen unmißverständlichen Blickkontakt mit einer hübschen Bedienerin aufgenommen, Esperanto, das Männlein und Weiblein rund um den Erdball verstehen.

Streik auf Kiribati

Am 15. Juli, früh um halb sechs, sollte die Boeing 727 der *Air Nauru* nach Tarawa, der Hauptinsel von Kiribati, fliegen, doch sie startete mit einer Stunde Verspätung. Zeit hat hier, wir sollten es noch erfahren, einen anderen Stellenwert als in unserer hektisch getriebenen Welt.

Um sieben Uhr standen wir auf dem kleinen Flughafen von Tarawa inmitten kaffeebrauner und schwarzer Menschen, die fröhlich und ohne Hast den Tag begannen. Sie nahmen keine Notiz von uns. Niemand riß uns – wie in südamerikanischen und arabischen Ländern – die Koffer aus den Händen, niemand zerrte uns mit einem Redeschwall zu einem Taxi. In der morgendlichen Äquatorsonne kamen wir uns neben unserem Gepäck ziemlich überflüssig vor.

Die richtige Adresse für mein Anliegen suchend, wandte ich mich an einen braunen Jüngling, der versonnen das bunte Treiben musterte. Er trug, wie alle Insulaner, den *Tepe*, ein rechteckiges, farbenprächtiges, um die Hüften geschlungenes Tuch, sonst nichts.

Als ich ihn ansprach, lächelte er und sagte mit gutturaler Stimme:

»Ko-na-mauri!«

Noch verstand ich nichts und ahnte auch nicht, daß wir schon morgen dieses ›Ko-na-mauri‹, eine Floskel wie ›Grüß Gott‹, in unseren Sprachschatz aufnehmen würden.

Der Insulaner fragte:

»You speak English?«

Die Sprache, Hinterlassenschaft britischer Kolonialzeit, half mir aus der Klemme, doch auf meine Frage nach einem Taxi antwortete er mitleidig:

»No Taxi here!«

Ich erkundigte mich, ob es ein Hotel gäbe. Diese Frage hatte mir Pastor Kamoriki nicht beantwortet. Mit verlegen-teilnahmsvoller Grimasse gestand der Bursche, daß es kein Hotel, nur ein Gästehaus der Regierung gäbe. – *»Wait here!«* sagte er und setzte sich auf nackten Füßen, an denen eingewachsene Nägel an den großen Zehen offenbar nicht schmerzten, in Trab.

Die Maschine der *Air Nauru* war weitergeflogen. Die Leute, die Angehörige ihrer Sippen abholten, waren aufgebrochen. Einige, die anscheinend den Tag hier verbringen wollten, wandten ihre Neugier uns zu, erboten sich, zu helfen. Wir warteten auf unseren Boy, der schließlich mit einem kleinen, altersklapprigen Lastwagen eintrudelte. Er kutschierte uns zum Gästehaus *Otintai!*

In der Rezeption döste ein merkwürdig nervöser Mann, von dessen hoher Stirn Schweißperlen rannen, die er mit einem großen blauen Tuchfetzen aus den Augenhöhlen trocknete. In beachtlich gutverständlichem Englisch erklärte er, die Regierung würde erst am Nachmittag entscheiden, ob auch das Hotel bestreikt würde, er könne mangels Hilfen niemanden aufnehmen. Vorsichtig erkundigte ich mich, um was es denn bei dem Streik ginge.

»Die Leute wollen länger arbeiten«, sagte er müde und fing ein Rinnsal von Schweiß über den Augen ab.

»Die Leute wollen länger arbeiten?« fragte ich, der ich Forderungen nach 30- oder 35-Stunden-Wochen in den Ohren habe, nach sieben, acht Wochen Urlaub, nach Pensionierung mit spätestens 60 Jahren. »Länger arbeiten?« wiederholte ich.

Der nervöse Herr erklärte, in Kiribati würden die Lohnempfänger bereits mit 50 Jahren pensioniert – bei reduzierten Bezügen. Nun wollten die Streikenden erreichen, daß das Pensionsalter mit wenigstens 55 Jahren festgesetzt würde, denn die schlechte wirtschaftliche Lage böte auf keiner Insel die Möglichkeit zusätzlicher Arbeit, es gäbe keine Industrie, Kobra, Handarbeiten der Insulaner, Phosphat von der Insel Baanaba seien die schmale Basis des Exports, das einzige, was man in Fülle habe, sei Arbeitskraft.

Nach dem ersten Eindruck während der Herfahrt dachte ich spontan: Warum wollen die Insulaner mehr arbeiten? Was fürs friedliche Leben nötig ist, liefert die Natur fast frei Haus: Fische aus dem Meer, Palmen für den Hüttenbau im stets warmen Klima, nahrhafte Früchte. Seit diese gottgesegneten Eilande mit Behörden, Verwaltungen beglückt wurden, muß exportiert werden, ist Renditedenken aufgekommen, wurde der Bazillus der ›englischen Krankheit‹, der Streik, eingeschleppt. Nein, Zivilisation macht nicht glücklich.

Es war schon ein Entgegenkommen des schweißtriefenden schwarzen Herrn, uns zu gestatten, das Gepäck in einer Ecke hinter seinem Pult abzulegen. Es wäre peinlich gewesen, mit Sack und Pack beim Pastor einzufallen.

Pastor Kamoriki ist tot

Die Insel Tarawa ist ein typisches Atoll, eine hufeisenförmige Koralleninsel tropischer Meere, die aus großer Tiefe nur wenige Meter über den Meeresspiegel aufsteigt. Inmitten von Tarawa-Nord und Tarawa-Süd liegt die Lagune, durch natürliche Durchlässe mit dem Meer verbunden. Der nördliche Inselteil ist – weil Land immer wieder von Wasser durchbrochen wird – nur mit dem Boot zu erreichen und fast menschenleer, der südliche Teil ist ziemlich dicht besiedelt. Hier holpert unser kleiner Laster über den schmalen Streifen Korallenland.

Von unserem Sitz hoch auf dem Gepäck aus sehen wir nur wenige Steinhäuser – Regierungsgebäude, Kirchen, das Spital, einige Wohnsitze wohlhabender Insulaner. Palmen lieferten das Material für die angestammte Bauweise: bungalowähnliche Hütten aus Palmenstämmen und Wedeln. Oft haben sie nur einen Raum. Bessergestellte erlauben sich zwei, drei Räume. Das ›Kommunikationszentrum‹ ist stets der Wohnraum, hier wird getratscht, gegessen, gesungen und geschlafen und wohl auch Nachwuchs gezeugt, ich wüßte nicht wo sonst.

Trotz der morgendlichen Stunde und dem linden Fahrwind treibt die feuchte Äquatorwärme uns den blanken Schweiß durch die Poren, Hemd und Hose kleben am Körper. Rauchfahnen von offenen Feuerstellen würzen die modrige, salzige Luft. Unser Fahrzeug kurvt zwischen Palmen, Brotfruchtbäumen und Hütten auf einer schmalen Straße. Die Insulaner winken uns zu, Kinder laufen neben dem brummenden Auto her. Kiribatis Tarawa scheint eine Insel des Friedens zu sein, aber es gibt Streik.

Rechts blicken wir auf das ruhige Wasser der Lagune, links liegen kleine Dörfer, gleich dahinter rollen seit unendlichen Zeiten und ohne Pause die schweren Wellen des Pazifik donnernd gegen das Riff. Hier gibt es keine Jahreszeiten. Täglich geht die Sonne zur selben Zeit auf, zur selben Zeit unter.

Vor zwei kleinen unverputzten Häusern läßt unser Boy den Wagen ausrollen. In den offenen Fenstern bewegten sich rosarote Vorhänge, wir sahen sie sonst nirgendwo, auch später nicht.

»Das ist das Haus von Pastor Kamoriki«, sagte unser Fahrer.

Aus einem Fenster beobachteten uns Frauen, eine ältere und zwei jüngere. Sie verschwanden wie ein Spuk, als wir sie ansahen. – Das Haus hat keine verschließbaren Türen, nur offene Eingänge, und weil die rosaroten Vorhänge in der Mitte gerafft waren, konnten wir ins Innere des Hauses sehen: Rechts, im größeren der drei Räume, stand ein altväterisches, von einem Moskitonetz überspanntes großes Bett, das üppigere Zeiten erlebte, die beiden anderen Räume schienen unmöbliert zu sein. Unser Fahrer war ins Haus gegangen, er sprach mit einer der jungen Frauen. Sein freundliches Gesicht bekam einen kummervollen Ausdruck. Langsam trat er zu uns, und es war ihm peinlich, zu sagen, was er eben gehört hatte:

»Reverend Kamoriki is dead!«

Ein Schock. Pastor Kamoriki ist tot. Ich erinnerte mich an die zittrige Schrift seines liebenswürdigen Briefes, die die eines sehr alten Menschen war. – Reverend Scarborough nannte in seinem Brief auch noch den Namen seines Kollegen Eritaia. Ich erkundigte mich. Ja, sagte mir unser Cicerone, Pastor Eritaia wohne in dem anderen Haus, wäre aber ein sehr, sehr alter Herr, der bestimmt keine Besucher empfangen könne. Ob uns denn die Kinder der beiden Pfarrer nicht helfen könnten, fragte er und führte uns in den Hof des Nebenhauses.

Auf einer Kokosmatte kauerte ein vielleicht 35 Jahre alter Mann am

Rechte Seite oben: Wir fahren an Dörfern vorbei, hinter denen seit Urzeiten die schweren Wellen des Pazifiks donnernd gegen den Strand rollen

Rechte Seite unten: Hübsche Insulanerinnen sitzen unter Palmen vor ihren Hütten und richten getrockneten Fisch zum Mahl

Boden, kaffeebraun und mit dem dichten schwarzen Haar aller Inselbewohner. Als er uns aus seiner Meditation heraus wahrnahm, stand er auf und sagte mit dem Hauch eines Lächelns:

»Ko-na-mauri!«

»Good morning, Sir«, erwiderte ich.

Bwere, Eritaias Sohn, verstand und sprach recht gut Englisch, so daß ich ihm von meiner Korrespondenz mit Reverend Scarborough, dem Brief des Pfarrers Kamoriki und meinem Anliegen berichten konnte, ihm vor allem sagen, daß ich mich für die Mythologie der Inseln interessiere und die weite Reise gemacht habe, um die geheimnisumwitterten Orte zu betrachten.

Mit überlegener Gelassenheit nahm Bwere seine Besucher ins Visier: Willi und Rico, die bescheiden hinter mir standen und still vor sich hin schwitzten, und mich, der artig sein Anliegen vortrug. Nach seiner Inspektion fragte er:

»Wie lange wollt Ihr auf den Inseln bleiben?«

Unbefangen antwortete ich: »Etwa eine Woche!« und dachte bei mir, daß wir den Aufenthalt notfalls verlängern könnten.

Bwere ließ sich wieder auf der Kokosmatte nieder und begann, fein und überlegen zu lächeln, sah uns noch mal prüfend an, um dann ungeniert laut zu lachen:

»Eine Woche! Ihr seid verrückt! Woher kommt Ihr eigentlich, daß Ihr die Zeit nicht ernst nehmt?! Ihr wollt etwas Wichtiges erfahren und habt nur eine Woche Zeit. Um unsere Inseln zu besuchen, die weit verstreut im Meer liegen, braucht Ihr Monate.« – Er schaute uns verärgert an: »Faulenzt ein paar Tage in der Sonne und kommt wieder, wenn Ihr mehr Zeit habt . . . Während des Streiks könnt Ihr sowieso nichts unternehmen, es gibt kein Hotelzimmer im *Otintai*, nicht mal Transportmöglichkeiten gibt es . . .«

Ich ärgerte mich über mich, über unser verhetztes Leben, über das Korsett von Terminen, über die beruflichen, familiären und finanziellen Zwänge, in denen wir wie Spinnen im Netz hängen. Bwere hatte recht. Aber nun waren wir da, es war kein kleiner Ausflug hierher, und nun sollte uns nichts abhalten, die Reiseziele einzukreisen, sie zu sehen, zu prüfen, trotz Streik, trotzdem wir uns Monate nicht leisten konnten. Viel Diplomatie im Umgang mit den Insulanern hatte Reverend Scarborough anempfohlen. Ich sortierte schnell alles, was ich bisher sagte. Hatten Bwere Eritaia meine zu direkten Antworten unangenehm berührt? Standen die Inselgeheimnisse vielleicht unter einem Tabu, schützte man sie vor den Blicken Fremder? Ich versuchte es diplomatisch:

»Das Wenige, das wir von der wunderschönen Insel bisher sahen, beeindruckte uns sehr. Ihre Landsleute sind liebenswürdig und hilfsbereit. Wir bedauern, daß wir nicht lange Zeit hier bleiben können. Wir wollen auch keine Mühen machen. Es wäre für uns schon wichtig, zu wissen, ob es eine Schule mit einer Bibliothek gibt, die uns über Inselmythologien unterrichtet. Unser Dank wäre groß.«

Der eben noch so verärgerte Bwere schmunzelte: Er selbst sei der Kulturoffizier der Regierung, Bibliothek und Archive ständen unter seinem Verschluß, den er uns öffnen würde wie er auch bereit sei, uns bei der Suche nach Überlieferungen zu helfen.

Das erste und vermutlich leichteste Etappenziel war erreicht. – Ich entsann mich einiger Inselchen der mikronesischen Karolinen-Gruppe nördlich des Äquators; dort gibt es Naturpisten, auf denen kleine Propellerflugzeuge landen können. Gibt es die, forschte ich, auch auf den Kiribati-Inseln?

Mit sichtlichem Stolz teilte Bwere mit, daß es auf den größeren Inseln Naturpisten gäbe und daß die *Air Tungaru*, eine kleine Fluggesellschaft, eine regelmäßige Route zwischen den Inseln abflöge, doch jetzt, nein, jetzt während des Streiks ständen die Maschinen still, ich könnte ja den Chefpiloten fragen, ob er mutig genug sei, den Streik zu brechen, aber er mache uns da nicht viel Hoffnung . . .

Vom Haus nahte eine vollbusige Schönheit und legte vor Bwere drei Kokosnüsse nieder. Er öffnete sie mit gezieltem Machetenschlag und reichte uns die Hälften mit dem erfrischenden Saft. Es ist erstaunlich, was sich aus den leeren Schalen – das weiße Fleisch ist reich an Vitaminen – alles machen läßt: Trinkgefäße, Töpfe für Pflanzen, Beleuchtungskörper, in denen glimmende Fasern in Öl schwimmen, ja, und für heranwachsende Mädchen sogar Büstenhalter.

Plauderstunde bei Kokosmilch

Bwere lud uns mit einer Geste ein, auf Kokosmatten Platz zu nehmen. Er gab uns heimatkundlichen Unterricht. Er wie seine Landsleute seien Mikronesier, ihre Sprache aber sei dem Melanesischen verwandt.

Über den Ursprung der Kiribatis gäbe es, dozierte Bwere, einige Theorien: Die frühen Vorfahren seien aus Indonesien hergekommen und hätten sich unter dem Äquator mit einer dunkelfarbigen Ur-Rasse vermischt, behaupte die eine, eine andere, sie stammten anfänglich vom südamerikanischen Kontinent, und die dritte leite die Abstammung direkt von göttlichen Wesen ab, die einstmals die Inseln besucht hätten. Ich spitzte meine Ohren.

Den Kiribatis bedeute Magie einen Teil ihres Lebens, sagte Bwere. Obwohl Sohn eines Pfarrers und selbst praktizierender Christ, bekamen seine Augen einen hintergründigen, fast fanatischen Glanz, aber Bwere ging über diese vage Feststellung nicht hinaus. Ich hakte nicht nach, um die aufkommende Vertraulichkeit nicht zu irritieren, überdies las ich vor der Reise, was es an informierender Literatur gibt, und darin stand eine Menge über Insel-Magie.

Anfang unseres Jahrhunderts lebte Arthur Grimble als Gesandter der britischen Krone in der Kolonie. Er lernte die Sprache der Kiribatis, nahm teil an ihren Sitten und Bräuchen und wurde so sehr anerkannt, daß man ihn – eine große Auszeichnung – in den exklusiven Sonnenclan Karongo, in eine Art von heimischer Loge, aufnahm. Ich las Grimbles Buch (1) und auch das seiner Tochter Rosemary (2), die nachgelassene Aufzeichnungen ihres Vaters in wissenschaftlicher Art herausgab. Von den magischen Ritualen der Inselbewohner – über die unser Freund Bwere nicht sprach – weiß sie:

»Es gibt eine Beschwörung zum Schutze der Kokosnüsse, eine andere Hilfe dafür, daß man des Nachbarn Nüsse stehlen kann, und wieder eine, die den Diebstahl verhindert; es gibt eine Beschwörungsformel, um Gift in des Feindes Nahrung zu zaubern, und eine andere, die dies verhindert. Da gibt es ›Wawi‹, die tödliche Magie, und ›Bonobon‹, um sie unwirksam zu machen.«

Heutzutage sind sechs Kirchen bemüht, den Insulanern ihre magischen Neigungen auszutreiben: Katholiken, Protestanten, Adventisten, Mormonen, Church of God und Bahaai konkurrieren um den rechten Weg zum Seelenheil, um die Arbeitskräfte und das wenige Geld der Kiribatis (3). Sie okkupieren das Alltagsleben, rotten über Jahrhunderte bewährte Sitten und Bräuche aus, animieren um der Kopfzahl ihrer Schäfchen wegen zur ungehemmten Kinderzeugung, wetteifern um den Bau der größten Kirche. – In dunklen Andeutungen schien selbst Bwere an dieser Entwicklung nicht alles gut für seine Landsleute zu finden.

Aus dem Boden gewachsen: Teeta, unser Retter

Plötzlich stand ein barfüßiger Riese in ausgefransten weißen Shorts unter uns. Unter seinem T-Shirt mit der Aufschrift *Teeta* atmete ein massiger muskulöser Brustkorb. Aus seinen dunklen Augen lächelte er uns wie ein Kind zu und reichte in der ersten Gesprächspause jedem seine Hand:

»Ko-na-mauri! I am Teeta, the son of Reverend Kamoriki!«

Das Englisch seines sonoren, zu tief im Kehlkopf sitzenden Baritons war schwer verständlich, man mußte sich erst daran gewöhnen, aber Bwere dolmetschte, daß Teeta und seine Familie uns zum Nachtmahl einluden und daß die Kamorikis glücklich wären, uns beherbergen zu dürfen.

Wir dankten mit erlesen höflichen Worten, baten aber, vorerst im *Otintai*-Regierungshotel feststellen zu dürfen, ob wir dort Zimmer bekämen, ich verwies auf unser Gepäck und darauf, daß wir ungern die Gastfreundschaft überstrapazieren möchten. Die behutsame Absage brauchte zehnmal soviele Sätze wie Teetas Einladung.

In einem Toyota-Lieferwagen fuhr Bwere uns zum *Otintai*. Als er nach langem Schweigen redete, hörten wir, daß er uns helfen wollte:

»Ihr müßt euch unabhängig bewegen können, Ihr braucht ein Auto. Ich habe einen Freund, der vermietet sein Auto!«

Er wartete unsere Zustimmung nicht ab, hielt vor einer Hütte, neben der unter einem Palmblätterdach ein kleiner Datsun parkte – Japaner haben auch Kiribati im Griff. Für ein paar australische Dollars fuhren wir im ›eigenen‹ Wagen zum Hotel.

Der schwitzende Manager wies uns die Zimmer 102 und 103 für eine Nacht an, morgen würde entschieden, ob das Hotel des Streiks wegen zu räumen sei. Am Ende seiner Nervenkraft, reichte er uns die Schlüssel, wir stiegen mit dem Gepäck in den ersten Stock und öffneten die Türen zu zwei Zimmern, die unbewohnbar schienen. Nach guter Schweizer Sitte räumten wir auf. Wir leerten miefende Papierkörbe, kehrten den Inhalt umgekippter Aschenbecher zusammen, fegten mit gebündelten Zeitungen den Boden von Nußschalen, Zigarettenkippen und zerfetzten Unterhosen frei, sammelten leere Konservendosen ein, legten mit spitzen Fingern schmuddelige Laken und schwärzlichgraue Handtücher aus der Dusche auf den Gang – zum Abholen nach dem Streik. Über uns summte die Air-condition ihr monotones Lied und blies uns kühle Luft zu – darum waren die Zimmer in der feuchten Hitze trotz allem eine Oase. Nach einer gründlichen Säuberung verließen wir die Staatshotelzimmer und brachen zur Soiree bei den Kamorikis auf. Wir waren neugierig. Würden wir mit kleinen Schritten unseren Zielen näher kommen?

Soiree bei Witwe Kamoriki

Teeta und Bwere waren für den Abend gedreßt – um die Hüften trug der eine ein feuermelderrotes, der andere ein meerblaues rechteckiges Tuch. Vorm Betreten des Wohnraums entledigten wir uns der Schuhe und Strümpfe, denn alle gingen barfuß, sogar eine alte Dame, die uns mit Handschlag und einem tiefen Knicks begrüßte. Sie redete mit melodiöser Stimme auf uns ein, nickte uns zu, wir nickten ihr zu, lächelten wie sie und bemühten uns, ein paar englische Begrüßungsfloskeln einzustreuen, was kläglich mißlang. Bwere flüsterte uns zu, das wäre die Witwe des Pastors Kamoriki, Teetas Mutter.

Der wohlerzogene Sohn, der in ihrer Gegenwart seinen rauhen Bariton auf Kammerton drosselte, lud uns ein, auf drei Stühlen an der linken Wand Platz zu nehmen, dem angenehmsten Teil im Raum, denn wir wurden von einem Ventilator umfächelt. Bwere und Teeta ließen sich im Schneidersitz neben uns nieder.

Eine Pantomime unsäglicher Komik begann. Schweigend und stumm hockten wir, als brüteten wir Straußeneier aus. Das pausbäckige Gesichtchen der lustigen Witwe verströmte Herzlichkeit und Fröhlichkeit. Ob sie unter der Wirkung einer süßen Droge stand? Listig blinzelte sie uns zu, nickte zutraulich, eine Freundlichkeit, die wir unsererseits nickend erwiderten. Manchmal, aber ich weiß nicht, ob es beabsichtigt war, klappte kurz ein Augendeckel wie zwinkernd zu. Um eine allfällige Sitte nicht unerwidert zu lassen, zwinkerte auch ich ihr fröhlich zu. Marcel Marceau, der hinreißende französische Pantomime, hätte es sehen müssen: Er hätte die umwerfendste Nummer für sein Programm.

Die lustige Vorstellung wurde von vier bezaubernden jungen Damen unterbrochen. Barfüßig tänzelten sie herein, um auf den hellbraunen Kokosmatten einen bunten Kokosläufer auszurollen. Auch sie nickten uns vielfach zu, verschwanden lautlos für einen Moment, um mit Schüsseln und Schalen hereinzuwehen, die sie mit Tellern und Bechern in einem fünfmaligen Service am Boden abstellten.

Unfein, weil hungrig, gierten wir auf das üppige Mahl, das uns farbenfroh das Wasser im Mund zusammenlaufen ließ: grüne, gelbe, rote Gemüse, Kokosnußfleisch in roher und gekochter Verarbeitung, honigfarbene süße Kartoffeln, Fische, gekocht und gebacken, Fleischwürfel in Kräutersaucen, gegrillte Brotbaumfrüchte, Reis. Nur die offizielle Prozedur hinderte uns, zuzulangen.

Drei süße Mädchen, sechs, sieben Jahre alt, traten unbefangen vor uns und drückten buntleuchtende Blumenkränze, die nach Jasmin und Orchideen dufteten, auf unsere unwürdigen Häupter. Ehe wir noch danken konnten, waren die kleinen Feen verschwunden. Nun erhob sich vor der Gegenwand die Witwe Kamoriki in ihrem roten, mit weißen Blumen bedruckten Kleid und setzte zu einer Rede an, die Bwere uns übersetzte und die auf dem Tonband unsere Heimreise mitmachte. Die Witwe Kamoriki sagte:

»Mein verstorbener Gatte, der draußen im Garten ruht, hat Ihnen unsere Gastfreundschaft angeboten – wie es Sitte und Brauch ist. Er trug mir auf, Sie willkommen zu heißen – wie es Sitte und Brauch ist. Die Kränze in Ihrem Haar bedeuten Freundschaft und Frieden – wie es Sitte und Brauch ist. Meine Töchter sind glücklich, für Sie kochen und waschen zu dürfen, meine Söhne sind geehrt, Ihnen helfen zu dürfen – wie es Sitte und Brauch ist. Ich bin nur eine dumme, alte und schwache Frau, die den Wunsch ihres Gatten erfüllt – wie es Sitte und Brauch ist. Unser Haus ist das Ihre, unsere Familien stehen zu Ihren Diensten – wie es Sitte und Brauch ist.«

Frau Kamoriki setzte sich und lächelte uns zu. Wir waren angerührt ob der Gastfreundschaft der gutmütigen Menschen. Meinen Bärenhunger verdrängend, erhob ich mich, um unsere Dankbarkeit auszudrücken und zu versichern, daß wir Besucher aus einem kleinen Land von der anderen Seite der Erdkugel glücklich seien, während unserer Tage auf Kiribati lernen zu dürfen, was wir bisher nicht lernen konnten, und ich entbot Worte der Teilnahme am Tode des Gatten und Vaters. Wir würden, sagte ich, nichts tun, was dem seligen Pastor mißfallen würde.

Die alte Dame nickte mir fröhlich-freundlich zu und bat mit einer einladenden Geste zum Mahl. Wir verließen unsere Stühle und hockten uns wie Bwere und Teeta am Boden an der Längsseite des Teppich-deck-dich-Buffets. Wohlgefüllte Näpfe und Schüsseln kreisten, wir griffen mit den Händen zu und häufelten von allen Köstlichkeiten mehrmals reichlich auf die Teller. Zuerst bot ich nach europäischen Gepflogenheiten den Damen an, die auf Distanz an der Wand kauerten, aber sie reagierten mit ernsten Gesichtern, erst als sie sahen, daß es uns schmeckte, setzten sie wieder ihr natürliches Lächeln auf. Mit Genuß füllten wir unsere Mägen. Nicht nur in Erinnerung an die gräßlichen Spaghetti-Sandwiches war dies ein vortreffliches Mahl! – Als wir auch nach fortdauernden Ermunterungen nicht mehr zulangten, zogen die Damen die Speisereste auf dem bunten Teppich zu sich heran und begannen zu mampfen. Hätten wir diesen Brauch geahnt, hätten wir unseren Appetit gezähmt und mehr übriggelassen.

Während des Damenschmauses beredeten wir mit Teeta und Bwere bei einer Zigarette unsere Unternehmungen der nächsten Tage. Den Steinkreis vermutete Bwere an einem heiligen Ort auf der Insel Abaiang, wie sich auch Reverend Scarborough in seinem Brief zu erinnern meinte. Teeta würde versuchen, sagte Bwere, ein Boot und genügend Benzin aufzutreiben, damit wir die 50 km entfernt im Meer schwimmende Insel aufsuchen könnten.

Teeta erkundigte sich, ob ich schwarzen Papua-Tabak bei mir habe. Nein – wozu? fragte ich und hörte, daß der Ort unter einem Tabu stände und daß man den Tabak opfern müsse, um uns den Zauber des Ortes wohlgesonnen zu machen. Meine Bitte, den Tabak zu beschaffen, lehnte Teeta entschieden ab: Den müßten wir selbst kaufen, wenn er eine Wirkung auf den Zauber haben solle.

Während unseres Gesprächs drängten sich flüsternd mehr als ein Dutzend junger Mädchen und Burschen, nur mit farbfrohen Tepes um die Hüften bekleidet, in den Raum und schickten verstohlen neugierige Blicke zu den blumenbekränzten Fremdlingen. Nie sah ich schönere Menschen! Animiert, vergaßen wir die geheimnisumwobenen Kreise, Kompaßsteine und Mythen – pralle, lebendige Natur hatte uns in Bann genommen. Die Gruppe ordnete sich in einer Reihe, Zeit für uns, die jungen Insulaner in ihren graziösen Bewegungen, ihrer körperlich-sinnlichen Anmut zu bewundern, Geschöpfe aus einem verloren geglaubten Paradies. Ich begann, die biblischen Riesen und Göttersöhne zu verstehen, die sich an Menschentöchtern vergingen. Der Raum vibrierte vom Eros der dunkelhäutigen Körper, dem Lächeln, das ihre schneeweißen Zähne blitzen ließ, der zwanglosen Sicherheit ihres Verhaltens. Wußten sie um ihre Schönheit, ihren Reiz? Genossen sie unsere weitäugige Bewunderung?

Sie sangen. Zart einsetzend, dann zu einem mehrstimmigen Chor anschwellend. Zwei Burschen zupften dazu Gitarren, ein dritter trommelte auf einem hohlen Baumstamm den Rhythmus. Im melodiösen Gesang waren viele Vokale. Nach dem dritten Lied setzten sich

Sängerinnen und Sänger auf den Boden. Ein kleines Mädchen schob sich auf den Knien zu uns vor und rief uns in Englisch die Aufforderung zu:

»It's your turn!«

Wir sollten singen! Während einer schnellen Verständigung ergab sich, daß unser Trio auf ein Duo reduziert werden mußte: Rico sagte, er sei schon in der Schule gebeten worden, den Mund zu halten, weil er nur unmusikalisch gekrächzt habe.

Gastgeber samt Chor schauten uns gespannt an. Tapfer sangen Willi und ich: ›Muß i denn zum Städele 'naus‹, nicht so reizvoll, wie es Elvis Presley sang, doch aber so, daß unsere Zuhörer eine Zugabe verlangten. Immerhin. Willi und ich einigten uns auf: ›Sah ein Knab' ein Röslein stehn‹. Es war ein durchschlagender Erfolg, es gab förmlich Ovationen, man klatschte, lachte und hüpfte – eine Horde glücklicher Kinder im Paradies.

Das bunte Programm setzten die jungen Insulaner fort, bis sie nach einigen Songs abrupt abbrachen, niederhockten und neuerlich das kleine Mädchen zu uns kriechen ließen:

»It's your turn!«

Einmal, weil es endlos so weitergehen konnte, aber auch, weil unser Repertoire ziemlich erschöpft war, suchte ich verzweifelt nach einem krönenden Abschluß. Er fiel mir ein. Ich rutschte auf den Knien zu den Sängern und bat Bwere, ihnen zu erklären, daß wir gemeinsam ein in Europa allbekanntes Volkslied singen wollten: ›Frère Jacques‹, eine schöne einfache Melodie. Ich summte sie vor, sang sie laut und im Text verständlich, und es dauerte wohl nur eine Viertelstunde, bis die musikalischen Kiribatis konzertreif sangen: ›Frère Jacques‹.

Durch diesen gemeinsamen Kanon wurde die Soiree bei Frau Kamoriki, Abschluß unseres ersten Tages auf Tarawa, zum Sesam-öffne-Dich für uns. Über Nacht sprach es sich herum. Gingen wir durch die Straßen, winkte man uns zu. Kamen wir zur großen *Maneba*, dem Gemeindehaus, Zentrum jeden Dorfes, reichte man uns die Hände, zerrte uns – Geste besonderer Freundschaft – unter das braune Palmwedeldach in den nach allen Seiten offenen Raum. Er ist Stätte der Versammlungen, bei denen die Älteren das Wort führen und die jungen Männer nur mitreden dürfen, wenn sie gefragt werden. Frauen haben hier nichts zu melden. Sie ziehen Kinder auf, sorgen für Ordnung in den Familienhütten. Es schien ihnen, wenn sie uns fröhlich begrüßten, nichts abzugehen. Wenn wir in die rundherum offenen Hütten schauten, sahen wir sie im munteren Plausch mit

Töchtern und Nachbarinnen, oft sangen sie, und während unserer Tage hörten wir sogar manchmal ›Frère Jacques‹.

Fündig in der Bibliothek des Dorfes Bairiki

Am Morgen danach beschied uns Teeta beim Frühstück in seinem Haus, daß das Meer für ein kleines Boot heute zu wild sei, für ein großes Boot aber des Streiks wegen nicht genügend Benzin zu beschaffen wäre.

Wir aßen Brot vom Brotfruchtbaum. Jeder Baum trägt jedes Jahr an die hundert Früchte von der ovalen Größe eines Rugbyballes. Auf Kiribati wachsen Bäume von jener Art, die die ganze Frucht samt ihrer grünen Schale verwertbar machen. Gestampft, genießt man einen angenehm würzig schmeckenden Brei. Wie Ananas in Scheiben geschnitten und auf heißen Steinen gegrillt, ergeben sie ein grobfasriges Gebäck, das ungleich besser schmeckt als unsere meist industriell produzierten Brote.

Es schmeckte gut, aber es schmeckte mir nicht. Der Gedanke, der irrwitzige Streik könne uns lahmlegen, verdarb mir den Appetit. Ich nahm einen Schluck kühler Kokosmilch und sagte:

»Bwere sprach gestern von einer kleinen Fluggesellschaft. Ob wir nach Abaiang fliegen können?«

Teeta sah mich aus seinen dunklen Augen sinnend an und antwortete mit seinem angenehmen Bariton:

»Okay. Let's try it!«

Teeta, der während unseres Aufenthalts unser schwarzer Engel war, fuhr mit uns zum Flughafen, um uns mit Gil Butler, dem australischen Chefpiloten der *Air Tungaru*, bekannt zu machen. Wir trafen auf einen mißgelaunten Flieger, der wie ein Rohrspatz über den Streik schimpfte und sarkastisch fragte, ob wir Schweizer gegen den Unfug der irregeleiteten Insulaner keinen Zauber dabei hätten. Nach Abaiang fliegen? Nein, das könne er des Streiks wegen nicht, morgen allerdings flöge ein Kollege eine Regierungsabordnung nach Abaiang, falls Plätze freiblieben, könnten wir einsteigen und abends wieder zurück sein. – Segen eines Bestsellers: Gil Butler las meine ›Erinnerungen an die Zukunft‹ und lud uns spontan für den nächsten Abend zum Nachtessen in sein Haus ein. Gern akzeptierte ich, sah ich doch eine weitere Chance, ohne oder trotz Streiks mit Gil Butler die eine oder andere Insel zu erreichen.

Teeta, wir spürten es, genierte sich für den Streik und bemühte sich, uns abzulenken und bei Laune zu halten. Er führte uns in eine Hütte und wies augenzwinkernd auf ein Bündel pechschwarzer, klebriger, eine Handspanne langer Tabakstäbchen, die widerwärtig nach einer Mixtur aus Lakritze, feuchten Zigarettenkippen und, ich muß es hinschreiben, nach Fußschweiß rochen. Dieser Tabak wird aus Papua, Neuguinea, eingeführt. Ich kaufte ein Bündel, überzeugt, daß sein Gestank auch die bösesten Geister vertreibt, sobald wir an der Schwelle heiliger Orte stehen.

Nach diesem Shopping fuhr uns Teeta ins Dörfchen Bairiki und setzte uns in der erstaunlich assortierten Bibliothek ab. Sie führt Literatur aus dem pazifischen Raum. Gottlob wurde hier nicht gestreikt. Höfliche Bedienstete versorgten uns mit gewünschten Büchern. Mich interessierte besonders ein Werk (4), das 25 einheimische Autoren verfaßten und in dem die Sage über die Entstehung der Welt und der Kiribatis steht. Unter dem summenden Ventilator, der die schwüle Luft des Raumes träge verrührte, las ich eine bemerkenswerte Bereicherung meiner Sammlung vorzeitlicher Mythen.

Am Anfang, vor langer, langer Zeit, gab es den Gott *Nareau*, den Schöpfer. Niemand weiß, woher er kam, niemand weiß, wer seine Eltern waren, denn er, *Nareau, flog allein und schlafend durch das Weltall*. Im Schlaf hörte er, wie dreimal sein Name gerufen wurde, doch der, der ihn rief, war ein ›Niemand‹. *Nareau* erwachte und sah sich um. Da war nichts als Leere, doch als er *unter sich* blickte, wurde er eines großen Objektes gewahr: Es war *Te-Bomatemaki* – was ›Erde und Himmel gemeinsam‹ bedeutet. *Nareaus* Neugier ließ ihn herniederfahren, und er betrat vorsichtig *Te-Bomatemaki*. Dort gab es kein Lebewesen, keinen Menschen, nur ihn, den Schöpfer. Viermal umlief er die von ihm entdeckte Welt von Nord nach Süd, von Ost nach West, und er war allein. Schließlich grub *Nareau* ein Loch in *Te-Bomatemaki* und füllte es mit Wasser und Sand, mischte beides zu Fels und befahl dem Fels, zusammen mit der Leere *Nareau Tekikiteia* zu gebären. So entstand auf Weisung von *Nareau*, dem Schöpfer, *Nareau Tekikiteia*, was ›Nareau, der Weise‹ heißt.

Nareau, der Schöpfer, herrschte nun über *Te-Bomatemaki*, während *Nareau, der Weise,* in der Erde war. Sie konnten miteinander sprechen und beschlossen, den Himmel von der Erde zu lösen. Mit großer Anstrengung gelang der Plan. Dann schuf *Nareau, der Weise,* die ersten vernunftbegabten Wesen, denen er Namen wie diese gab:

Uka – das bedeutet konzentrierte Kraft, Luft zu bewegen
Nabawe – das bedeutet die konzentrierte Kraft des Alters
Karitoro – das bedeutet die konzentrierte Kraft der Energie
Kanaweawe – das bedeutet die konzentrierte Kraft der Dimension (Distanz)
Ngkoangkoa – das bedeutet die konzentrierte Kraft der Zeit
Auriaria – das bedeutet die konzentrierte Kraft des Lichtes
Nei Tewenei – das bedeutet Komet

Das also ist der geläufigste Mythos von Nareau, dem Schöpfer, der in einigen Abwandlungen erzählt wird. Arthur Grimble (1) fügte eine wichtige Ergänzung bei:

»Und als die Arbeit getan war, sagte Nareau, der Schöpfer: ›Genug! Es ist getan! Ich gehe, um nicht mehr zurückzukehren!‹ So ging er, um nie mehr zurückzukehren, und kein Mensch weiß, wo er sich seither aufhält.«

In dieser Überlieferung funkeln Mosaiksteine, die sich glänzend ins Panorama der Götter-Astronauten-Theorie einfügen.

Der Schöpfergott Nareau flog allein und schlafend im Weltall, als ihn jemand, der ein Niemand war, beim Namen rief und weckte. – Mit heutigem Blick läßt sich ein perfektes Raumschiff vorstellen mit einem Piloten, der durch eine der für den besonderen Zweck geeigneten Methoden in Tiefschlaf versetzt war, um Körperzellen in ihrer Aktivität über jener Schwelle zu halten, die zu einem gewünschten Zeitpunkt den Organismus wieder in Gang setzen ließ. – Tiefschlaf verschiedener physio-chemikalischer Varianten wird längst von Raumfahrtmedizinern diskutiert, um Astronauten über weite Distanzen und lange Zeiträume am Leben zu halten für die Stunde X. Stellt der Bordcomputer über Radar fest, daß das Raumschiff in die Nähe eines Sonnensystems gelangt, wird der Tiefschlaf beendet. – »Sein Name erklang, und Nareau erwachte.«

Der zum hellwachen Leben erweckte Pilot sieht um sich zwar immer nur noch die Schwärze des Alls, doch *unten, unter sich,* sieht er einen Planeten – nämlich unten, von wo die Anziehungskraft eines Sonnensystems wirksam ist. – »Dann blickte Nareau unter sich und beobachtete ein großes Objekt.«

Wieder im Besitz seiner Kräfte, beschließt der Pilot eine Ladung auf dem idealen, dritten Planeten des Sonnensystems. – »Nareau reckte seine Glieder. Er wollte wissen, was es für ein Objekt war . . . Er fuhr hernieder und stand vorsichtig darauf.«

Von der Luft aus erkundet der Astronaut den ganzen Planeten und erkennt zwar Lebensvoraussetzungen, sieht aber keinerlei Leben. Er beschließt, Lebenskeime auszusetzen. – »Es gab damals noch keine Geister und keinen Menschen, sondern nur den mächtigen Nareau. Er lief viermal um die Welt herum . . . und stellte fest, daß keinerlei Leben da war.«

Der Mythos erzählt nicht, wie Nareau Leben gedeihen ließ. Vielleicht waren die Vorgänge zu kompliziert, als daß sie in Volksmythen eingehen und verstanden werden konnten. Nareau könnte, beispielsweise, vom Raumschiff Blaualgen abgeblasen, Bakterien ausgesetzt haben, vielleicht auch, doch unwahrscheinlich, Samen robuster Urpflanzenarten ausstreuen. – »Nareau bohrte ein Loch in die Erde und füllte es mit Sand und Wasser, mischte beides zu Fels . . . befahl, gemeinsam mit der Leere die Erde (Nareau Tekikiteia) zu gebären. So entstand Nareau, der Weise.«

Vielleicht stand die Charakterisierung ›der Weise‹ ursprünglich für ›Geist‹ oder ›Beseeltheit‹. Wo eben noch sterile Leere obwaltete, beginnt nun Leben. Von diesem urzeitlichen Anfang an wirken zwei Schöpfungselemente – Nareau, der Schöpfer allen Seins, und Nareau, der Weise, für den Beginn irdischer Entwicklung. – »Nareau, der Schöpfer, war jetzt über Te-Bomatemaki, während Nareau, der Weise, drin in der Erde war.«

Es ist doch verblüffend, in einem Schöpfungsbericht Begriffen zu begegnen wie ›konzentrierte Kraft der Energie‹, ›konzentrierte Kraft der Dimension‹, ›konzentrierte Kraft der Zeit‹ oder ›konzentrierte Kraft des Lichts‹.

Meine Phantasie reicht nicht aus, mir vorzustellen, was die ersten Kiribatis sich darunter vorgestellt haben. Unwissend überlieferten sie Indizien für die Fähigkeiten eines unvorstellbaren Schöpfergottes. Mit heutigem Wissen ist es kein Kunststück, zu erkennen, daß aus konzentrierter Kraft der Energie die konzentrierte Kraft des Lichts kommt. Wir wissen von Professor Eugen Sängers (1905–1964) Forschungen um Photonen-Triebwerke für Raumfahrzeuge, die im All außerhalb der Anziehungskraft eines Sonnensystems in der Lage wären, Raumschiffe auf ungeheure Geschwindigkeiten zu beschleunigen. Wir wissen heute, daß jede Beschleunigung an die ›konzentrierte Kraft der Dimension‹ gebunden ist. Immer bedeutet Beschleunigung die Bewältigung und Überbrückung riesiger Distanzen, ein Vorgang, der gesetzmäßig an die Zeit (›konzentrierte Kraft der Zeit‹) und an das Alter (›konzentrierte Kraft des Alters‹) gekoppelt ist. Die Zeitverschiebung, Zeitdilatation, ist ein empirisch nachgewiesenes physikalisches Gesetz*.

Arthur Grimbles (1) Ergänzung dessen, was ich in der dampfigen Bibliothek in Bairiki notierte, ist von Bedeutung:

»Und als die Arbeit getan war, sagte er: ›Genug! Es ist gemacht! Ich gehe, um nicht mehr zurückzukehren!‹ So ging er, um nie mehr zurückzukehren, und kein Mensch weiß, wo er sich aufhält.« – Bei einer interstellaren Reise mit hohen Geschwindigkeiten ist das Verschwinden auf Nimmerwiedersehen plausibel! – Mir kam der phantastische Song der Popgruppe *Dschingis Khan*** ins Ohr:

Man hat sie die Götter genannt,
denn man fand sonst kein Wort für die Fremden.
Doch in den Büchern der Alten, da stand,
wenn die Fremden ein zweites Mal kommen,
wird's uns nicht mehr geben.
Nur ihre Spur blieb auf Erden zurück.
Wasser und Sand hat fast alles bedeckt,
und keiner weiß, welche Botschaft sie brachten,
die Fremden.
Man hat sie Götter genannt,
denn man fand sonst kein Wort für die Fremden.

Ich weiß nicht, wer die Autoren zu ihrem Text anregte. Freunden, die mich fragen, ob ich der Autor wäre, kann ich unter Eid sagen: Ich war es nicht!

Immer der gleiche Refrain!

In allen Schöpfungsmythen knistern die gleichen Fragen: Woher wußten unsere Urväter, daß irdisches Leben außerirdischen Ursprungs ist, daß es zufällig oder nach Plan eingeschleppt wurde? Weder beim Schöpfungsakt der Kiribatis – Nareau flog schlafend unser Sonnensystem an und ließ Leben entstehen – noch anderswo gab es Zeugen. Wem konnte Nareau seine Story, wem konnte er von seinem Auftrag erzählen? Ist alles nur blühende Phantasie von Erzählern – ohne realen Hintergrund?

Die Bibel überliefert, daß Gott Himmel und Erde schuf, als die

* EvD: *Beweise*, Seite 41/42, 128, 129
** Jupiter Records No 101777

Erde noch ›wüst und öde‹ war und ›Finsternis über der Urflut lag‹. Beim biblischen Schöpfungsakt war auch kein Reporter dabei.

Da kein mythologisch überlieferter Schöpfungsakt einen Augenzeugen, einen Chronisten hatte, doch überall in der Welt Schöpfungsmythen in *einem* großen Ereignis zentriert und überliefert sind, böte sich die logische Antwort auf alle Fragen an: Jahrmillionen nach der Schöpfung kehrte der Schöpfergott an den Tatort zurück und gab den von ihm geschaffenen Menschen Kunde von den weit zurückliegenden Ereignissen – von ihrer eigenen Entstehung.

Ich sehe saure Gesichter der Ethnologen – als müßten sie in eine Zitrone beißen, wenn sie meine einfache Erklärung für die in ihrem Entstehen so rätselhaften Mythen zur Kenntnis bekommen. Man müsse, sagen sie, alle Zusammenhänge in Erwägung ziehen, viele Möglichkeiten kombinieren, die simpelsten Deutungen zuerst akzeptieren. Nach einem Galopp von Rösselsprüngen endet die absolut wissenschaftliche Deutung schließlich im Nebel psychologischen Weihrauchs, in dem einem die Augen tränen. Was bleibt unterm Strich, wenn überm Strich nur Nullen stehen?

Mythen leben in unterschiedlichen Versionen. Klar, denn sie wurden über endlose Staffetten von Stamm zu Stamm, von Familie zu Familie anders weitererzählt, mal wurde weggelassen, mal wurde hinzugefügt. Jedem Kriminalisten ist bekannt, wie sehr Zeugenaussagen vom selben Tatbestand differieren. Erst Vergleiche und Weglassen subjektiver Ausschmückungen legen den Kern des Tathergangs frei.

In Kiribati fand ich auch die Überlieferung vom Baby Terikiato, das gestohlen und der Himmelsfrau Nei Tetange-niba gebracht wurde. Die Frau flog mit dem Säugling fort und erzog ihn zum Halbgott. Im Westen der Insel – die ›die Vögel von Biiri‹ hieß – sagte der zum Jüngling herangewachsene Te-rikiato der Himmelsfrau: »Sieh, diese Vögel sind wunderbar, denn sie sehen wie Menschen aus!« – Durch einen Zauber machte die Pflegemutter die Arme des Jünglings stark, den Körper kraftvoll. Te-rikiato setzte sich auf den Rücken eines Vogels und klammerte sich an ihm fest. Der Vogel zog Kreise, dann flog er zum Himmel auf, und »sie kamen ins Land der Himmlischen«. Dort stand Te-rikiato vor dem Haus der Himmelsbewohnerin Nei Mango-Arei, die den Jüngling fragte: »Woher kommst du, und was für eine Art von Wesen bist du? Kein Mensch darf mich besuchen, denn ich bin verschieden von den Menschen.« – Trotz der offenbaren Andersartigkeit zeugten sie vier Kinder; das erste nannten sie Niraki-ni-Karawa, was soviel wie Himmelskreiser heißt. Die Legende besagt ausdrücklich, daß Te-rikiato nach vollzogenen Zeugungen auf die Erde zurückkehrte und sich zuerst in Samoa niederließ (2).

Diese Geschichte erinnert an den Himmelsflug des babylonischen Etana*, der sich auf dem Rücken eines Adlers von der Erde erhob und sie aus großer Höhe schilderte, aber auch an die japanische Legende vom Inselkind´e, das von einer Fee in himmlische Gefilde entführt wurde und heimkehrte. Wie eine Grundmelodie ertönt dieses Thema in vielen, vielen Volkslegenden.

Gibt es, dachte ich am Abend dieses ›theoretischen‹ Tages in der Bibliothek von Bairika, heiße Spuren für die raunenden Mythen, jene Spuren, auf die mich Reverend Scarborough setzte? Ich fieberte den nächsten Tagen entgegen.

Entzauberter Zauber

Früh um sechs holte Teeta, unser schwarzer Engel, uns zum Flughafen ab – eine ganz und gar irreführende Bezeichnung, denkt man an einen Flughafen unserer Breitengrade. Eine zweimotorige Propellermaschine schaukelte uns über die immer noch rauhe See auf die Insel Abaiang, sie dampfte schon am frühen Morgen in drückender Hitze. Teeta redete in einer Bambushütte, dem Flughafengebäude, gestikulierend, immer wieder auf uns weisend, auf einige Männer ein, von denen sich zwei vergnügt in Trab setzten und bald mit einem Toyota-Laster vor uns anhielten, unser Gepäck aufluden und mit uns, das Fahrzeug nicht schonend, über die tiefen Löcher der Naturstraße losratterten.

Abaiang ist ein schmales Atoll von 32 Kilometer Länge, flach wie ein Brett, schier zugewachsen von haushohen Kokospalmen und Brotfruchtbäumen, an denen schwere Früchte baumeln. Um zwei Drittel der Insellänge zurückzulegen, brauchten wir zwei Stunden Fahrt.

»Teeta, du weißt, wo der Tabu-Kreis ist?« fragte ich, als wir im Dorf Tuarabu anhielten. Er nickte, gestand, daß er selbst den Ort zwar nicht kenne, er habe als Kind auf Abaiang gelebt, als sein Vater hier Pastor war, doch seine Mutter, die fröhliche Gastgeberin, habe ihm

* EvD: *Aussaat und Kosmos,* Seite 127 ff.
** EvD: *Beweise,* Seite 128 ff.

gesagt, an wen er sich zu wenden habe, um uns zum Ziel zu führen. Na dann! Teeta verließ uns, leichtfüßig wie eine Gazelle.

Wir sahen uns in der 451-Seelen-Siedlung um. Wie überall sind die kleinen Hütten aus Materialien der Kokospalme gezimmert, manche stehen auf Korallenblöcken, die für Bodenbelüftung sorgen wie sie Ungeziefer und Krebse, von denen es wimmelt, fernhalten, vor allem aber verhindern sie im morastigen Boden schnelles Faulen der Palmstämme. – Buben erklettern Palmen, die in dreißig Metern Höhe ihre Wedel zum Dach fügen, warfen Nüsse herab, die Männer geschickt aufschlugen, um uns die Milch zum Willkommenstrunk anzubieten. In dieser Hitze löscht Kokosmilch den Durst besser als ein ganzer Karton Cola – zu 45% besteht sie aus Wasser, der Rest sind wertvolle Eiweiße, Fett, Kohlenhydrate und Mineralien, von der Natur im Übermaß kostenlos offeriert.

In seltsamer Begleitung tauchte Teeta wieder auf. Neben ihm schlurfte eine alte, magere Frau in einem talarähnlichen schwarzen Umhang, über dem Haar einen Schleier, eine unheimliche Gestalt. Ihr Begleiter war ein runzliger Greis, der im linken Arm einen wimmernden Säugling trug und an der rechten Hand einen noch nicht schulpflichtigen Knaben mit sich zerrte. Bis auf den quakenden Säugling waren alle stockstumm, und der Säugling hatte vermutlich Hunger, doch der Busen der Alte schien mir keine labende Quelle mehr zu sein, falls sie unter dem Umhang überhaupt noch einen solchen an sich trug.

Als wir in drangvoller Enge alle auf der Ladefläche des kleinen Toyota wie Heringe in der Dose aneinandergezwängt weiterzockelten, verlor Teeta seine Heiterkeit. »Gib zehn Tabakstäbchen der Frau und eine Schachtel Streichhölzer dazu«, flüsterte er mit seinem trockenen Bariton. Die Nonne im schwarzen Umhang nickte, der Alte bleckte seine Zähne, und ich sah, daß es braungelbe Stumpen waren. Ein Trost, dachte ich, daß auch auf Kiribati das Alter seinen Tribut verlangt und nicht alle Insulaner schöne Menschen sind.

An der Südspitze der Insel griff ruckend die Bremse. Das Dörfchen hieß Tebanga, und hier verwandelten sich plötzlich unsere Begleiter, auch die jungen Leute, die neben uns hergelaufen waren. Lachen verstummte. In die Augen kroch Bangigkeit. Sogar Teetas Mienen, des immer lustigen Burschen, froren ein.

»Was geht hier vor?« wollte ich wissen.

Teeta deutete stumm mit dem Kopf in die grüne, tropische Vegetation vor uns, sagte nichts. Die Nonne im Talar stakte auf einem

Der Tabu-Kreis liegt in einem von Tropendickicht freien Rechteck, das von Korallenkieseln bedeckt ist. Die Insulaner sind überzeugt, daß jedes Lebewesen, das das Rechteck betritt, binnen kurzer Zeit sterben muß

handtuchbreiten Pfad in den Busch. In gemessenem Abstand folgten wir in schweigender Prozession. Außer dem Säugling begannen nun auch Opa und Knäblein zu winseln, sie hatten Angst.

Die Alte hielt an, stoppte mit einer Handbewegung auch unsere Schritte und trat aus dem Dickicht in eine Lichtung, der Vorhang tropisch wuchernder Büsche entzog sie unserm Blick. Sie schritt zu der feierlichen Zeremonie mit dem stinkenden Tabak in der Hand. Was in diesen Minuten geschah, tat sich auf einem Geräuschteppich von krächzenden, schnatternden Stimmen exotisch bunter Vögel, dem Donner der nahen Meeresbrandung und dem Klatschen unserer Hände, wenn wir schwirrende Moskitos auf unserer Haut den Garaus machten. Nach unserer Beobachtung bevorzugten Moskitos das sündig-süße Blut der Fremden. Mal eine Abwechslung.

Ohne uns eines Blickes zu würdigen, kehrte die Alte mit starrem Gesichtsausdruck zurück und ging an uns vorbei. Teeta, durch das

Tabakopfer seiner Angst vor bösem Zauber ledig, schob mich sachte vor sich her: *»Go on!«*

Die Lichtung war nur ein kleiner, von Tropendickicht freier Platz. Daß auf ihm nichts gedeihen konnte – auch ohne Zauber –, war mir beim ersten Blick klar: Der Platz war mit Korallenkieseln dicht an dicht bepflastert. Größere runde Steine markierten ein Rechteck, in dem ein mannshoher Monolith aus Korallenfels, einem Grabstein gleich, stand, eine Vermutung, die sich beim Gang um den Stein herum bestätigte. Eingemeißelt sah ich Namen und Todestag eines Verstorbenen. Unter einer schildkrötengroßen Muschel schwelten die Tabakstäbchen. Unser Trio blieb allein. Die Insulaner beobachteten uns neugierig und ängstlich aus gehöriger Entfernung.

Das, was uns hier angeboten wurde, hatte nichts mit dem von Reverend Scarborough angesprochenen heiligen, geheimnisvollen Ort zu tun. Der Mahnung eingedenk, zu den Insulanern immer höflich zu sein, schluckten wir unsere arge Enttäuschung, nahmen ein paar Fotos und gesellten uns der Phalanx der wartenden Eingeborenen zu. Die Alte mit den magischen Fähigkeiten fühlte sich in der Wirkung des Tabakopfers bestätigt, erstmals sah sie uns stolz an. Opa und Säugling winselten, sie taten es wohl immer. Selbst der leidlich aufgeklärte Teeta unterzog uns einer kritischen Musterung: Hatten sich seine Freunde verändert, verließen sie schadlos die Grabstätte? Außer Zorn im Bauch fehlte uns nichts.

Erst als der Toyota sich vom für die Insulaner unheimlich-unguten Ort entfernte, erheiterten sich die Gemüter unserer Begleiter. Teeta ließ eine Plastikflasche mit einer milchigen, lauwarmen Brühe kreisen. Da man Geschenke nicht ablehnen darf, überwand ich meinen Ekel und nahm, von allen beobachtet, einen kräftigen Schluck. Ich muß wohl mein Gesicht in groteske Grimassen verzogen haben, die Teeta für die Mienen eines Genießers hielt, denn er lachte hochbefriedigt, bediente sich ausgiebig selbst und hielt dann die Flasche meinen Freunden vor die Münder. Außer der Zauberalten, dem Opa und dem Säugling ließen alle die Kostbarkeit genüßlich durch ihre Kehlen laufen und wurden von Augenblick zu Augenblick ausgelassener, beschwipster.

»Was trinken wir da, Teeta?«

»Sauer-Toddy!« antwortete er mit einer Selbstverständlichkeit, als handle es sich um Whisky-sour.

»Was ist Sauer-Toddy?«

Teeta ließ den Toyota-Fahrer anhalten und wies mit der bläulichhellen Fingerkuppe des Zeigefingers seiner braunen Hand in die Krone einer Kokospalme. Unter Blättern hingen an Baumstämmen kleine und große Flaschen: Der zuckerreiche Saft wurde abgezapft. Drei Tage muß er stehen, dann beginnt er zu gären und kippt um wie prickelnder Most – ein gefährlich süffiges Getränk, von dem die fast abstinenten Insulaner für Stunden außer Gefecht gesetzt werden. Sogar Alkohol liefern die Kokospalmen!

Der Sauer-Toddy wirkte wie ein Sedativum, sonst wäre ich aus der Haut gefahren! Wieder im Startdorf Tuarabu, standen, so wie wir sie am frühen Morgen sahen, die alten Männer herum und palaverten. Mit einem Rest von Europens übertünchter Höflichkeit bat ich Teeta, zu erkunden, wohin man uns irreleitete. Unser schwarzer Engel gestand nach Befragen seiner Landsleute, daß wir das Grab eines mächtigen Kriegers besichtigten, dessen großer Geist noch heute seine Familie beschütze. Den Krieger in Ehren, sagte ich, aber unser Ziel sei ein Steinkreis ohne Grabmal, ein steriler Bezirk, dem sich sogar Palmen fernhalten würden.

Könnte man im Gehirn kreisende Gedanken knirschen hören, hätten die Köpfe der Alten den Lärm von Mühlsteinen gemacht. Man sah ihren grübelnden Gesichtern an, wie intensiv sie nachdachten. In den Augen eines Greises glimmte ein Licht auf. Ja, meinte er, auf Nord-Tarawa gäbe es einen solchen Kreis, dort wohne seit ewigen Zeiten ein ›mächtiger Geist‹, der vom Himmel kam und nicht dulde, daß er gestört würde, sogar Vögel, die über ›sein Reich‹ flögen, fielen tot zu Boden. Das war Musik in meinen Ohren – aber war es wirklich unser Ziel?

Trotz Streik und wenig Benzin zu einem erhofften Ziel

Bevor der vierte Tag unseres Insellebens aus dem Meer aufstieg, folgten wir der abendlichen Einladung ins Haus des Chefpiloten Gil Butler. In Ruhe und Ausführlichkeit erklärten wir unser Anliegen. Gil hatte keinen Schimmer, wohin unsere Wege führen müßten, sagte uns, daß die Insel Tamana – die Reverend Scarborough erwähnte – 544 Kilometer Luftlinie entfernt läge, während Nord-Tarawa mit dem Boot leicht zu erreichen sei, ja, daß er uns schon morgen nach Tamana fliegen könne – für 225 australische Dollars (etwa DM 410,–) je Flugstunde. Ich entschloß mich, den Vorschlag anzunehmen.

Die Naturpiste von Tamana sah von oben her nicht gut aus, sie war es wirklich nicht. Die auf den Inseln von der *Air Tungaru* angelegten Pisten sind nichts als in den Palmwald gerodete schmale Streifen, die nur grob von Geröll und Bewuchs freigemacht sind. Die Insulaner sollen sie instandhalten, streunende Hunde und wühlende Schweine verscheuchen. Sie sagen: »Eng-eng«, jaja, und schon eine Woche später wächst wieder Gras, hat tropischer Regen Steine freigespült, weiden und wühlen wieder Tiere. Jede Landung, jeder Start verlangt von den Piloten rechte Kunststücke. – In einem Slalom zwischen Tieren und Steinen rollte unsere Maschine aus.

Teeta strebte einer Palmhütte zu, in der drei Männer vom Bodenpersonal faulenzten. Unser schwarzer Engel wußte inzwischen genau, was wir suchten, und verklarierte es seinen Landsleuten, stimulierte ihre Phantasie und Erinnerung mit Gesten und einem Schwall von Worten. Endlich nahte er mit den Pistenwärtern:

»Dort drüben sind Gräber mit sehr großen Wesen!«

»Bestimmt?« faßte ich nach. Teeta nahm seine Stammesbrüder nochmals ins Verhör. Sie nickten und wiesen mit einem Bündel ausgestreckter Finger quer über die Piste auf den Palmenhain. Mit schwerem Gerät behangen, marschierten wir los. High noon. Lotrecht stand die Sonne über uns. Unbarmherzig grillte sie unsere Leiber. Der Schweiß rieselte an uns herab bis in die Schuhe. Bleichgesichter, die wir sind, durften wir die Hemden nicht ausziehen, wir wären in Kürze eine einzige große Brandblase gewesen. Schwärme gieriger Moskitos stachen durch den Stoff. Die Traggurte der Kameras schnitten in unsere Schultern wie in rohes Fleisch.

Mit braunen Korallensteinen bedeckte Gräber tauchten auf.

»Ist das unser Ziel?« fragte ich. Vor Durst und Enttäuschung klebte die Zunge unterm Gaumen.

»Tiaki-tiaki! Neinnein, kommen Sie weiter!« sagten die vom Bodenpersonal und schlugen Breschen ins dichte Gebüsch, umkurvten Palmen, stiegen über Steinberge und Gräber, bis sie strahlend anhielten:

»Das ist es!«

Wir tauschten leere, enttäusche Blicke aus, denen Teeta entnahm, daß es wieder nicht das Richtige war. Verlegen wandte er sich ab und kraulte sein beneidenswert dichtes Haupthaar.

Wie kamen wir nur weiter? Die Leute waren guten Willens, sie bemühten sich. Es mußte an uns liegen.

»Teeta«, begann ich nachsichtig, »sag den Männern, daß ich dankbar bin, daß sie uns herführten, und daß wir überrascht sind, so viele sehr alte Gräber zu sehen, doch die Gräber, die wir suchen, sind sehr groß, viel größer als diese hier. Sie wurden für Riesen angelegt, die zwei, dreimal so groß waren wie du und ich. Und diese Gräber müssen irgendwo allein für sich liegen, nicht inmitten eines Gräberfelds wie diesem, denn die riesigen Männer duldeten weder Tod noch Leben in ihrer Nähe.«

Unser unermüdlicher Dolmetscher trat in den Kreis der Männer, die trotz sengender Sonne und stickiger Luft ganz munter schienen. Wieder erklärte Teeta beschwörend, man sah es, was die weißen Männer zu sehen wünschten. Einer, der unsern Freund ins Gespräch zog, versicherte, am Ende der Insel gäbe es größere Gräber, größer als das größte hier sei.

»Sind noch andere Gräber in der Nähe?« fragte ich.

»Eng-eng!« – jaja, stimmten sie begeistert zu, ich ahnte, daß wir neuerlich in die Irre suchen würden. Ich ließ mir von Willi Block und Stift geben, setzte mich auf ein Grab und fragte über Teeta die Runde ab:

»Das Grab, von dem ihr sprecht, ist größer als jedes Grab hier?«

»Eng-eng!«

Ich zog einen Burschen heran und bat ihn, den Grabhügel zu zeichnen. Er tat es mit einfachen Strichen.

»Nun zeichne die anderen Gräber, die um das große Grab herum liegen!«

Der Bursche zeichnete eine ganze Friedhofsplantage. Es war nicht der Ort, den wir suchten. Offenbar verbot die Höflichkeit die Kiribatis, einem Fremden mit ›nein‹ zu antworten, wenn sie seinem Wunsch nicht entsprechen konnten. Ich kramte aus meiner Phantasie eine Geschichte:

»Hört zu. Vor sehr langer Zeit gab es zwei große Menschen, die viel größer als Teeta waren. Sie kamen von einem fernen Land, vielleicht sogar vom Himmel her. Sie waren so stark, daß sie die Kanus eurer Väter wie Kokosnüsse durch die Luft werfen konnten. Eure Leute haben sie betrunken gemacht und mit einem Zauber besiegt, sie töteten sie und warfen die Gebeine in eine tiefe Grube, damit sie nie wieder Unheil stiften konnten. Wißt ihr, wo diese Gräber sind?«

Sie hörten Teetas Übersetzung aufmerksam an. Nach langem Schweigen und Grübeln tat ein Mann einen Schritt aus der Gruppe:

»Ein Grab der Riesen liegt auf der Südspitze der Nachbarinsel Arorae!«

»Gibt es dort auch große Steine, die auf Inseln weisen, die weit draußen im Meer liegen?«

Ja, versicherte der Mann, solche Steine habe er gesehen, als er mit seinem Vater auf Arorae weilte. – Von unserem derzeitigen Standort aus war die Insel nicht auszumachen. 80 Kilometer entfernt ist sie die südlichste der 16 Kiribati-Inseln. Sollten wir auf die vagen Angaben hin einen Flug riskieren? Gil Butler hatte durch den Streik nur eine knappe Benzinmenge aufgetrieben, war aber inzwischen selbst derart vom Jagdfieber gepackt, daß er uns rüberflog. Nach einer halben Stunde schon hoppelte, hopste die Maschine über die Piste. Es war zwei Uhr, und die Äquatorsonne brannte nieder wie um die Mittagszeit.

Auch in Arorae dösten drei Einheimische im Schatten einer Markise aus Palmwedeln, auch hier weidete Vieh auf der Rollbahn. Aber das Bodenpersonal verfügte über Fahrräder! Teeta zog die üblichen Erkundigungen ein, deren Ergebnis uns an einen Greis verwies, der in hervorragender Weise ortskundig sei. Wir schwangen uns auf die ramponierten Sättel zweier verrosteter Velos.

Der quicklebendige Greis – geschmeichelt, Auskunft geben zu dürfen – erklärte in gesten- und bilderreichen Schilderungen, wo die Riesengräber samt Navigationssteinen zu finden seien. Dachte ich hoffnungsvoll bei mir: die Insel ist nur viereinhalb Kilometer lang und wenige hundert Meter breit, da muß sich einer, der hier alt wurde, auskennen wie in seiner Hosentasche oder einem ähnlich übersichtlichen Versteck, denn die dreieckigen Tepes haben keine Taschen.

Meine Bitte an Teeta, mehr Fahrräder aufzutreiben, verbreitete sich wie ein Flächenbrand: Wir kehrten in einer Gruppe von vierzehn Radlern zum sogenannten Flughafen zurück. Ich drückte Fahrern, die wir um Ausleihe ihrer Vehikel baten, Münzen in die Hand, so daß sich unsere bereifte Expedition auf die Vier-Kilometer-Strecke begab, keine Entfernung unter zivilisierten Bedingungen. In Arorae ist es eine Querfeldeinrallye mit höchsten Schwierigkeitsgraden – durch schlickigen Morast und feinen Sand, über struppige Felder, durch tropisch verwachsenen Waldunterwuchs, immer gehetzt und angegriffen von anhänglichen Moskitoschwärmen.

Der Greis versprach nicht zuviel.

An der Nordspitze Aroraes, direkt hinter der Maneba, dem Versammlungshaus, breitete sich ein mit sauber geschichteten, flachen Steinen eingefaßtes Rechteck aus. Einen Meter ragte der Steinwall über den Boden. Gräber und Grabsteine gab es nicht. Fünf Schritte neben dem vorgeblichen Riesengrab klaffte ein quadratisch ausgeho-

Um Platz für diese Maneba, das Dorfgemeindehaus in Arorae, zu schaffen, wurde das zweite Riesengrab zerstört

benes Loch, aus dessen geringer Tiefe Sonnenlicht vom Sickerwasserspiegel reflektierte. Reverend Scarborough schrieb von zwei Riesengräbern. Wo war das zweite?

Auf meine Rückfrage hin bekam Teeta heraus, daß man vor Jahren, als die Maneba errichtet wurde, Platz brauchte, da hat man das zweite Grab weggeräumt. Die Insulaner hatten keine Angst, das zu tun, weil weder vom Zauber der Geister noch von den Körpern der Riesen etwas übrigblieb. Ob hier nun irdische oder außerirdische Riesen bestattet waren, wunderte es mich nicht, daß sich die Geister verflüchtigt, die Knochen im salzhaltigen Grundwasser aufgelöst hatten.

Da standen wir also vor einem Grabhügel in den Maßen 5,30×2,90 Meter. An Buddeln unter der Steinlast war nicht zu denken, was auch sollten wir finden? Überdies mußte Gil Butler vor Anbruch der Dunkelheit zurück sein. Wir nahmen den tröstlich-positiven Eindruck mit, daß hier ein altes mythologisches Grab vorhanden war. Wir schickten einen schnellen Gedanken der Erinnerung zu Reverend Scarborough auf die Reise und fragten uns: Wo sind die Navigations-

Abschied vom *Arorae Airport*

steine? – Am entgegengesetzten Ende der Insel, weit hinter der Piste, wurden wir beschieden.

Ohne den allgegenwärtigen Streik hätten wir uns Muße gelassen, wären an anderen Tagen noch mal hergeflogen, so aber mußten wir die Chance unserer vermutlich einmaligen Anwesenheit nutzen. Die Rallye wurde wiederholt, doch ab der urtümlichen Landebahn, von der aus wir am Mittag aufbrachen, war an ein Weiterkommen auf Rädern nicht zu denken. Ausgedurstet, wurde das Marschieren durch Dünen zur Tortur. Manchmal ertappte ich mich bei Halluzinationen, wie sie vom Dursttod gerettete Wüstenwanderer beschreiben. Der Herzschlag hämmerte in den Schläfen, hallte im Kopf nach. Nur noch zehn Minuten vom Ziel entfernt, kämpfte ich meinen inneren Schweinehund nieder, der auf mich einredete: gib auf! Ich wankte hinter Teeta her, sah Willi und Rico nicht an, die ich in dieses Abenteuer lockte; ich hörte sie hinter mir keuchen und konnte mir ihre vorwurfsvollen Blicke vorstellen. Durch meine Phantasie geisterte ein Film mit Bildern von mythologischen Gestalten. Plötzlich wurden meine Sinne hellwach, oder war das, was ich in verlockender Nähe sah, eine Fata Morgana?

Nein. Abseits der Meeresbrandung verhießen Monolithen das Ziel, da lag einer am Boden, einer stand aufrecht vor mir. Alle Anstrengung war vergessen.

Von Wind und Wetter zerborstene große Steinbrocken ragten aus dem Boden, einstmals rechtwinklig zugeschnitten, nun vom Zahn der Zeit angenagt, alle von einem Rechteck aus kleinen Steinen eingefaßt. Ein unbedeutendes Gräberfeld, wie ich es x-mal an anderen Plätzen der Welt sah?

Mit wieder quicken Sinnen bemerkte ich, daß die gut mannshohen, aufrechten Monolithen in verschiedene Richtungen wiesen und entdeckte auf dem Kamm der Steine zentimeterbreite, schnurgerade Rillen eingekerbt – Richtungsweiser für ferne Ziele.

Wir zogen Kompaß und Karten zu Rate.

Eine südlich gerichtete Visierlinie wies ohne Abweichung auf die 1800 Kilometer (Luftlinie) entfernte Insel Niutao, die zu den Ellice-Inseln gehört, einer Gruppe von neun Atollen. Eine weitere Rille deutete südöstlich auf West-Samoa – 1900 Kilometer (Luftlinie) weit weg östlich der Fidschi-Inseln. Über eine dritte Linie visierten wir die 4700 Kilometer (Luftlinie) entfernten Tuamotu-Inseln im südlichen Stillen Ozean an und schließlich noch ungefähr die Hawaii-Inseln. Wieder flog ein Gruß des Dankes zu Reverend Scarborough nach Kapstadt!

Zwei der Navigationssteine bestehen aus Granit, den es auf Arorae nicht gibt, drei haben Merkmale von Vulkangestein, die anderen sind aus dem Material der Korallenriffe.

Ich spielte und kombinierte mit Überlegungen, die sich mir stets aufdrängen, wenn ich mit frühzeitlichen Navigationsproblemen konfrontiert werde – wie hier auf Arorae. Unbestritten ist, daß die Insulaner seit eh und je einfache Navigationsaufgaben mit Hilfe der Sterne und durch Kenntnis der Meeresströmungen lösen konnten.

Rechte Seite oben: Unter diesem Steinhügel sollen die Gebeine eines mythologischen Riesen liegen. – Im Hintergrund Teilnehmer unserer Querfeldein-Rallye. Der Herr im weißen Hemd: Gil Butler, unser kameradschaftlicher Pilot

Rechte Seite unten: Eine Fata Morgana? Nahe der Meeresbrandung ein Feld mit Monolithen!

Von Wind und Wetter zerborstene Richtsteine ragen aus dem Boden, stehen diagonal in einem von Steinen begrenzten Rechteck

Dieses Zugeständnis löst aber das große Rätsel nicht, wie die ersten, die allerersten Seefahrer Ziele erreichten, von deren Existenz sie keine Ahnung hatten. Stachen sie von den Küsten ihrer Heimatinsel aus in See, wußten sie nicht, wo sie landen würden, wie sie auch nicht ahnten, wie lange die Reise dauerte. War das Ziel im Irgendwo, halfen die Erfahrungen der Hinreise nicht für die Rückreise, weil die Sterne ihre Position ändern, Strömungen und Winde nicht auf einen Kurs fixiert sind. Nimmt man, wie derzeit unterstellt, Sternenhimmel wie Wasser- und Luftströmungen als erste Navigationshilfen an, dann setzt man bei den frühesten Seefahrern diffizile und differenzierte Kenntnisse von Astronomie, Meeresströmungen und Luftbewegungen voraus, einen Wissensstand also, der unseren frühen Vorfahren im allgemeinen nicht zugetraut wird.

Ich erinnerte mich eines Gesprächs, das ich kurz zuvor im Museum von Wellington, Neuseeland, mit dem Ethnologen Dr. Robin Watt führte. Auf solche Navigationsprobleme angesprochen, meinte Watt, er könne keine Probleme erkennen: Die Maoris beispielsweise, das polynesische Volk auf Neuseeland, hätten gewußt, daß es nordöstlich Inselgruppen wie die heutigen Fidschi-, Tonga- und Samoa-Inseln gab, den Maoris hätte es genügt, die ›allgemeine Richtung Nordost‹ einzuhalten, um irgendwann im Netz der Inseln Festland zu erreichen; erst einmal auf einer Insel gelandet, hätten von dort aus Einheimische weitergeholfen.

Hört sich auf Anhieb ganz gut an, doch dann kommen Zweifel in diese ›Lösung‹ der Problematik. – Die Startlosung ›allgemeine Richtung Nordost‹ setzt ja schon voraus, daß es davon eine exakte Vorstellung gab und besonders das Wissen, daß irgendwo in dieser Richtung Inseln im Meer schwimmen! Paddelboote, Ruderboote, Kanus, gar Segler ins Ungefähre können leicht durch das weitmaschige Netz der Inseln hindurchfahren, ohne Land unter die Füße zu bekommen. Eine Reise nach irgendwo ohne Wiederkehr! Freilich gibt es für den erfahrenen Seemann Navigationshilfen, auch wenn kein Land in Sicht ist: auf den Wellen reitende Abfälle, Baumstämme, Tierkadaver. Aber das sind windige Hilfen, die bei Nacht oder stürmischer See wenig helfen.

Wenn ich mir alle Erklärungen anhöre und prüfe, dann scheint mir, daß die prähistorischen Seefahrer ihr Ziel vorm Aufbruch sehr genau gekannt haben, daß sie sich ausreichend verproviantierten. Operierten sie mittels über Jahrhunderte erworbener Kenntnisse – oder wurden sie von ihren mythologischen ›Göttern‹ unterwiesen?

Wer schleppte die Steine her? Wer brachte sie in ihre Position? Wer verfügte über Kenntnisse, in welcher Richtung ›unsichtbare‹ Inseln lagen? Einziger Fixpunkt im Wust der Fragen sind die Richtungssteine, die im Glast der Sonne vor uns liegen . . . und die Mythologien des pazifischen Raums, die alle, alle von fliegenden Wesen, ›Göttern‹, berichten.

Ein zentraler Mythos ist der vom Vogel Rupe, der den Maoris zugeschrieben wird, jedoch in zahlreichen Verwandlungen bei anderen Völkern auftaucht.

Einer Version zufolge heiratete Hina, eine Schwester Rupes, den Tinirau, der seine anvermählte Frau auf eine ferne Insel verbrachte, schwängerte und dann in ein Haus verbannte, das er mit einem ›Schutzschirm‹ umgab, der sowohl Hina hinderte, das Haus zu verlassen, als auch Fremde, zu ihr einzudringen. – Als die Geburtsstunde nahte, konnte Hina niemand beistehen. In ihrer Not rief sie: »Rupe! Rupe! Komm und hilf mir!« Bald dröhnte Lärm über dem

Haus, und der Vogel Rupe rief seiner Schwester zu: »Hina, ich bin da!«

Vogel Rupe konnte erst zu seiner Schwester gelangen, nachdem er in den Schutzschirm ein Loch gebohrt hatte. – Nach der schweren Geburt bat Hina, sie in die Heimat zurückzufliegen, doch zuvor Tinirau und dessen Landsleute zu evakuieren, sie selbst wolle zuletzt mitfliegen. Rupe erklärte, für den Massentransport müsse er dreimal aufsteigen. Die Insulaner nahmen auf Rupe Platz, der sie weit hinaus flog und überm Meer ins Wasser kippte. Nach drei Flügen holte er Hina samt Säugling ab. Hoch fliegend, sah Hina Leichen und Kleidungsstücke der Landsleute ihres Gatten auf den Wellen schwimmen, sie fragte, weshalb er die Leute getötet habe. Rupe antwortete: »Sie haben dir Unrecht getan, als du in ihrem Land lebtest. Sie haben dich eingesperrt, und niemand half dir bei der Geburt. Deshalb wurde ich zornig und habe sie alle ins Meer geworfen« (5).

Eine seltsame Chartermaschine, dieser Rupe!

Auf Kiribati bezogen, berichtet die Legende von Te-Bongiro – »die schwarze Dunkelheit« –, daß die Himmelsbewohner landeten, als es noch keine Menschen gab. Vor ihrer Rückkehr ließen sie auf jeder großen Insel einen Urvater zurück. In dieser Legende sind die Namen der Urväter interessant – Bai-matoa, Matinaba, Matiriki, und wie sie alle hießen, entsprechen den Bezeichnungen von Sternen und Sternbildern. Ist hier eine heiße Spur, die zu den Beratern der Navigationssteine führt?

Auf der Insel Raivavae in Französisch-Polynesien gilt der alte Tempel von Te-Mahara noch heute als der Punkt, an dem der mythologische Gott Maui nach seinem Weltraumflug landete (6). – Ähnlich die Meldung der Ureinwohner von Atu Ona, einer Insel der Marquesa-Gruppe! Dort gibt es den kleinen Berg Kei Ani, der als Tempel betrachtet wurde, wenngleich dort kein künstliches Bauwerk zu erkennen ist. Die Urpolynesier nannten den Berg Mouna tuatini-etua – »Berg der vielen Götter« – oder Mouna tautini-etua – wörtlich: »Berg, auf dem die Götter landeten« (7).

Es bereitet mir nicht einmal besonderes Vergnügen, meine Hypothesen mit so vielen Mythen und Legenden aus dem pazifischen Raum zu belegen. Es ist so mühelos, sie drängen sich förmlich auf, und so

Rechte Seite: Gut mannshohe Steine, Kompaßsteine, weisen auf weit entfernte Inseln hin, manche sind umgestürzt, zerfallen, von Wind und Wetter zerfressen

ziehe ich denn noch einige Atouts aus meinem Kartenspiel:

Über den Schöpfergott Ta'aroa von den Gesellschaftsinseln im Stillen Ozean heißt es:

Ta'aroa saß in seiner Muschel, in der Dunkelheit seit Ewigkeiten.

Die Muschel war wie ein Ei, das im endlosen Weltall trieb.

Es gab keinen Himmel, kein Land, kein Meer, keinen Mond, keine Sonne, keine Sterne.

Alles war Dunkelheit, dicke ausbreitende Dunkelheit (8).

Im letzten Jahrhundert berichteten ehrwürdige Priester den Ethnologen über ihren Urgott Jo:

Jo bewegte sich in der Unendlichkeit des Weltalls. Das Universum war in Dunkelheit, nirgendwo Wasser. Es gab keinen Schimmer der Morgenröte, keine Klarheit, kein Licht (8).

Über den Gott Tagaloa auf den Samoa-Inseln berichtet die älteste Legende:

Gott Tagaloa schwamm in der Leere, er hat alles geschaffen, er allein war es. Vor ihm gab es keinen Himmel, kein Land, er war ganz allein und schlief in der Weite des Raums. Es gab auch kein Meer, noch war die Erde damals. Sein Name war Tagaloa-fa'atutupu-nu'u, was soviel bedeutet wie »Ursache des Wachstums« (9).

In Hawaii gibt es, vermutlich durch christliche Missionare beeinflußt, den Dreifaltigkeitsgott Ku-kau-akahi, eine Zusammenziehung aus den Namen der Götter Ku, Kane und Lono. – Kane ist der Schöpfer, der den Menschen »nach seinem Ebenbild« schuf (9). Selbstverständlich kam Kane aus der Dunkelheit des Weltalls. Die Gebete, die ihm gelten, preisen seine Heimat und die Sternenwelt:

Die wandernden Sterne,
die unberührbaren Sterne,
die sich bewegenden Sterne von Kane,
unzählbar sind diese Sterne.
Die großen Sterne, die kleinen Sterne,
die roten Sterne von Kane.
O unendliches Weltall!
Der große Mond von Kane,
die große Sonne von Kane,
sie bewegen sich in der Weite
des Weltalls.

Wer heute Kiribatis, Maoris oder sonstwelche Insulaner nach ihren Überlieferungen befragt, wird auf Unverständnis stoßen: Sie wissen nichts mehr von ihren alten Göttern. Die Missionierung des pazifischen Raums verschüttete alte Kulturen, pfropfte neue auf und verbot die mündliche Weitergabe ›heidnischer‹ Erinnerungen. Was aufzutreiben ist, verdanken wir Ethnologen, die um die Jahrhundertwende in geduldiger Arbeit niederschrieben, was ihnen erzählt wurde. Was für eine Sisyphus-Arbeit es war, notierte der Ethnologe Robert Aitken (5):

Es war enttäuschend, feststellen zu müssen, daß die meisten Leute zugeben, kein Wissen über vorchristliche Sagen zu besitzen. Sozusagen jedermann war in der Lage, Psalmen oder längere Zitate aus der Bibel wiederzugeben, doch nur sehr wenige mochten oder wollten mir berichten, was allgemeines Wissensgut gewesen sein muß, bevor die Bibel eingeführt wurde.

So verschwindet altes, wichtiges, fraglos hochbrisantes Wissen im Reißwolf der Zeit. Wenn in verrückten Kriegen der Gegenwart Städte und einmalige Bauwerke in Schutt und Asche zerbombt werden, ist das absurd. Werden aber wichtige Tatbestände unser aller Vergangenheit mit der Friedenspalme in geweihten Händen ausradiert, dann ist das heller Wahnsinn. Ich kann den Beweis nicht antreten, doch bin ich sicher, daß es in alten Überlieferungen auch Hinweise auf die Kompaßsteine von Arorae gäbe, hätte man sie nicht mit Fleiß »ausgerottet«. So stehen da lotrecht fünf Steine und weisen mit ihren Rillen auf ferne Ziele hin, liegen acht Monolithen halbmeterhoch über dem Boden. Nie wird man ermitteln, mit welcher Technik es den Urbewohnern der Insel möglich war, ihnen unbekannte Punkte im weiten Meer anzuvisieren.

Die noch junge Regierung von Kiribati tut nichts für die Erhaltung der Steine. Sie sind nur noch wenigen Greisen bekannt, und die haben nicht das ewige Leben.

Ein Geheimnis, das ein Geheimnis bleibt

Bei Einbruch der Dunkelheit erreichten wir Tarawa. Am »Flughafen« erwartete uns Pater Hegglin, ein Schweizer Landsmann, mit Frau Dr. Rosina Hässig, die am Spital von Tarawa für die Weltgesundheitsorganisation – WHO – arbeitet. Der aus englischen Kolonialzeiten etablierte Tee, den wir mit Frau Dr. Hässig tranken, feuchtete wohltuend unsere ausgedörrten Kehlen an und belebte unsere Lebensgeister. Selbstverständlich fragte ich die Landsmännin gleich nach dem legendären, zauberkräftigen Kreis, den es auf Nord-Tarawa geben sollte. –

»Nie davon gehört!« sagte sie, fügte aber nach kurzem Überlegen an: »Wenn es einer wissen kann, dann ist es unser Chefarzt! Er stammt von hier, er ist auf Nord-Tarawa aufgewachsen, er studierte in Amerika und kehrte in seine Heimat zurück.«

Leger und unkonventionell, wie man sich hier gibt, führte sie uns ins Spital zum Chefarzt, dem ich gleich, um ihn nicht über Gebühr zu behelligen, die gezielte Frage stellte.

Er ließ einen wohlwollend abschätzenden Blick auf uns ruhen, wie er Chefärzten eigen ist, und diagnostizierte den Fall:

»Weshalb wollen Sie den Kreis aufsuchen?«

»Läßt Ihre Frage darauf schließen, daß es diesen magischen Kreis gibt?«

»Ja, es gibt den Kreis. Seit einer unbekannten Zahl von Generationen steht er unter einem Tabu, und meine Landsleute sind überzeugt, daß er tödlich für jedes Lebewesen ist, das ihn betritt. Machen Sie sich keine falschen Vorstellungen – das ist kein gigantisch großer Kreis, er ist vergleichsweise klein, seine Mitte ist mit einem Rechteck aus kleinen Steinen ausgelegt. Wenn ich Ihnen einen Rat geben darf – betreten Sie das Rechteck nicht!«

Das war nicht mehr Diagnose, das war schon Therapie – von einem versierten Arzt, der mit dem Skalpell umzugehen versteht. »Sie sind abergläubisch?« fragte ich schmunzelnd.

Der Chefarzt lachte. Nein, sagte er, er glaube nicht an Spuk und Geister, alles fände letztlich eine wissenschaftlich plausible Erklärung, doch bis die gefunden sei, solle man Erfahrungen nicht leichtfertig in den Wind schlagen, die seine Landsleute seit langer Zeit in Beobachtung der Vorgänge im magischen Kreis gemacht hätten, sie hätten ja gesehen, daß Tiere, die durch den Kreis liefen, an rätselhaften Krankheiten eingingen. – Ist Radioaktivität im Spiel? warf ich ein. – Nein, die sei auszuschließen, weil es künstliche Radioaktivität erst seit Marie Curie, seit 1903, gäbe, die merkwürdigen Vorgänge aber schon seit unbekannt frühen Zeiten beobachtet würden. Der Chefarzt hatte keine Erklärung, doch er bestätigte die Existenz des magischen Kreises, von dem Reverend Scarborough wußte.

Es gab zwar keinerlei Service, aber wir wohnten immer noch im Staatshotel *Otintai* – trotz Streik. Man ließ uns gewähren, und das war angenehm für uns, weil alle Ziele schneller erreichbar waren, als wenn wir der wiederholten Einladung Teetas in sein Elternhaus gefolgt wären.

Früh um sieben Uhr holte uns unser schwarzer Engel ab. Trotz

Streik organisierte er ein Boot und drei Kanister Benzin, wir konnten nach Nord-Tarawa tuckern. Nach anderthalb Stunden Fahrt durch die Lagune erreichten wir ein kaum fußballplatzgroßes Inselchen, Teeta bat um fünf Tabakstäbchen und Streichhölzer; ich trug sie immer bei mir und mochte mich schon selbst nicht mehr riechen, anfänglich hoffte ich, der Gestank würde die Moskitos vertreiben, aber die lieben den Duft heidnischer Rauchopfer. Teeta nahm die Utensilien und warf sie mit der rechten Hand über die linke Schulter ins Wasser. – »Warum tust du das?« fragte ich. An dieser Stelle müsse man dem Seegeist opfern, damit man der Rückkehr sicher sei. Des Pfarrers Sohn Teeta christlicher Glaube war nicht sehr tief und überzeugend gegründet. Er lebte – wie alle –, wenn der Pfarrer nicht zuschaute, sicherheitshalber weiter mit den Geistern. – Es war die Hälfte der Strecke, als dem Seegeist Tribut gezollt wurde.

Myriaden von Krebsen huschten am Strand von Nord-Tarawa. Schon darauf eingestellt, nahmen wir Teetas höfliche Mitteilung, er müsse nun Eingeborene nach unserem Reiseziel fragen, als Akt insularer Höflichkeit. Wir warteten. Wir warteten drei geschlagene Stunden in der Sonnenglut. Ohne Reverend Scarboroughs beschwörende Mahnung: ›Never bathe in the sea!‹ wären wir nur zu gern ins klare Wasser eingetaucht. Freundlich lächelnde Insulaner machten uns ihre Aufwartung und reichten Kokosnußmilch zur Erfrischung.

Wieder war es ein kleiner Toyota-Laster, mit dem Teeta zurückkehrte. Wieder war ein Greis sein Begleiter, der den Weg zum magischen Kreis wies – zu einer Lichtung im tropischen Dickicht, die im Rechteck von Steinen gesäumt war; an der Spitze, außerhalb der Einfassung, lag eine umgestülpte große Muschel, gottlob war es kein Grabstein. Das war der erste Gedanke, und dann war verhaltenes Schweigen.

Unser Trio wechselte eigenartig zögernde Blicke. Das Gerede vom gefährlichen Zauber hatte uns infiziert, wir waren plötzlich ein bißchen feige, empfanden aber, daß wir uns vor den ängstlich-neugierigen Blicken der Insulaner als mutig zu bewähren hatten. Teetas grundgütige Augen ruhten auf uns und baten stumm: ›Freunde, laßt das! Versucht die Geister nicht!‹

Wir orientierten uns. Vor uns lag ein Kreis von 14 Metern Durchmesser, im Zentrum ein mit länglichen kleinen Steinen markiertes Quadrat von 5,10 Metern Seitenlänge, und dieses Quadrat war das einzige Bemerkenswerte: In ihm wuchs kein Halm, kein Pflänzchen – inmitten üppiger Vegetation. Zwar war das Quadrat mit Kieseln gespickt, doch sie ließen Zwischenräume, die weit genug waren, irgend etwas Grünes sprießen zu lassen. In der tropischen Treibhausluft ist morgen zugewachsen, was heute freigelegt ist. Tatsächlich auch wuchsen keine Palmen in den Tabubezirk hinein, doch das konnte Zufall sein.

Trotz des Hinweises vom Chefarzt, nichts Gigantisches zu erwarten, waren wir doch enttäuscht. Um irgendwas zu tun, zogen wir unseren kleinen Geigerzähler in allen Diagonalen durch das Quadrat. Sein Zeiger rührte sich nicht. Als Willi ins Quadrat treten wollte, hielt Teeta ihn mit eisernem Griff energisch zurück, sehr merkwürdig, weil wir hier keinen bösen Geist mit ekligem Tabak besänftigen mußten. Wie die aufgefädelten Blicke von Zuschauern beim großen Match im Centre Court von Wimbledon dem Ball folgen, ließen uns die Eingeborenen nicht aus den Augen.

Wir schritten den näheren Raum um den magischen Kreis ab, es fand sich nichts, gar nichts Bemerkenswertes – nur Dschungel mit seiner wilden Vegetation. Seltsam war es schon, daß sie vor dem Kreis abrupt anhielt. Gibt es einen Familienclan, der den Platz hegt – aus Tradition oder um andere zum Narren zu halten?! Warum sollte sich eine Familie diese Arbeit um einen Schabernack aufbürden? Hier regt und bewegt man sich, klimabedingt, nicht mehr als zum Dasein nötig.

Ich ging zu dem Greis und fragte ihn, ob es einen Priester oder Dorfweisen gäbe, der uns von der Vergangenheit der Insel erzählen könnte. ›Eng-eng!‹ nickte der Alte und geleitete uns zu einer Hütte, vor der ein fettleibiger Mann wie ein Buddha thronte. Wie mir vorher anbefohlen, angelte ich Tabakstäbchen und Streichhölzer aus der klebrigen Reserve, der Buddha entzündete das Rauchopfer, wie die anderen knieten wir im Halbkreis vor ihm nieder.

In einem in den Ohren schmerzenden gutturalen Englisch berichtete der Buddha, der Kreis, den wir gesehen hätten, würde vom ältesten und mächtigsten der Geister beherrscht, der kein Leben in seiner Nähe dulde, er schlüge sogar Vögel, die über ihn hinwegflögen. Auf der Insel gäbe es noch einige solche Bezirke, doch der, den wir sahen, sei der des mächtigsten, eines *powerful spirit,* eines starken Geistes. Wer Warnungen vor seiner Macht mißachtete und das Quadrat betreten habe, hätte in kurzer Zeit mit dem Leben zahlen müssen. – Wie geschieht es? wollte ich wissen. Arglistig tönte der Buddha:

»Wir wissen es nicht, niemand weiß es, der Geist tötet mit seiner Macht.«

Jahrelang besuchte ich heilige Orte aller Religionen, an denen

Wunder geschehen. Es gibt diese Wunder – in Lourdes, in Fatima, im Kloster San Giovanni Rotonda, in Guadelupe, in Iborra, es gibt sie rund um den Globus. Für Wunderheilungen, von Ärzten attestiert, muß es einen Grund geben. Die vorherrschende Ansicht ist, daß der Glaube, der inbrünstige Wille zur Heilung, die Wunder bewirkt. Es ist ein positiver, wunderwirkender Glaube, den nur Ungläubige verächtlich als Aberglauben abtun. Fragte ich mich, ob nicht aus ähnlichem psychologischem Antrieb auch negative Wirkungen herbeizuzwingen sind: Von der tödlichen gefährlichen Wirkung magischer Bezirke durchdrungen, dem Glauben an Geister und Götter noch nahe, erleiden Leichtfertige Tod oder Krankheit, sobald sie die Tabuzone überschreiten. Vielleicht ist das eine Erklärung für das Geschehen, das die Insulaner seit früher Zeit berichten und an das sie heute noch glauben.

Des Chefarztes Ansicht, irgendwann bekämen mysteriös-magische Vorgänge ihre logisch-wissenschaftliche Erklärung, teile ich, zweifle aber, ob sie mit obligat-akademischem Denken zu finden ist. Forschung, die jedes Ding messen, zählen und wiegen will, schließt kategorisch das Unwägbare, Unmeßbare aus. Es gibt aber Kräfte, deren man mit dem raffiniertesten technischen Instrumentarium nicht habhaft wird.

Die frühen Vorfahren der Kiribatis überlieferten – und ihre lebenden Enkel bestätigen es –, daß der magische Kreis innerhalb des markierten Quadrats den Tod bringt. Ich konnte nichts Außergewöhnliches feststellen, doch ich bin nicht arrogant genug, zu behaupten, die Insulaner wären einfältige Opfer ihres Geisterglaubens. So lange Ungewöhnliches nicht gemessen, gewogen und gezählt werden kann, wird es als Wunder oder Aberglauben abgetan. Mögen also bis zur Stunde der überzeugenden Erklärung die Steinkreise auf Arorae als Wunder verbucht werden – mit dem skeptischen Vorbehalt, den Michael Faraday (1791–1867) so formulierte: »Nichts ist zu wunderbar, um wahr zu sein.«

Teeta tat, was ich als Fremder nicht zu tun gewagt hätte: Er stoppte den Redefluß des erzählfreudigen Buddha und drängte zum Aufbruch. Teeta wollte die Fahrt durch die Lagune vor Einbruch der Dunkelheit hinter sich bringen, um die messerscharfen Korallenriffe, die schon manches Boot aufschlitzten, mit seinem kundigen Lotsenblick umfahren zu können, außerdem verlangen zu abendlicher Stunde Haie und Kraken ihr Nachtmahl.

Gern folgten wir unserem schwarzen Engel, weil wir nicht daran interessiert waren, einen Kampf zwischen Krake und Eingeborenem zu beobachten: Als lebender Köder schwimmt ein Mann in die Fangarme, in dem kurzen Moment, in dem die Krake ihre Tentakel, Tastorgane zum Greifen der Nahrung, um das Opfer schließt, springt ein Begleiter in die Flut und tötet die Krake durch einen Biß zwischen die Augen (1). Wir erlebten keinen dieser grausigen Kämpfe, doch sollen sie heute noch auf den südlichen Kiribati-Inseln als Sport betrieben werden. Gott sei Dank wurden wir auch keine Zeugen des Fanges von Haien, denen – mit Fleischködern gelockt – von Tauchern mit scharfen Messern die Leiber aufgeschnitten werden. Die Genitalien der Haie sind den Insulanern begehrte Verstärker ihrer Männlichkeit – Okasa aus dem Meer. – Unverändert blieb die Tötungsweise kleinerer, armlanger und armdicker Fische: Der Fischer steckt den gefangenen Fisch blitzschnell in den Mund und beißt den Kopf ab (10). – Es heißt, daß manche Eingeborene nur deshalb lispeln, weil der Fisch schneller zubiß als der mutige Fischer.

Im Rhythmus der Gezeiten zog die Ebbe unser Boot mehr als einen Kilometer weg vom Ufer ins Meer zurück. Zehn Insulaner wateten uns entgegen. Wie ein purpurroter Feuerball versank die Sonne am Horizont. Mit den Insulanern schoben, zogen wir das Boot ins tiefe Wasser. Um Füße und Waden wimmelten, unangenehm zu spüren, Krebse. In die Dunkelheit flimmerte Licht von Bairiki, spiegelte sich in der Hafeneinfahrt von Süd-Tarawa. Strandfeuer flackerten. In den Hütten blakten Ölfunzeln in Kokosnußschalen. In Palmenhainen fanden sich Liebende. Unwirklich verwehte Gesang über dem Inselparadies. Nacht war über Kiribati.

Bilanz von Kiribati

Meine Neugier war noch nicht gestillt, da war noch ein Punkt der Suche offen, ich gab Teeta den Brief von Reverend Scarborough zum Lesen:

Ich erwähnte die Fußabdrücke von Riesen, bei denen es sich um Spuren der Götter handeln soll, die einst über die Insel wanderten. Es handelt sich um sehr perfekte Abdrücke im Fels, und man findet sie fast auf allen Inseln. Einige dieser Abdrücke finden Sie direkt außerhalb des Dorfes Antebuka, auf der Seeseite der Insel, doch auf anderen Inseln gibt es weit bessere Beispiele. Marschieren Sie etwa 300 Yards (275 Meter) von Antebuka in Richtung der nächsten Häusergruppe, dann finden Sie die Abdrücke im flachen Fels 50 Yards von der Seelinie entfernt. Vielleicht werden Sie auf den Gedanken kommen, die Insulaner hätten selbst diese Abdrücke in den Fels gemeißelt, doch dann bitte ich Sie, sich zu fragen: warum und wozu? Aus welchem Grund sollten Insulaner über 16 Inseln verteilt solche Fußmodellierungen in Felsen geschlagen haben? Bedenken Sie, daß früher nur sehr wenige und im Material sehr weiche Werkzeuge zur Verfügung gestanden haben. Ich glaube, daß diese Annahme unsinnig ist. Prüfen Sie örtliche Legenden, die besagen, daß es sich um Fußabdrücke von Göttern handelte, die vom Himmel kamen.

Daß wir die vom Pastor Scarborough manifestierten Abdrücke bisher noch nicht sahen, bedeutet wenig, denn wir hatten danach noch nicht gefragt, daß aber auch Teeta uns verständnislos ansah, schien erstaunlich, doch unser guter Geist war längst von unserem Jagdfieber gepackt. Mit derart genauen Angaben versehen, begaben wir uns zu viert auf die Pirsch.

Das in der brieflichen Information eng eingegrenzte Revier war ein Platz von erlesener Scheußlichkeit. Könnte man nach den bisherigen Schilderungen vermuten, ganz Tarawa sei ein von vollkommener Schönheit und edlem Duft erfülltes Paradies, darf auch das Kontrastprogramm nicht fehlen. Die Strecke 50 Yards von der Seelinie entfernt ist eine einzige Kloake.

In und bei ihren Hütten haben die Insulaner keine WCs. Seit Urväterzeiten erledigen sie ihre Notdurft an Teilen des Strandes. Damit die Kehrseite ihrer schönen Körper nicht von Kraken gezwickt, von Wasserfauna piekend oder kitzelnd berührt, ihr dringendes Geschäft nicht gestört wird, die ganze Verrichtung amüsant bleibt, stehen im Wasser Pfahlhütten, die in drängender Eile über zwei Palmstämme, schwankend wie ein Hochseil, erreicht werden; bei Flut können von Sauer-Toddy Berauschte ins Wasser, bei Ebbe klaftertief auf Felsen stürzen. Diese WC-Hütten sind insulare Kommunikationszentren: Stundenlang hocken Kiribatis nebeneinander auf den Donnerbalken, palavern, tauschen Neuigkeiten aus – eine in einträchtigem, gleichem Anliegen verbundene Kommune. Hier sind alle besonders gleich, im Anspruch, im Wunsch, im Ziel. Plumps!

Die jahrhundertealte Gewohnheit, menschliche Abfallprodukte am Strand dem Meer zu übergeben, fand mit dem Segen der Zivilisation, die über Kiribati kam, ihre logische Fortsetzung. Konservendosen und Colaflaschen, Kunststoffverpackungen, unbrauchbare Werkzeuge verrotten im Gegensatz zu naturbelassenen Abfällen nicht, sie werden auch nicht alle von der Flut in die große Müllvernichtungsanlage Meer hinausgeschwemmt, sie verkommen am Strand – langsam oder gar nicht.

So also sah das ›Einzugsgebiet‹ für Riesenfußspuren aus, das Reverend Scarborough so genau lokalisierte. Nach den bisher gemachten Erfahrungen mußten wir auch diesen Hinweis ernst nehmen. Ob wir mangels Gasmasken eine zu flüchtige Observation vornahmen, ob uns die Nachricht beunruhigte, der Flugverkehr würde des Streiks wegen eingestellt – ich weiß es nicht, jedenfalls verließen wir den Strand beim Dorf Antebuka, ohne auf Spuren von Riesen zu stoßen.

Gleich nach dem Mittagsimbiß erschien Teeta mit strahlend-zähnezeigendem Lächeln, er hatte die Pause zur Recherchen genutzt. Wir sollten uns, sagte er, zum Dorf Banreaba begeben, dort gebe es auf dem Grundstück einer Familienangehörigen Fußspuren, wie wir sie suchten. Der Landflecken hieße ›Te Aba-n-Anti‹ – Platz der Geister –, werde aber auch ›Te Kananrabo‹ – Heiliger Platz – genannt.

Diese Information führte uns tatsächlich Fußabdrücke unterschiedlicher Größen zu. Auf unvorstellbar großem Fuß muß ein Riese gelatscht sein, dessen Abdrücke von der Ferse bis zur Zehenspitze 1,37 Meter und mit 1,14 Meter in der Breite wie Grüße aus der Urzeit in den flachen Fels gestempelt sind. Ein linker Fuß zeigt zwölf Zehen, und mitten aus diesem Fußrelief ragt eine Palme gen Himmel. Seltsam. – Um den Riesenvater mit den großen Füßen gab es offenbar eine ihn begleitende Sippe mit kleinen Schuhnummern bis zu normalen und solchen von Kinderfüßen. Die meisten Abdrücke zeigen sechs Zehen an jedem Fuß, sie sind gut einen Zentimeter tief in den Boden geprägt.

In der Bibliothek fand ich die Schrift *The Footprints of Tarawa* (11), ediert von der *Polynesian Society* mit beachtlichen Fußnoten zum Gigantenfuß: Der Legende nach soll ihn der Riese Tabuariki hinterlassen haben, der so groß gewesen sei, daß er Kokosnüsse aus den Palmkronen pflücken konnte, ohne sich zu recken. In der Legende ›Te-Bongi-Ro‹ – die schwarze Dunkelheit – hat er seinen Platz: Er gehörte danach zu der zweiten Mannschaft der Himmlischen, die zuerst auf der Insel Baanaba gelandet sein soll. Und woher stammt die Palme? In den vierziger Jahren unseres Jahrhunderts wurde sie von einem Gottesmann eingepflanzt, um die heidnischen Legenden um Tabuariki wortwörtlich zuwachsen zu lassen, die sanfte Art botanischer Missionierung.

In der sorgfältig dokumentierten Schrift *Footprints of Tarawa* werden mehrere Orte benannt, die Riesenfußspuren vorweisen.

Gern hätte ich sie aufgesucht, doch ohne Boote oder Flugzeug sind selbst relativ nahe Ziele im Atoll unerreichbar, durch den Streik fern wie der Mond. Mußten also die Funde bei Banreaba für die anderen stehen.

Nach neuesten Forschungen ist Kiribati seit mindestens 3000 Jahren bewohnt. 3000 Jahre ohne schriftliche Überlieferung sind eine sehr, sehr lange Zeit. Die ›Götter‹ taten gut daran, ihre Spuren unradierbar dem Fels anzuvertrauen, der noch in fernster Zeit von ihrer Anwesenheit kündet.

Man muß sich fragen, wie derartige Fußabdrücke im Fels entstanden sind. Naheliegend ist der Gedanke, daß sie irgendwann eingemeißelt wurden. Die Muster der Inselkollektion, die wir sahen und fotografierten, machten diesen Eindruck nicht: Sie haben um Fersen und Zehen herum ›natürliche‹ Rundungen. – Die erwogene Variante, sie könnten durch enormes Körpergewicht eingepreßt worden sein, entfällt. Wie viele Tonnen müßten auf den Fußsohlen gelastet haben! Dann ist schon eher der auch absurde Gedanke denkbar, daß die Landebeine eines Zubringers vom Raumschiff sich verewigten! – Plausibler ist die Möglichkeit, daß die Abdrücke entstanden, als der Fels noch knetbar, noch heiß war – oder noch nicht in heutiger Form existierte. Nackte Füße in eine Schicht feiner Vulkanasche gedrückt, können durch Witterungseinflüsse zu Tuffstein werden und so die Spuren konservieren.

Auch in Lehmboden gesetzte Füße können in ihren Konturen austrocknen und über Jahrhunderte versteinern. Ich weiß nicht, wann die Riesenfußspuren, es gibt sie an vielen Punkten auf dem Globus, wissenschaftlich überzeugende Erklärungen finden, so lange man den Besuch extraterrestrischer Besucher ausschließt.

Abschied von Kiribati

Von Gil Butler erfuhren wir, daß am nächsten Morgen eine Maschine der *Air Nauru* nach Nauru fliegen würde, möglicherweise die letzte in nächster Zeit, der Streik behindere den Flugplan immer mehr. Gern hätten wir noch einige Tage an die aufregende Woche angehängt, und wir hätten es – angesteckt von dem zeitlosen Zeitgefühl der Insulaner – fast getan, wenn uns nicht am Abend vor dem Flug unser westliches

›Termingefühl‹ beim Wickel genommen hätte. Mit Wehmut nahmen wir das Nachtmahl wie eine Henkersmahlzeit ein. Wir sannen darüber nach, ob sich die weite Reise nach Kiribati gelohnt hatte.

Wir hatten eines der beiden von Pastor Scarborough verheißenen Riesengräber gesehen, wir sahen den magischen Kreis. Nun wußten wir, daß diese Zeugen einer frühen Vergangenheit existierten, daß sie noch für die heute lebenden Insulaner unter einem Tabu stehen – auch wenn sie sich alle zu einer importierten Religion ›bekennen‹. Die Ursachen für die Furcht vor dem magischen Kreis konnten wir nicht ergründen. Und es gab die Navigationssteine, deren Ziele wir mit Karten und Kompaß verifizierten. Wie lange noch werden sie stumm von frühen navigatorischen Fähigkeiten berichten?

Wind und Wetter ausgesetzt, werden sich die steinernen Rätsel in Staub auflösen. Auch die Riesenfußabdrücke gibt es. Reverend Scarborough, der dreieinhalb Jahre lang auf den Inseln verbrachte, hatte Tatsachen benannt.

Belege bester Sorte für die ehemalige Existenz Außerirdischer sind die Überlieferungen – Nareau, der schlafend durch das Weltall flog und durch einen Ruf geweckt wurde – der Vogel Rupe, der lärmend erschien und Bewohner einer Insel evakuierte –, Namen von Angebeteten aus dem All, deren Namen als Synonyme für die Urgötter stehen.

Zum Abschied fand sich auch Bwere ein, überbrachte Grüße von Teetas lustig-freundlicher Mama, er lächelte uns nachsichtig an:

»In kurzer Zeit habt ihr rätselhafte Orte auf unseren Inseln gesehen, die ich in fünfunddreißig Lebensjahren nicht zu Gesicht bekam. Ihr habt viel erreicht, aber ich neide es euch nicht – ich möchte kein Europäer sein. Wann habt ihr Ruhe, wann kommt ihr zu euch selbst? Woher nehmt ihr die Energie für euer gehetztes Dasein? Ihr erreicht eure Ziele, aber ihr versäumt das Leben!«

Am Rande der Piste, im Lärm der Motoren, konnte ich Bwere nicht erklären, was mich antreibt, hetzt, woher ich die Energie nehme. Es ist der Druck, der mich noch im Schlaf verfolgt, es ist das Begehren, den ›Göttern‹ auf die Spur zu kommen, gleich, an welchem Ende der Welt sie sich manifestieren.

Linke Seite: Am Rande des Dorfes Banreaba fanden wir frühzeitliche Fußabdrücke – gigantische und normale. Die meisten zeigen sechs Zehen an jedem Fuß

Abseits stand Teeta, unser schwarzer Engel. Zutraulich sah er mich aus seinen dunklen Augen an. Teeta fragte:

»Werden sie wiederkehren, die alten Götter?«

»Sie werden es, Teeta, sie werden es ganz gewiß!«

Unter uns schwamm Tarawa wie ein verlorenes Paradies im Ozean.

2 AUS IRGENDEINEM GRUNDE

Welch triste Epoche,
in der es leichter ist, ein Atom zu
zertrümmern als ein Vorurteil
Albert Einstein (1879–1955)

Stonehenge und Rollright auf dem Prüfstand · Wunderwerke aus der Jungsteinzeit · Steinkolosse liefern perfekte Astronomie · Transportprobleme vor 5000 Jahren · Was Computer errechneten · Woher nahmen Steinzeitmenschen ihre Kenntnisse? · Zauberer Merlin und die Tafelrunde des König Artus · Fragen an stumme Zeugen · Die Steine und ihr Innenleben · Was Mose über Jakobs Traum berichtet · Von Propheten und ihren heiligen Steinen · Rätsel ungelöst!

Die *hanging stones*, die ›hängenden Steine‹ von Stonehenge in der Grafschaft Wiltshire, unweit des Städtchens Salisbury in England, sind Steine des Anstoßes – für vielerlei Ansichten über ihre Herkunft und Bedeutung. Dachte ich, es wäre – fast – alles darüber gesagt, doch wissenschaftliche Untersuchungen der letzten Jahre über Stonehenge und andere ähnlich seltsame Versammlungen von Steinen machen die toten Riesenbrocken zu Evergreens. Es ist, als ob sie sich selbst immer wieder zu Wort meldeten. Bei so viel Neuem und Aufregendem fühle ich mich auch von den Steinen angesprochen, ich kann sie noch nicht zu den Akten legen.

Jedem Touristen in England sei angeraten, sich dem Rätsel der stummen Zeugen aus prähistorischer Zeit zu stellen. Er muß sie nicht suchen. Verstreut über Irland, Schottland und England gibt es mehr als 900 sehenswerte Steinkreise. Auf sauberen Straßen ist diese Reise in die Vergangenheit – sobald man sich an den Linksverkehr gewöhnt hat – ein reines Vergnügen: weite Strecken fährt man durch eine riesige Parklandschaft. Aber: Das Ferienvergnügen wird zum Abenteuer, wenn man die fremde Welt der großen Steinblöcke, der Megalithen, betritt und versucht, sich in die Zeit der Entstehung der mysteriösen Anlagen zu versetzen. Schnell verirrt man sich in einem Labyrinth von Fragezeichen: Was melden die Steinungetüme? Haben sie einen für uns begreifbaren Sinn? Können sie für uns in irgendeiner Weise wichtig sein?

Hier mag ein Katalog, eine kleine Auswahl lohnender Ziele stehen:

Schottland

- Die Steinkreise von Brodgar und Stenness liegen auf der Orkney-Hauptinsel, rund 16 Kilometer westlich des Städtchens Kirkwall
- Die Steinkreise von Garynahine, Cnoc Fillibhir und Callanish liegen auf der Insel Lewis auf den äußeren Hebriden vor der Westküste, etwa 22 Kilometer westlich von Stornoway
- Die Steinkreise von Cullerlie und Sunhoney finden sich 21 Kilometer westlich von Aberdeen auf der Nebenstraße B/9119, einer Abzweigung der A/944, die von Aberdeen in Richtung Alford führt
- Nur fünf Kilometer von Alford liegt der Steinkreis von Old Keig
- Die Steinkreise von Balquhain und Loanhead of Daviot liegen 26 Kilometer nordwestlich von Abderdee, fünf Kilometer hinter dem Örtchen Inverurie – rechts und links von der A/96
- Der Steinkreis von Temple Wood liegt 1,6 Kilometer südlich von Kilmartin an einer kleinen Nebenstraße, die von der A/816 abzweigt

Irland

- Der Steinkreis von New Grange liegt 42 Kilometer nördlich von Dublin, fünf Kilometer östlich von Slane auf der Straße Richtung Drogheda
- Der Steinkreis von Lios liegt 19 Kilometer südlich von Limerick, fünf Kilometer nördlich des Örtchens Bruff

England

- Der Steinkreis von Swinside liegt acht Kilometer nördlich von Millom an der Nordwestküste
- Der Steinkreis von Carles-Castlerigg liegt 1,6 Kilometer südwestlich von Penzance im Südwesten
- Der Steinkreis von Stanton Drew liegt 11 Kilometer südlich von Bristol
- Die großen Steinkreise von Avebury liegen zehn Kilometer westlich von Marlborough – mitten im Dorf Avebury
- Der Steinkreis von Rollright liegt nördlich von Oxford, etwa drei Kilometer nordwestlich des Dorfes Chipping Norton
- Der vielberedete, vielbeschriebene Steinkreis von Stonehenge liegt nördlich von Salisbury, drei Kilometer westlich von Amesbury, kurz nach der Teilung der A/303 und A/344 bleibt man auf der gut markierten A/344

Das sind die 15 bekanntesten megalithischen Monumente, ich habe sie besucht. Bei meinen Überlegungen stehen Rollright und Stonehenge Pate für die anderen 900, denn in Rollright und Stonehenge wurden die aufregenden Entdeckungen gemacht, deren Ergebnisse fraglos auch für die anderen Megalith-Zentren gelten.

Über Stonehenge liegen Nebel und Schatten von 5000 Jahren Vergangenheit. Wenigstens in dieser Zeitangabe sind sich die Fachleute einig: Sie datieren die erste Bauetappe nach 2800 v. Chr. – ins Neolithikum, die Jungsteinzeit, die dritte Epoche der Menschheitsgeschichte, die im 6. Jahrtausend v. Chr. begann. Damals stand die große Cheops-Pyramide in Ägypten noch nicht, und auch die Sphinx kauerte noch nicht in Giseh.

Genialisches aus der Steinzeit

Akzeptiert man die sogenannte gesicherte Lehrmeinung, dann muß um diese Zeit irgendein Architekt ans Werk gegangen sein. Es ist kaum anzunehmen, daß er ohne Auftraggeber seine Planung auf eigene Faust anging, der Bau war zu gigantisch angelegt. Wer waren die Bauherren, steinzeitliche Priester oder mächtige Herrscher? Man kann es nicht ermitteln, weil es um diese Zeit noch keine Schrift gab, ein Umstand, der sicher die weitläufige Planung arg behinderte.

Der geniale Architekt, der irgendwann den Anfang machte, konnte sich – so sieht es aus, wenn man die steinharten Fakten sieht – auf jahrhundertealte Beobachtungen von Sonne, Mond und Sternen beziehen. Viele Generationen müssen Licht und Schatten von Sonnenaufgang und Sonnenuntergang auf dem Boden markiert haben, und sie studierten die Mondphasen und Vorgänge am Firmament. Wie diese astronomischen Daten überliefert wurden, wird man nie erfahren, denn eine Schrift gab es, wie gesagt, um diese Zeit noch nicht. Fest steht nur, daß dem Architekten der Stunde Null in Stonehenge ein Bündel gesicherter Ermittlungen zur Verfügung gestanden haben muß und auch, daß die Fülle genauer Daten ohne jedwede technische Hilfsmittel durch Beobachtungen über lange Zeiträume zusammenkam. Angeblich.

Auf der Basis dieses überlieferten Wissens und mit einem im Umfang unlimitierten Auftrag im Ranzen sah sich der Architekt die Arbeitsgeräte seiner Mannschaft an – Werkzeuge aus Feuerstein, Knochen und Holz – und war sich klar, daß sein Auftrag, einen

Tempel für Himmelsbeobachtungen zu erstellen, ein Jahrtausendwerk darstellen würde. Er verließ sich also darauf, daß nach einem imponierenden Anfang kommende Generationen weiter schuften würden, zumal die erstrebte Präzision Pfuscharbeit nicht zuließ. Erstaunlich dieser steinzeitliche Weitblick, dieses Vertrauen in die Zukunft.

Die erste Baustufe legte eine kreisförmige Einfassung ins Gelände mit einem Eingang aus zwei großen Steinblöcken und dem sogenannten Fersenstein – *heelstone* – außerhalb des Kreises. Danach wurde zur genauen Voraussage von Himmelsvorgängen, etwa dem Sonnenuntergang zur Wintersonnenwende oder dem Mondaufgang zur Sommersonnenwende, innerhalb der wallähnlichen Einfassung ein weiterer Steinkreis gesetzt – markiert mit 56 Löchern, in die vermutlich Stangen gestellt wurden, um bestimmte Ziellinien anzuvisieren.

Damit man sich mit Sicherheit innerhalb der mathematisch festgelegten Punkte bewegte, ließ sich die Bauleitung vom internationalen Eichamt das Maß für eine ›megalithische Elle‹ mit 82,9 Zentimetern geben, die über Jahrtausende das Einheitsmaß blieb.

Der erste Architekt war nicht nur ein genialer Mathematiker und Astronom, er war auch ein Hellseher von Format: Er plante 4,5 Tonnen schwere Steinkolosse ein! 700 Jahre nach Baubeginn wurden diese ›Blausteine‹ – so genannt wegen ihrer Farbe, die besonders bei Nässe sichtbar ist – aus 400 Kilometern Entfernung herangeschleppt. Beachtenswert: In der Urplanung waren sie bereits vorgesehen.

Da ich mich erstmals gründlich mit diesen absonderlichen Bauwerken beschäftigte, frage ich mich bei der Niederschrift: wie gelangte ohne Schrift – daß es sie nicht gab, ist die Meinung aller Archäologen! – das gesammelte Wissen in die Hände, in die Köpfe der ersten Stonehenge-Baumeister? Und ich sinniere darüber nach, wie man im Vorgriff auf die Zukunft den Lehrsatz des Pythagoras, der um 570 v. Chr. lebte, also mehr als 2000 Jahre nach dem Baubeginn, im Grundmodell von Stonehenge vorsehen konnte. Mir ist das nicht klar. Wer war zuerst da, das Ei oder die Henne?

Rechte Seite: Die Steinkreise von Avebury

Die Trilithen von Stonhenge

Wie es begann und was man weiß

König Jakob I. (1603–1625) stolperte nicht nur über das Steingewirr von Stonehenge, er wollte wissen, was das alles im Hochland nahe Salisbury einstmals gewesen war. Da Könige ohne parlamentarische Bevormundung handeln konnten, gab Jakob sofort einem Hofarchitekten und modischen Bühnenbildner Inigo Jones (1573–1652) den spontanen Auftrag, der Sache auf den Grund zu gehen.

Dem Fachmann Jones imponierte die uralte Anlage. Er registrierte etwa 30 Steinblöcke von je etwa 25 Tonnen Gewicht bei einer Höhe von 4,3 Metern – erkennbar im Kreis gereiht, auch wenn einige umgestürzt waren. In den Steinen betrachtete er eingemeißelte Zapfenlöcher, die in anderen ihr Pendant hatten.

Jones skizzierte einen Monolithenkreis mit fünf Trilithen, Dreisteine aus graugelblichem Silicium-Sandstein und den mächtigen, unbehauenen Fersenstein außerhalb des inneren Ringes.

Was berichtete Inigo Jones seinem König? – Daß es sich um die

Ruine eines römischen Tempels handelte.

Wenige Jahre nach dieser Recherche stürzte ein Dreistein – zwei senkrecht stehende Steine mit einem Querstein – auf den sogenannten Altarstein. Am 3. Januar 1779 »krachte das nächste der steinernen Tore zusammen« (1). An Stonehenge nagte der Zahn der Zeit.

Es scheint so, als ob Könige mehr Interesse an unserer rätselhaften Vergangenheit hatten, als es die Potentaten unserer Zeit haben, die kaum mit der Gegenwart, geschweige denn mit der Zukunft fertig werden. – Englands König Karl II. (1660–1685) beauftragte den im Umgang mit Altertümern kundigen John Aubrey, der 30 Jahre zuvor die Steinkreise von Avebury studierte, sich nach Stonehenge zu begeben. Aubrey entdeckte 1678 die 56 Löcher, die seitdem als ›Aubrey-Löcher‹ festgeschrieben sind.

Was berichtete Aubrey seinem König? – Das mit dem römischen Tempel sei Unsinn, es handle sich vielmehr um ein altes Heiligtum der Druiden.

Der Druiden (irisch: Hochweisen)?

Diese Priester der Kelten, sagte Aubrey, hätten über eine Geheimlehre verfügt, seien in der Astronomie der Zeit weit voraus gewesen, man könnte sie füglich als Baumeister der enormen Anlagen annehmen. Kein Widerspruch. Also wurde ab damals Stonehenge in landläufiger Meinung als Druiden-Tempel geführt. Heute noch versammeln sich Angehörige des Druiden-Ordens unserer Tage zur Sommersonnenwende in Stonehenge und erwarten mit Gesängen die Sonne, die, falls man von der Mitte des Altarsteins nach Osten schaut, genau über dem Fersenstein aufgeht.

Fast 200 Jahre später, nämlich 1901, beschäftigte sich Sir Joseph Norman Lockyer (1836–1920) mit dem Phänomen von Stonehenge, und er war der erste Astronom, der sich der steinernen Zeugen der Frühzeit gründlich annahm. Mit Lockyer stapfte ein hervorragender Fachmann übers Gelände: Er war Direktor des Sonnenobservatoriums in South Kensington, ein Pionier der Astrophysik, der das damals auf der Erde unbekannte Helium entdeckte.

Lockyers astronomische Studien ließen ihn die Anlagen nach 1860 v. Chr. verlegen – mit einer Differenz von plus/minus zwei Jahrhunderten. Rauf oder runter: Auch dieses Datum lag weit zurück hinter der keltischen Zeit. Kelten sind erst im 6. Jahrhundert v. Chr. faßbar. Damit verblühte die Mär vom Druiden-Heiligtum.

In unserem Jahrhundert wurde die Erkundung von Stonehenge lebhafter. Man fand Feuersteinbeile und Sandsteinhämmer, und man rätselte über die Herkunft des Materials. Es gab im Umkreis von 30 Kilometern zwar Sandsteinbrüche, doch keinen Ort, an dem Blausteine gefördert werden konnten. Indes: Sie lagen unübersehbar in Stonehenge herum.

Im Auftrag des königlich-britischen Vermessungsdienstes übernahm 1923 ein Dr. Thom die Fahndung und ermittelte die Herkunft der Blausteine aus einem kleinen Blausteinvorkommen in den Prexcelly-Bergen in der Grafschaft Prembrokeshire, Süd-Wales. Der Fund hatte einen Schönheitsfehler: Die Prescelly-Berge liegen 385 Kilometer weit weg von Stonehenge.

Akzeptierte man Prescelly, mußte man die Nuß zu knacken versuchen, wie vor Jahrtausenden der Transport nach Stonehenge bewältigt wurde. In herrlich-herzlichem Einvernehmen einigten Archäologen sich auf die Lösung, die sie überall finden, wo sie mit ihrem Latein am Ende sind: Die Riesensteinklötze wurden von den Prescelly-Bergen auf Schlitten bis zu einem Fluß gezerrt und gezogen und dort mittels Flößen auf Schiffe verladen. Nach lustiger Seefahrt, meint Professor Atkinson vom Archäologischen Department der Universität Cardiff, wurden die Blausteine dann auf Boote umgeladen, »die aus mehreren nebeneinander liegenden Einbäumen bestanden und auf einem gemeinsamen Deck den Felsen tragen konnten« (2).

1954 wurde ein Test gemacht: Drei vertäute Pontonboote mit Balken darauf bildeten das Deck, auf dem man Blausteine von Größe und Gewicht ihrer Stonehenge-›Kameraden‹ festzurrte. Vier junge Männer stakten die Last flußaufwärts, vierzehn zogen den Block auf einem Schlitten einen Hang hinauf, allerdings auf grob bearbeiteten Rollen.

Rätsel gelöst. Rätsel gelöst?

Ja, wenn man den Steinzeitmenschen Hilfsmittel zugesteht, die sie nicht hatten. Selbst die zweite Bauphase um 2100 v. Chr. lag noch in der ausgehenden Steinzeit. Man setzt also leichtfertig oder fälschlich Geräte und Werkstätten voraus, die es nicht gab: etwa Schiffswerften, die für den besonderen Zweck Modelle bauten – Seilereien, die Taue für Schwerlasten fertigten – Kräne, wenn auch simpelster Art, zum Verladen . . . und nicht zuletzt eine Transportorganisation mit einem Stab von Fachleuten wie Lademeistern, versierten Schauerleuten. Insgesamt ein paar Voraussetzungen zuviel.

Falls hier der Einwand kommt, um 2100 v. Chr. hätten die Inselbewohner die Steinzeit schon hinter sich gehabt, dann ist klarzustellen: Es gilt als bewiesen, daß die Blausteine *vor* der zweiten

Bauetappe, also vor Errichtung der Sandsteingarde, vorhanden waren! Bleibt folglich nur der Schluß, daß die Jungsteinzeitler über erheblich mehr technische Fähigkeiten verfügten, als ihnen die Forschung zugesteht.

Dieser Widerspruch ist auch Professor Atkinson nicht entgangen, denn er gesteht: »Wir werden nie genau wissen, wie die Steine transportiert wurden« (2). – Das ist ein ehrlich-akademisches Wort. Danke.

Computer kontrollieren Steinzeitdaten

Die naturwissenschaftliche Zeitschrift *NATURE* veröffentlichte am 26. Oktober 1963 eine Zuschrift des Astronomen Gerald Hawkins vom Smithsonian Astrophysical Observatory, Massachusetts. Hawkins publizierte, Stonehenge sei mit Sicherheit eine astronomische Beobachtungsstation gewesen – 24 Richtungsbauten und Sichtmöglichkeiten wiesen auf astronomische Zusammenhänge hin. Diese Behauptungen belegte Hawkins in seinem Buch *Stonehenge Decoded* (3).

Hawkins wollte wissen, ob die 56 Aubrey-Löcher in geraden Linien untereinander und mit dem Fersenstein, aber auch mit den Blausteinen und Trilithen in Verbindung stehen. Er tat, was man heute in solchen Fällen der vielen Möglichkeiten tut: Er trichterte einem Computer 7140 mögliche Verbindungslinien ein und ließ ihn errechnen, ob ganz bestimmte Richtlinien häufiger in Konnex mit Gestirnen stehen, als der Zufall es erwarten läßt.

Die Daten verblüfften! Ganz Stonehenge erwies sich als ein Observatorium, eine große Sternwarte, eine Anlage, die eine Kette astronomischer Daten vorauszubestimmen imstande war. So wußten die steinzeitlichen Astronomen, daß der Mond in genau 18,61 Jahren zwischen einem nördlichsten und einem südlichsten Punkt pendelt – vom Zentrum des Kreises aus konnten sie über dem Fersenstein den Sonnenaufgang zur Sommersonnwende beobachten, und ihnen war die Vorausbestimmung von Sonnen- und Mondfinsternissen ebenso möglich wie der genaue Sonnenaufgang am Tag der Wintersonnenwende und des Mondaufgangs zur Sommer- und Wintersonnenwende.

Solche grundstürzenden Mitteilungen bleiben freilich nicht unwidersprochen. Wo geriete man denn da hin?

Professor Atkinson, ›Papst‹ der Stonehenge-Archäologen, mokierte sich in der Zeitschrift *Antiquity* (4) über den ›Mondschein über Stonehenge‹. Ihm krachte sein Weltbild zusammen.

Wie denn konnten, durften die Steinzeitwesen derart genaue, komplizierte Kenntnisse in ›seinem‹ Stonehenge installiert haben? – Hawkins und Atkinson stiegen in den Ring, aber es gab weder Sieger noch Besiegte, man tastete sich ab und kam zu einem Kompromiß. Auch nachdem sich Sir Fred Hoyle mit eleganter Feder, die er als SF-Autor zu führen weiß, in die ›Spekulationen um Stonehenge‹ (5) einschaltete, blieb es nach Korrektur einiger Computerdaten dabei: Stonehenge war ein steinzeitliches Observatorium, das hervorragende astronomische Daten lieferte.

Auch Professor Alexander Thom, England, bediente sich eines Computers bei seiner Untersuchung einiger hundert Steinsetzungen in Frankreich und England. Maße von Kreisen und Linien, markiert durch Megalithen, fütterte er dem fixen und objektiven Elektronengehirn ein und befragte es nach Bezugspunkten am gestirnten Himmel.

Die Resultate erlauben keinen Zweifel mehr: Über 600 der untersuchten Monumente haben eindeutige astronomische Koordinaten! Die Steine sprachen, und sie meldeten, daß ihre alten Baumeister nicht nur Sonne und Mond anvisierten, sondern auch die Bahnen vieler Fixsterne – wie Kapella, Kastor, Pollux, Wega, Antares, Atair und Deneb – beobachteten (6).

Es war Professor Thom, der auch das Einheitsmaß entdeckte, das die Erbauer solcher Anlagen überall verwendet haben. Thom nannte es die ›megalithische Elle‹, sie mißt 82,9 Zentimeter. Daraus folgert Felix R. Paturi (7):

»Die beinahe unglaubliche Übereinstimmung der Maße in Schottland, Wales, Westpreußen und der Bretagne, die Abweichungen von jeweils einigen Millimetern, führen zu einer höchst interessanten Folgerung: Irgendwo in Europa muß es vor vier Jahrtausenden so etwas wie ein zentrales ›Eichamt‹ gegeben haben, das hölzerne Maßstäbe in die verschiedenen Teile des Kontinents lieferte. Hätte nämlich jede Gemeinde das Maß nicht von der Zentralstelle, sondern vom Nachbardorf übernommen, dann wären die Längenfehler mit Sicherheit weitaus größer.«

Der Geologe und Mineraloge Wladimir Iwanowitsch Avinski, UdSSR, offerierte Phantastisches. In einem Interview mit der Nachrichtenagentur TASS (8) verlautbart er, mit seinem Team in der Geometrie der fünf Trilithen von Stonehenge, der 30 Steine des Kreises und der 56 Aubrey-Löcher ein Pentagramm erkannt zu haben, aus dem die Größe der fünf erdnahen Planeten abzulesen sei. Awinski versichert, das Größenverhältnis von Merkur, Venus, Mars, Jupiter und Saturn weiche vom heute bekannten um nicht mehr als ein Prozent ab. Na bitte! Fragt man sich natürlich, wie Steinzeitler solche Berechnungen ohne die heute benutzten Präzisionsteleskope schafften.

Vorstoß in Neuland

Die Astronomie ist der älteste Zweig der Naturwissenschaft, die Archäo-Astronomie ist einer ihrer jüngsten, es gibt ihn erst seit wenigen Jahren. Es ist eine interdisziplinäre Wissenschaft: Sie kombiniert Techniken und Erfahrungen moderner Archäologie mit der numerischen Sicherheit praktischer Astronomie. Einige Dutzend Forscher üben sie aus, entwickeln sie vom Grund her (9), doch sind schon renommierte Fachleute darunter wie die Astronomen Gerald Hawkins, Alexander Thom, Anthony Aveni, der Physiker John A. Eddy und der Initiator Edwin C. Krupp, Direktor des Griffith Observatory, Los Angeles.

Mir gefällt der junge Wissenschaftszweig. Er scheint mir ein Beleg dafür zu sein, daß Autoren, die wie ich den Boden für phantastischen Realismus rodeten, so falsch nicht liegen können. Unbeweisbar und kühn: Haben wir vielleicht Archäologen und Astronomen an einen Tisch gebracht?

Meine Freude über die Archäo-Astronomie bleibt auch dann, wenn ihre Vertreter uns offenbar nicht freundschaftlich gesonnen sind. Bei meinem Sinn für alles Menschliche verstehe ich sogar, daß sie sich von Immanuel Velikovski, Däniken und anderen distanzieren müssen, um im Zirkel der akademischen Halbgötter und Unfehlbaren nicht an Reputation zu verlieren, denn in deren Augen sind wir ja nur Phantasten und Spekulanten ohne Netz oder gar doppelten Boden. Dabei müssen die Archäo-Astronomiker selbst ihr Terrain zunächst mit Spekulationen und Hypothesen abstecken – wie wir – und nach Beweisen für ihre Annahmen fahnden – wie wir.

Wenn man sich mit Neuem an die Öffentlichkeit wagt, darf man nicht zimperlich sein; man muß Attacken akzeptieren, selbst dann, wenn es weh tut und man Federn lassen muß. Aber: alle Attacken sollten sachlich korrekt geführt werden. Für die junge Wissenschaft scheint diese Prämisse nicht zu gelten. Edwin C. Krupp spielt nämlich mit gezinkten Karten. Er sagt, ich würde mit Informationen ›mogeln‹. – Sagt doch Mister Krupp, ich würde behaupten, die Pisten auf der Ebene von Nazca seien von Außerirdischen angelegt worden. Obwohl Krupp zitiert, kann er meine Bücher nicht gelesen haben . . . oder *er* mogelt. Meine Leser wissen, daß ich die mir unterstellte Erklärung nie anbot, vielmehr eine gescheitere Annahme vorschlug. Eigentlich ist das kein gutes Entree für eine junge Wissenschaft, falsch zu spielen. Die feine akademische Art ist es gewiß nicht. Fairneß muß sie noch lernen, aber sie ist ja noch so jung . . .

Es ist eine interessante Zielsetzung, aus archäologischen Befunden, soweit sie einen Zusammenhang mit der Astronomie vermuten lassen, zu ermitteln, wie unsere frühen Vorfahren zu ihren erstaunlichen Kenntnissen des Sternenhimmels gelangten. Um das Ziel zu erreichen, sollte eine junge Wissenschaft eine gehörige Portion Mut aufbringen. Sie kann noch ohne Scheuklappen durch den ererbten, hemmenden Kathederballast nach vorn marschieren. Sie darf, sie kann und sie sollte außenseiterische Ideen in ihre Forschung einbeziehen. Sie tut es nicht. Darum stehe ich staunend vor der Programmatik der Archäo-Astronomie, in der kein Feld für die Möglichkeit eines Besuches von Außerirdischen vorgesehen ist. Es wäre ein Gebot der Klugheit, diesen Gedanken mitzudenken, um nicht eines Tages von Fakten überrumpelt zu werden. Vielleicht würde Edwin C. Krupp dann nicht gar so fassungslose Sätze zu Papier bringen wie: »Erstaunlicherweise steckt in dem frühesten Entwurf ein hohes astronomisches Wissen« (9). Er rätselt um Stonehenge herum, aber über sein Staunen kommt er nicht hinaus.

Aus irgendeinem Grunde

Professor Alexander Thom und sein Sohn Alexander, in Stonehenge so gut wie zu Hause, sind da ehrlicher – sie lassen eine Möglichkeit offen:

»Man kann sich schwer vorstellen, wie die Baumeister im Megalithikum ihre Monumente entworfen und ausgeführt haben, ohne diese (astronomischen) Hilfsmittel; und doch war es genau so . . . Die Bauleute des Megalithikums haben mit der Geometrie experimentiert und Meßregeln aufgestellt. Wir wissen nicht, in welchen Beziehungen diese Vorstellungen zu ihren anderen Institutionen standen, aber *aus irgendeinem Grunde* waren die von ihnen erforschten mathematischen

Prinzipien für sie wichtig genug, um dem Stein anvertraut zu werden.«

So ist es. Für mich ist Stonehenge ein geradezu klassisches Beispiel für die Notwendigkeit, den Besuch Außerirdischer in Betracht zu ziehen.

Wo sind sie denn, wo blieben sie denn, die Vordenker der Bauten aus Stonehenge und Rollright? Alles und jedes wird aus der schier sakrosankten Evolutionslehre abgeleitet. Also hatten die Erbauer der Megalith-Anlagen Vorläufer, die – Generation um Generation – kleine Portionen an Wissen sammelten, vermehrten und weitergaben. Wo sind sie denn, diese Kletteraffen auf der Leiter zur Weisheit? Es gibt sie nicht.

Die megalithischen Architekten werkelten aus dem Stand, hatten gleich alles nötige mathematische und astronomische Basiswissen parat, verfügten sogar über ein Einheitsmaß. Sie hatten von Anfang an und ohne Fortbildungslehrgänge ausgezeichnete Materialkenntnisse, denn für ganz bestimmte Zwecke wuchteten sie ganz bestimmtes Gestein aus weiten Entfernungen heran. Weil es ganz bestimmte Eigenschaften besaß?

Die pseudowissenschaftliche Märchenstunde kann beginnen!

Um 2800 v. Chr. sei es in der nördlichen Hälfte Europas trockener und wärmer gewesen als heute, lese ich (10), und weite Teile Englands hätten dichte Wälder getragen, in denen Viehherden weideten, und die dünne Besiedlung sei Grund für den beträchtlichen Reichtum der Viehzüchter gewesen.

Dieses kleine Einmaleins des Handels und der Wirtschaft geht nicht auf. Für 2500 v. Chr. wird die ›Bevölkerungsdichte‹ mit zwei Personen je Quadratkilometer angenommen, Dörfer oder kleine Städte habe es nicht gegeben. Woher kam denn dann eigentlich die Fleischnachfrage, wenn keine Käufer am Markt waren?

Gemach. Die volkswirtschaftliche Märchenstunde hat eine Pointe: Der Reichtum habe den Viehzüchtern viel Muße geschenkt, und die hätten sie genutzt, um schöpferische Ideen für den Lebenskampf zu gebären. »Die Idee Stonehenge dürfen wir diesen Züchtern also selbst für den Fall zutrauen, daß ihr Leben einförmig und primitiv verlaufen wäre.«

Müßiggang ist aller Weisheit Anfang! Folgert man doch tatsächlich, die Kultur des viehzüchterischen *dolce farniente* habe sich zwar nicht im Materiellen offenbart, jedoch in großen Gedächtnisleistungen. Kaninchen aus dem Zylinder – das Gedächtnis muß her! Klar, denn die Steinzeitlichen waren des Lesens und Schreibens unkundig. Stonehenge wird – Zauberer aller Länder vereinigt euch! – zum Produkt einer nagelneuen Kultur, der so getauften ›Gedächtniskultur‹. Potztausend! Steinzeitgenies!

Viehzüchter und Bauern pflügten ihre Äcker mit angespitzten Steinen oder Hirschgeweihen, und über ihnen und ihren Sippen regierte natürlich ein König, der allein oder mit Assistenz seiner cleveren Priester alle kontrollierte und eines schönen Tages befahl, die so ungeheuer ertragreiche Arbeit einzustellen, um ab sofort die Britische Insel mit Steinkreisen à la Stonehenge zu überziehen.

Warum? Aus irgendeinem Grunde. Einer der dümmlichsten Gründe ist der, die Priester hätten die Anlagen verlangt, um endlich die Jahreszeiten voraussagen, Fluten und Springfluten berechnen, Sonnen- und Mondfinsternisse prognostizieren zu können. Die Priester forderten also einen Kalender! Folge: Mangels Schriften mußten riesige Steine aufgetürmt werden, um zu offenbaren, was jedermann ohnehin beobachtete: das täglich Anbranden der Flut, die im Rhythmus von zwei Wochen fälligen Springfluten, das Aufgehen der Sonne am Tag der Sommer- und Winterwende. Näher der Natur als wir es heute sind, verfolgten Steinzeitler das alles aus ihren Hütten oder Höhlen. Um das Wiederkehrende zu bestimmen, diese gigantischen Anlagen, die über Jahrhunderte an Bauzeit benötigten? Purer Unsinn.

Die hochgeachtete amerikanische Zeitschrift *Science* (11) berichtete 1979 über einen Jahrtausende alten, einfachen Kalender, den die Indianer im Chaco Canyon, Neu-Mexiko, erfanden:

Die Indios bemerkten, daß der Sonnenstrahl durch einen Felsspalt im Laufe des Jahres eine immer wiederkehrende Kurve beschrieb. Die markierten sie, ritzten an jene Stelle, an der der Lichtstrahl den höchsten Punkt erreichte, eine Spirale. Durchläuft der Lichtstrahl die 40 Zentimeter hohe Spirale in genau 18 Minuten, dann ist Sommersonnenwende. Aus einer nahebei liegenden Felsspalte schneidet ein zweiter Lichtstrahl eine kleinere 13-Zentimeter-Spirale: dann ist Herbst- oder Frühjahrsbeginn. Wenn beide Lichtstreifen die große Spirale links und rechts tangieren, dann ist Wintersonnenwende. So einfach ist das.

Diese *Science*-Publikation belegt, daß auch für einfache Gesellschaften Monumentalbauten zu Kalenderzwecken unnötig sind. Nun waren aber die Stonehenge-Architekten gerade nicht primitiv – wie ihr Erbe beweist. Darum wird man nicht jahrhundertelang Steine gewälzt haben, um den Priestern einen so klotzigen Kalender zu schenken.

Verstand hatten auch die Steinzeitler!

Nicht irgendein, sondern ein gewichtiger Grund spornte Menschen zu allen Zeiten zu imponierenden, außerordentlichen Leistungen an – die Religion. Es ist also zu fragen, welchen Göttern zu Ehre im Neolithikum monströse Bauten errichtet wurden, und es ist auch zu prüfen, ob bestimmte Orte dafür prädestiniert schienen und warum schwerer Stein – und nicht leichtgewichtigeres Holz – eingesetzt wurde. Warum wurden bestimmte Steinarten – in Stonehenge Dolerit und Rhyolit – bevorzugt?

Ein wissenschaftliches Nebenprodukt weist auf eine heiße Spur hin.

Entdeckungen am runden Tisch

Alte Überlieferungen erzählen vom Zauberer und Propheten Merlin. Er soll, anno 573 n. Chr. in einer Feldschlacht verwundet, in die nordschottischen Wälder geflohen sein und dort ein halbes Jahrhundert unter wilden Tieren gelebt haben. Während der Zeit dieser zwanghaften Naturnähe habe er, heißt es, die Gabe der Weissagung erlangt (12).

Dieser Magier Merlin taucht als Ratgeber des sagenhaften Britenkönigs Artus auf, der ab dem 6. Jahrhundert aktenkundig ist. Nichts Genaues weiß man nicht, doch die Artus-Legende verselbständigte sich und kam zu literarischem Ruhm – von seiner Geburt an, als Merlin ihn beschützte, bis zur königlichen Tafelrunde, in der Merlin als Berater saß. Artus' Hof wird als Vorbild des Rittertums gefeiert – in Wolfram von Eschenbachs (um 1170) ›Parzival‹ bis zum Musical ›Camelot‹, in dem Richard Burton am Broadway glänzte.

Im Schloß Camelot in der Grafschaft Monmouth soll König Artus mit feinen Damen und edlen Rittern Hof gehalten haben – am *runden* Tisch, zu dem der kluge Merlin riet: zwölf ehrgeizige Ritter konnten ohne Rangunterschied Platz nehmen. Für ritterliche Helden also wurde der runde Tisch erfunden. Er hat seitdem in vielen heiklen diplomatischen Situationen die Etikette gerettet: Am runden Tisch sitzt jeder Mächtige ›oben‹!

Würde Merlin lediglich in der Artus-Tafelrunde auftauchen, wäre er im Zusammenhang mit Stonehenge uninteressant. Aber dieser Mehrzweckmagier erscheint auch im Werk des Mönchs Geoffrey von Monmouth: *Historia Regnum Britanniae*. Das ist eigentlich kein Geschichtsbuch, sondern eine historisierende Erzählung im Stile der

Epen Homers und Vergils (13).

Mönch Geoffrey läßt Merlin als Zauberer und Hofmeister des britischen Usurpators König Vortigern aufscheinen. Dieser feine König ließ bei einer Beratung 460 Edelleute heimtückisch ermorden. Nachdem er selbst sein Haupt unter dem Fallbeil verlor, wollte sein rechtsmäßiger Erbe König Aurelius Ambrosius den 460 Mordopfern ein Denkmal setzen. Magier Merlin gab diesen Rat:

»*Wenn Ihr geneigt seid, die Gräber dieser Männer mit einem Werk zu schmücken, das auf ewig besteht, dann laßt nach dem Tanz der Riesen schicken, der da ist in Killaraus, einem Berg in Irland. Denn Steinbauten befinden sich dort, die niemand aus dieser Zeit aufheben kann, es sei denn, sein Verstand wäre stark genug, es mit List zu versuchen. Denn die Steine sind groß, und keine anderen haben größere Kraft. Wenn sie an diesem Orte in einem Kreis aufgestellt werden, so wie sie jetzt stehen, dann werden sie ewig bleiben . . . Denn in diesen Steinen ist ein Geheimnis, heilkräftig sind sie gegen viele Leiden. In alten Zeiten haben Riesen sie aus dem fernen Afrika herbeigebracht und in Irland aufgestellt, dem Land, das sie damals bewohnten*« (14).

Der König befolgte Merlins Rat, entsandte eine ganze Armee nach Irland, aber die mußte vor den riesigen Steinen kapitulieren. Erst dem Zauberer Merlin gelang es – so Mönch Geoffrey – mit einem Zauberspruch, die Steine nach Stonehenge zu transportieren.

Was auch an der Legende war oder erfunden sein mag – Magier Merlin kann seinen Rat nicht im 6. nachchristlichen Jahrhundert gegeben haben: in Stonehenge wurde nachweislich 2000 Jahre früher mit dem Bau begonnen. Der ›harte Kern‹ der Sage ist weiter zurück zu datieren.

Das ist oft so. Seit ich mich mit Sagen, Mythen, Legenden und auch alten Volksmärchen befasse, stelle ich häufig fest, daß in solchen Überlieferungen die Substanz, eben der harte Kern, oft von Ausschmückungen und phantasievollen Zugaben späterer Erzähler überdeckt wurde. Der harte Kern, das ist erlebte und erlittene Geschichte. Spätere Generationen begriffen sie nicht mehr, sie waren beim Ereignis nicht dabei, sie fügten hinzu, ließen weg, aber weil der Mittelpunkt der überlieferten Story so verblüffend war, überlebte er in mannigfachen Verpackungen. Der harte Kern der Merlin-Legende besagt, daß in bestimmten Steinen, an bestimmtem Ort aufgestellt, eine unerklärliche Kraft wirkt. So bekommt auch der ›Kreis‹ der königlichen Tafelrunde mehr als nur den Sinn höfischer Etikette: Im ›Kreis‹ kommuniziert sich's gut.

Laute Fragen an stumme Zeugen

Was haben die megalithischen Steine Besonderes in sich, an sich?

Sind sie nur tote Materie?

Sind sie ›ansprechbar‹, sobald sie in bestimmtem Kreis stehen?

Können die Steine ›hören‹, gar ›antworten‹?

Wäre nur eine dieser Fragen positiv zu beantworten, wieso ahnten die Jungsteinzeitler das Phänomen der Steinkreise?

Neugierige Fragen stellte sich auch der britische Stoffchemiker Dr. G. V. Robins, der sich auf die Untersuchung von Steinen spezialisierte. In der Zeitschrift *Alpha* (15) legte Robins erste Resultate seiner Recherchen über Rollright vor.

Die Rollright-Steine erreicht man von London aus mit einem gemütlichen Halbtagsausflug. Im Westen der Stadt geht man auf die Autobahn M/80 Richtung Oxford, umfährt die alte Universitätsstadt und schwenkt nördlich davon in die A/34 ein bis Chipping Norton. Ab dort geht es auf der M/44 weiter: Vier Kilometer nördlich liegen die steinernen Monumente rechts und links von der Straße Richtung Adlestrop auf einem Privatgrundstück. Die Besitzerin des Geländes öffnet die Anlage gern für Besucher aus aller Herren Länder.

Hier am Ziel wird der Tachometer rund 80 Kilometer für die Fahrt anzeigen.

Die Rollright-Anlage ist dreiteilig. Sie besteht aus einem perfekten Steinkreis mit einem Durchmesser von 31,6 Metern – genannt *the King's men*. Etwa 70 Meter vom Kreis entfernt weist sie einen verwitterten, aufrecht stehenden Menhir vor, ein typisches Produkt der Jungsteinzeit – genannt *the King stone*. Trotz der Gezeiten, die über Jahrtausende an ihm feilten, ragt er immer noch 2,60 Meter hoch und 1,44 Meter breit über den Boden. Östlich vom Steinkreis gibt es eine Gruppe stehender, zum Teil gestürzter Menhire – genannt *the whisperings Knights*, die flüsternden Ritter.

Was weiß die Sage über unser Besuchsziel?

Eine Sage raunt, bei den Rollright-Steinen handle es sich um einen König und seine Soldaten, die ein Mirakel in Steine verwandelte, und daß es Gräber gäbe, in denen der König und seine Männer schliefen, um eines Tages leibhaftig wieder zu erwachen.

Es geht auch die Sage um, die ›flüsternden Ritter‹ würden in Neujahrsnächten zu einem Bächlein unten am Hügel marschieren, um Wasser zu trinken. Eine weitere weiß, daß einst versucht wurde, einen der großen Steine nächtens wegzubringen, um ihn bei einem Brücken-

Nur einen Halbtagsausflug von London entfernt liegen die urtümlichen Steine bei Rollright

bau in einen Pfeiler einzupassen. Viele Männer hätten das mit ihren Pferden zwar geschafft, doch der Stein habe jeden Morgen wieder im Gras gelegen, er hätte sich zu wiederholten Malen nicht einzwängen lassen, so daß die Brückenbauer schließlich aufgaben und den Widerspenstigen an seinen alten Platz zurückbrachten. Für den Rücktransport wären seltsamerweise nur zwei Pferde und vier Männer nötig gewesen (16).

In unserer Zeit gehen nicht minder nebulöse Berichte um. Da behaupten Leute, die die Steine berührten, sie hätten Schwindelgefühle verspürt. Rutengänger reden von Halluzinationen, Sinnestäuschungen im Wachzustand, die sie zu gewissen Tageszeiten befielen, sobald sie sich im Steinkreis aufhielten. Sensible sollen sogar Schocks erlitten haben.

Insgesamt genug Rätselhaftes, um einen Forscher wie Dr. G. V. Robins in Rollright tätig werden zu lassen.

Die Gruppe der ›flüsternden Ritter‹ kann ihren Standort nicht mehr verlassen – sie ist eingegittert

Steine mit kompliziertem Innenleben

Dr. Robins und sein Team gingen davon aus, daß die meisten Steine Silicate sind – vom Lateinischen *silex* = harter Stein –, die als wichtigste Gemengeteile der Gesteine zu etwa 95 % am Aufbau der Erdkruste beteiligt sind. Ihre Strukturen zeigen ein dreidimensionales Netz aus Silicium-Sauerstoffketten – Atomen –, die mit Ionen wie Natrium, Kalium und Aluminium durchsetzt sind. Der Analytiker spricht bei Steinen von ›fehlerhaften physikalischen Strukturen‹, weil die geometrische Beziehung zwischen verschiedenen Atomen im Stein nie gleich ist: Ein Steinkörnchen ließe unter dem Elektronenmikroskop den Eindruck eines ungleichen Kristall- und Atomgitters mit vielen Lücken entstehen. Um es bildhaft zu sagen: Die Lücken im Gitter wirken wie ein grober Filter. Wo solche Löcher sind, fängt der Filter andere Atome, Ionen, einfache Moleküle . . . und *Elektronen* ein!

Wie Mensch, Tier, Baum und alle organische Materie verfügt auch der Stein über eine geringe Menge an Radioaktivität, die aus der Atmosphäre kommt, eine konstante Menge radioaktiver Kohlenstoff-Isotope. Diese Radioaktivität im Stein ist in ständigem Zerfall und bewirkt eine dauernde Veränderung der atomaren Gitter: Es entstehen Lücken, die sofort durch Ionen und Elektronen aufgefüllt werden. Die eingefangenen Elektronen läßt das Gitter frei, sobald dem Stein Energie zugeführt wird – etwa durch Bestrahlung oder große Hitze.

Dieses Grundmuster, wonach sich in Steinen und steinähnlichem Material ›gefangene‹ Elektronen aufhalten, führte zu einem neuen Verfahren der Altersbestimmung – zur Thermolumineszenz-Analyse. Das zu untersuchende Material wird erhitzt, Elektronen werden freigesetzt, reduzieren ihre Energie auf ein niedrigeres Niveau und geben die Energiedifferenz in sichtbarem Licht ab. – Mit dem technisch höchst komplizierten Photomultiplier, dem Elektronenvervielfacher, läßt sich diese Lichtmenge messen (17), und aus ihr ermittelt man, wann – beispielsweise – eine Tonscherbe vor Hunderten von Jahren gebrannt wurde.

Das Verfahren ist auf jeden Stein anwendbar. Der Stein X oder Y oder Z wird erhitzt, die Elektronen verlassen ihn und geben Licht ab. Die freigesetzte Lichtmenge steht in direktem Verhältnis zur radioaktiven Strahlenabgabe und damit zum Alter des Steins, denn die Verfallszeiten radioaktiver Strahlen sind bekannt.

Also: Die Thermolumineszenz-Methode reduziert freigesetzte Elektronen auf ein neues Energieniveau. Sollen aber die Elektronen in ihrem ursprünglichen Niveau gemessen werden, dann bedient man sich der sogenannten Elektronenspinresonanz: Durch Mikrowellen wird der Übergang zwischen zwei Energiezuständen ausgelöst – man setzt den Stein einem magnetischen Feld aus . . . und man hat wieder eine meßbare elektromagnetische Strahlung, die je nach der Elektronenmenge variiert und so Rückschlüsse auf das Alter des Steins zuläßt.

Seit ihrer Existenz hat die Erde ein natürliches Magnetfeld. Zusätzliche Magnetfelder entstehen etwa durch Metalladern im Boden. Diesen schwachen Kräften sind Steine seit Jahrtausenden ausgesetzt,

Linke Seite: Der *King stone* ragt heute noch 2,60 Meter über den Boden. Als einzelner Menhir steht er etwa 70 Meter weit vom Kreis entfernt

in ihnen rumoren folglich zu jedem Zeitpunkt winzige Elektronenmengen – eingefangen im Gitter, durch Dauerstrahlung wieder gelöst.

Was Dr. Robins versuchte

Dr. Robins tat den entscheidenden Schritt aus diesen Kenntnissen nach vorn.

Die Umwandlung elektromagnetischer Energie in Schall ist ein bekannter physikalischer Effekt. Also suchte Robins bei den Rollright-Steinen nach Ultraschallwellen. 1978/79 ließ er auf dem Gelände zu unterschiedlichen Tages- und Nachtzeiten Messungen mit einem ganz normalen tragbaren Ultraschalldetektor durchführen; ein geschützter Detektorkopf verhinderte Störungen durch zufällige Wellen im Mikrobereich. Die Skala des Detektors war auf Meßwerte von 1 bis 10 geeicht.

Zunächst ermittelte Robins freilich das Grundniveau der Ultraschallfrequenzen der Gegend bei Rollright. Die ermittelten Basiswerte pendelten auf der Skala zwischen 0 und 1.

Dem Stoffchemiker Robins war bekannt, daß Steine bei Sonnenaufgang etwas stärker strahlen als im Laufe des Tages: Bei Tagesanbruch herrschen Langwellenstrahlen vor, die die Elektronen im Gestein aktivieren.

Es gab die erste Überraschung!

Die Rollright-Steine begannen nicht etwa bei Sonnenaufgang langsam und kontinuierlich abzustrahlen – schon eine halbe Stunde *vor* Sonnenaufgang setzte unerwartetes Pulsieren beim Menhir *King stone* und der Gruppe der ›flüsternden Ritter‹ ein, doch nicht im Bezirk des Steinkreises. Der pulsierende Effekt des Steins und der Gruppe erreichte auf der Skala den unbegreiflichen Wert 7, während die Ultraschallstrahlung um den Steinkreis *unter* den Normalwert der Gegend fiel. Zwei, drei Stunden nach Sonnenaufgang hörte die Pulsation plötzlich auf. Aber: während der Meßwert beim *King stone* nachgab, stieg er nun im Steinkreis an. Im Frühjahr 1979 stieg die Ultraschallaktivität im Steinkreis stetig an und baute zwischen *King stone* und ›flüsternden Rittern‹ ein elektrisches Feld auf, das synchron mit dem Ultraschall pulsierte.

Die zweite Überraschung folgte!

Als sich während der Messungen ein Mann des Teams in den Steinkreis begab, hörte die Pulsation abrupt auf! Dazu stellte Dr.

Robins fest:

»Bei allen Besuchen in der Morgendämmerung konnte starkes Pulsieren rund um den Menhir sowie auf der Straße und dem Feld zwischen Menhir und Kreis beobachtet werden, doch dieses hörte auf, sobald jemand in den Steinkreis trat. Dieser Wechsel zwischen intensivem Pulsieren und sehr schwachen, unter den Grundwerten liegenden Schwankungen wiederholte sich während der gesamten Beobachtungszeit und wurde von einer Anzahl von Beobachtern bestätigt« (15).

In seinem abschließenden Forschungsbericht bestätigt Robins die Hypothese, wonach es sich bei den Steinkreisen um ›Energieaktivierungszentren‹ handle und anzunehmen sei, daß der Steinzeitmensch, der die Anlagen von Rollright baute, den Energieeffekt bewußt angewandt hat.

Das ist ein ungeheuerliches Statement! Es eröffnet Dimensionen, die *meßbar* gegen die Evolutionstheorie stehen. Das Schema der Evolutionslehre will, daß sich jede Entwicklung, egal auf welchem Gebiet, aus winzigen Schritten ergibt, daß jeder Fortschritt über eine Sequenz von Stationen und über Tausende von Generationen reicht. Nach diesem Schema darf nichts einfach und plötzlich ›da‹ sein.

Wenn Jungsteinzeitler – um im angestaubten Schema zu denken – Anlagen wie in Rollright, Stonehenge und anderswo produzierten und auf einer noch niederen Stufe der Entwicklung angenommen werden, müssen ihre Vorgänger noch einfältiger im Geiste gewesen sein. So will es die Glaubenslehre von der Evolution. Ergo: Es war niemand auf dem Globus, von dem die Erbauer Lehrbücher, Meßgeräte und Tabellen übernehmen konnten, die sie instand gesetzt hätten, die mit Mitteln der modernsten Physik und Chemie nachgewiesenen Pulsationen von Steinen nach System zu bauen, vorbedacht auszulösen. Niemand unterwies unsere Steinzeitler, welche Steine an welchem Ort in welcher bestimmten Anordnung den Energieeffekt auslösen. Doch: Sie müssen den Effekt gekannt haben, bevor sie ihn ausnutzten. Daß ihre Steine außerdem mit den Gestirnen kommunizieren, löst das Rätsel nicht, es macht es nur noch unheimlicher – schon gar im Hinblick auf die weltweite Streuung solcher Anlagen!

Da, wie mir versichert wird, die Mitwirkung Außerirdischer nicht in Betracht kommt, muß wohl im monströsen, kranken Gehirn eines steinzeitlichen Diktators der Entschluß explodiert sein, seine Landsleute zu zwingen, Spielwiesen mit Riesensteinen anzulegen, ja, und weil kein Diktator unkopiert bleibt, eiferten ihm andere Wahnsinnige nach und peitschten ihre Bevölkerungen zu gleichen Taten. So

Rollright – steinerne Zeugen aus früher Zeit

ungefähr, will man mich glauben machen, entstanden über viele, viele Jahrhunderte Steinkreise in England, Schottland, Irland und spärlicher auch auf dem Kontinent. Diese Entstehung und Entwicklung – absurd! – einmal unterstellt, wäre das Steinkreis-Phänomen auf vergleichsweise kleinen geographischen Raum beschränkt geblieben, nur eine europäische Steinpest. Das aber stimmt nicht. Steinkreise müssen damals eine internationale Mode gewesen sein – es gibt sie in Indien, Afrika, Australien, Japan, im Pazifik. Hier die Adressen der wichtigsten Megalith-Steinkreise (18):

– Der Steinkreis von Brahmagiri liegt südlich der Flüsse Narmada und Godavari in Südindien
– Der Steinkreis von Sillustani liegt am Titicacasee in Peru
– Der Steinkreis von Msoura liegt in Nordmarokko
– Der Steinkreis von Nioro du Rip in der Provinz Casamance liegt in Senegal – südlich des Senegalflusses
– Der biblische Steinkreis von Gilgal liegt an der östlichen Flurgrenze

von Jericho. Er wird schon in der Bibel erwähnt: Hier soll der Prophet Josua 12 Steine zum Gedenken an die Durchquerung des Jordans im Kreis aufgestellt haben; die Steine sollen die 12 Stämme Israels symbolisieren

- Der Steinkreis von Ain es Zerka in Ostjordanien
- Die Steinkreise von Ajun uns Rass liegen im Steppenhochland von Nedschd in Saudi-Arabien
- Die geographische Position des australischen Steinkreises südwestlich der Wüste Emu: 28° 58′ Breitegrad Süd/132° 00′ Längegrad Ost
- Auf der japanischen Hauptinsel und auf der Insel Hokkaido bei Nonakado gibt es mehrere prähistorische Steinkreise und Steinräder
- Auf Meereshöhe an der peruanisch-ekuadorianischen Grenze entdeckte Professor Marcel Homet den Steinkreis Quebrada von Queneto (19)
- Auf der Insel Naue, zur Gruppe der Tongareva-Inseln gehörig, liegt

ein Steinkreis. In der Literatur wird ausdrücklich vermerkt, daß der Steinkreis weder ein Grab noch ein Stammesheiligtum, einem Marae vergleichbar, war (20)

- Die Steinkreise von Portela de Mogos und Boa Fe liegen 16 Kilometer westlich von Evora in Portugal (18)

Aus irgendeinem Grunde machten die Jungsteinzeitler das Steinkreisbauen zu einem weltweiten Kult. *Aus irgendeinem Grunde* – das ist mir zu wolkig, zu schwammig, zu ungenau. Ich wüßte schon gern *den* Grund, der präinkaische Stämme in Peru dasselbe tun ließ wie die Aborigines in Australien, wie die Schwarzen in Senegal, die Inder, die Japaner, die von der Welt abgeschiedenen Insulaner im Pazifik, weit weg von jeder Zivilisation und Kultur. Zugegeben: Die Steinkreise stammen weltweit nicht alle aus derselben Epoche, doch die Erbauer waren allemal einfache Gesellen, die von Strahlentechnik keine blasse Ahnung hatten.

Jakobs steinharter Traum

Es heißt, Steine seien den Menschen von jeher etwas Heiliges gewesen. Stimmt. *Gewisse* Steine wurden verehrt, werden es heute noch: Grabsteine, Erinnerungssteine. Jakob, einer der drei Erzväter Israels, errichtete – wie Mose berichtet – sogar einem Traumerlebnis einen Gedenkstein:

»Jakob aber zog aus von Beerseba und machte sich auf den Weg nach Haran. Da traf es sich, daß er an die (heilige) Stätte (von Bethel) kam, und er blieb daselbst über Nacht; denn die Sonne war untergegangen. Und er nahm einen von den Steinen der Stätte, tat ihn unter sein Haupt und legte sich an dieser Stätte schlafen.« 1. Mose, 28, 10 ff.

Man muß es nicht hineininterpretieren, es steht da: Jakob kam an eine heilige Stätte und schob sich einen der vermutlich umgestürzten Steine unter den Kopf. Es war also ein besonderer Stein von geweihter Stätte, auf dem Jakob schlummerte und träumte:

»Da träumte ihm, eine Leiter sei auf die Erde gestellt, die mit der Spitze an den Himmel rührte, und die Engel Gottes stiegen daran auf und nieder. Und siehe, der Herr stand vor ihm und sprach: . . . Und deine Nachkommen sollen (zahlreich) werden wie der Staub der Erde; gegen Abend und Morgen gegen Mitternacht und Mittag sollst du dich ausbreiten, und mit deinem und deines Geschlechtes Namen werden sich Segen wünschen alle Geschlechter der Erde.« 1. Mose, 28, 12 ff.

Zwei Verse weiter heißt es:

»Denn ich will dich nicht verlassen, bis daß ich getan, was ich dir verheißen habe.«

Was hatte der Herr denn verheißen, versprochen? Eindeutig dies: Jakobs Nachkommen werden sich über die ganze Erde verbreiten, und der Herr wird Jakob nicht verlassen. Bei aller ihm zu unterstellenden Zeugungskraft wird Jakob binnen eines Lebens kaum Söhne, Töchter und Enkel über die Kontinente verteilen können, da muß ihm schon der Herr aktiv beistehen, denn der Herr gab sein Versprechen nicht für eine unbestimmte Zukunft: Er will Jakob vor Erledigung des Auftrags nicht verlassen. – Jakob wird die Sache unheimlich. Er ahnt nicht, daß er an ›dieser Stätte‹ mit dem Herrn sprechen kann:

»Fürwahr, der Herr ist an dieser Stätte, und ich wußte es nicht. Und er fürchtete sich und sprach: Wie furchtbar ist diese Stätte! Hier ist nichts anderes als Gottes Haus, hier ist die Pforte des Himmels. Am anderen Morgen aber in der Frühe nahm Jakob den Stein, den er unter sein Haupt gelegt hatte, richtete ihn auf als Malstein und goß Öl darauf.«

1. Mose, 28, 16 ff.

Die Fakten:

- Jakob erreicht auf seinem Marsch einen Platz mit heiligen Steinen
- Jakob nimmt sich einen Stein und schläft darauf ein, ohne etwas von der Magie seines ›Kopfkissens‹ zu ahnen
- Jakob erlebt einen bildhaft deutlichen Traum: Engel klettern die Himmelsleiter hinauf und hinunter
- Der Herr macht Jakob ein kolossales Versprechen

War das alles nur ein Traum oder ein Stück erlebter Wirklichkeit?

War es nur ein Traum, wäre das Versprechen des Herrn ohne Sinn. Träume sind unverbindlich, sind Stoffe ohne Substanz.

Und wenn es kein Traum war? Wenn der Stein, auf dem Jakob ruhte, in seinem Gehirn ein Bild der Himmelsleiter entwickelte? Hatte die Wärme seines Körpers im Stein Pulsationen ausgelöst?

An heiligen Stätten war fraglos jeder Stein ein besonderer Stein mit einer besonderen Geschichte. Hatte der Stein die Fähigkeit, Ströme des Gehirns zu verstärken? Und: war Jakob ein besonders geeignetes Medium? Konnte ein bevorzugtes Wesen über den Stein mit menschlichen Gehirnen kommunizieren? Wirken bestimmte Steine wie ›Sender‹, Menschen, die empfänglich sind, als ›Antennen‹, sobald sie mit anderen menschlichen Gehirnen gekoppelt werden?

Das scheinen rein spekulative Fragen zu sein. Daß sie es nicht sind, daß es kein Gedankenflug ins Blaue ist, wird noch zu belegen sein.

Menschen kamen nicht unbedingt von sich aus auf die Idee, Steine, Gedenksteine, zu errichten. Oft wurden sie von Gott (oder Göttern) auf den Gedanken gebracht. Das berichtet auch die Bibel. Im Buch Josua empfiehlt der Herr, an einem bestimmten Ort zwölf Gedenksteine aufzustellen:

»Da taten die Israeliten so, wie Josua geboten hatte: Sie hoben zwölf Steine aus dem Jordan auf, wie der Herr zu Josua gesagt hatte, nach der Zahl der Stämme Israels, und nahmen sie mit sich hinüber nach dem Lagerplatz und legten sie dort nieder. Zwölf Steine aber richtete Josua auf im Jordan, an der Stelle, wo die Füße der Priester gestanden, welche die Bundeslade trugen; die sind dort geblieben bis auf den heutigen Tag.« Buch Josua, 4, 8 ff.

Die Steine sind nicht nur als Erinnerungsmale zu werten. Sie hatten offenbar den Auftrag, über die Zeiten hin eine Geschichte zu erzählen:

»Und Josua schrieb dies alles in das Buch des Gesetzes Gottes, und er nahm einen großen Stein und richtete ihn daselbst auf unter der Eiche, die beim Heiligtum des Herrn steht. Und Josua sprach zum ganzen Volke: Siehe, dieser Stein soll Zeuge gegen uns sein; denn er hatte alle Worte gehört, die der Herr mit uns geredet hat, und er soll Zeuge sein gegen Euch, damit Ihr Euren Gott nicht verleugnet.«

Buch Josua, 24, 26 ff.

Der Stein hat »Worte gehört«? Josua nimmt ihn quasi als Ohrenzeugen. Aber was nutzt ein toter Stein als stummer Zeuge? Wußte Josua über dessen besondere Eignung, das Gehörte irgendwann wieder mitzuteilen? Traute Josua dem Stein die Fähigkeit eines Speichers für Informationen zu? Ob wir da einer Sache von der Qualität eines Tonbands auf der Spur sind, wird sich noch zeigen.

Von der zwingenden Macht heiliger Steine

In Kleinasien versorgte die Göttin Kybele, die ›große Mutter‹, ihre griechischen Landsleute mit Prophezeiungen, die sie mit Hilfe eines ›heiligen Steins‹ ermittelte. 250 v. Chr. wurde das begehrte Objekt nach Rom gebracht. An der syrischen Küste gelangte Kollegin Laodikaia mit dem gleichen Hilfsmittel zu ihren *news* (21). In Delphi arbeitete Pythia über dem halbeiförmigen Stein Omphalos, genannt: Nabel der Welt, inmitten des Tempels und sorgte für Schlagzeilen, pardon!, für Tagesgespräche über Vergangenes und Zukünftiges, dessen sie über dem Stein gewahr wurde.

Mohammed Ibn al-Chatīb aus Kufa berichtet in seinem ›Götzenbuch‹ über altarabische heilige Steine, über Wundersteine, deren berühmtester in eineinhalb Meter Höhe in der südöstlichen Ecke der Kaaba in Mekka in die Wand eingemauert ist. Dieser Stein ist das mystisch-religiöse Zentrum der islamischen Welt, verehrt in einem leeren, fensterlosen Raum. Mohammed selbst bestimmte die Kaaba zum Mittelpunkt seiner Religion, den ›Schwarzen Stein‹ (arabisch: Hadschar al-aswad), zum Ziel der Gedanken aller Muslims. Rund um den Erdball verneigen sich täglich 650 Millionen Muslims in Richtung dieses Steins zum Gebet. Ihre Gedanken tragen Wünsche und Hoffnungen über Meere und Berge zum ›Schwarzen Stein‹, von dem sie auch eine Art von Gegenleistung erwarten. Mindestens einmal in seinem Leben muß jeder Muslim nach Mekka pilgern und den Stein berühren, weil er sonst der Glückseligkeit nicht teilhaftig wird. Denn: Nach jeder Berührung wird der Gläubige vom Stein ›registriert‹. Kein Wunder also, daß Millionen um Millionen Muslims den in Silber gefaßten ›Schwarzen Stein‹ berühren und küssen, heute wie seit über 1200 Jahren.

Was hat es mit dem ›Schwarzen Stein‹ auf sich? Was hat er an sich, in sich? Was kann er, was bewirkt er? Was ist seine einmalige Besonderheit, die der Prophet in ihm erkannte?

Da die Legende behauptet, der ›Schwarze Stein‹ sei vom Himmel gefallen, wurde flugs unterstellt, es handle sich um einen Meteoriten, einen Gesteins- oder Nickeleisenkörper außerirdischen Ursprungs, der bei seinem Fall durch die Atmosphäre nicht völlig verglühte.

Das ist eine völlig unbelegte Annahme, denn chemische Analysen des ›Schwarzen Steins‹ gibt es nicht. Die Mohammedaner lassen keinen Ungläubigen in die Kaaba, geschweige denn würden sie eine Untersuchung ihres Heiligtums gestatten. Vielleicht handelt es sich tatsächlich um einen gewöhnlichen Meteoriten, dann allerdings ist seine ungebrochene intensive Anziehungskraft seit Mohammed (57 bis 632) unbegreiflich. Meteore fallen überall und täglich in unterschiedlichsten Größen auf den Buckel unserer alten Erde, auch in arabischen Ländern, ohne daß man gehört hätte, daß einer davon je heiliggesprochen wurde. Vielleicht handelt es sich um einen ganz besonderen Stein, der nicht vom Himmel *fiel*, sondern vom Himmel *kam*. Das ist kein kleiner, das ist ein großer Unterschied.

Aus keinen Rätseln Rätsel machen?

In seinem ausgezeichneten Bildband über die prähistorischen Steinkreise in England und Irland (22) schenkt Burl Aubrey mir seine Aufmerksamkeit: ›*Von Daeniken approach of making mysteries out of non-mysteries*‹ – die von Däniken-Art, aus keinen Rätseln Rätsel zu machen. – Arthur C. Clarke, versierter SF-Autor, sonderte in einem Magazin (23) den verallgemeinernden Satz ab: ›Die Welt ist voll von wirklichen Rätseln. Ich werde irritiert durch die Idioten, die versuchen, Rätsel aus Dingen zu machen, für die wir eine absolute Erklärung haben.‹

Das ist sie, diese miese Tour, ›Andersgläubige‹ obenhin und leichtfertig abzutun. Wenn wir realistischen Phantasten derart mediokер sind, warum nimmt man uns überhaupt an? Doch wohl, weil wir weh tun mit unseren beharrlichen Fragen, weil wir manche gängige Erklärung als unlogisch nicht zu schlucken bereit sind, weil wir zementierte, doch äußerst zweifelhafte Lehrmeinungen nicht als tabu betrachten, weil wir sie in Frage stellen.

Mit Vergnügen lese ich eine Zeitungsspalte ›Wissenschaft vor 100 Jahren‹ und ertappe mich manchmal bei dem überheblichen Gedanken: Ach, du meine Güte! Das war damals der wissenschaftlichen Weisheit letzter Schluß? – Sofort nehme ich mich an die Kandare und denke: Das war *damals* nach bestem Wissen die neueste Erkenntnis. Die Zeit korrigierte Irrtümer und setzte neue, richtigere Ergebnisse an die Stelle der alten, die dann in ein paar Jahren neuerlich poliert und überholt werden müssen. Das ist normal und ein ehrlicher Vorgang.

Meine Kritiker sind in ihrer Erhabenheit bewunderungswürdig: Sie besitzen letztes, endgültiges Wissen über alles, was die Welt im Innersten zusammenhält. Beneidenswert ist ihr elitärer Hochmut, ihr einfältiger Mut. Ich solidarisiere mich mit den Neugierigen, die nach vorn denken, die nicht davor zurückschrecken, das *heute* Undenkbare vielleicht *morgen* beweisen zu können. »Man kann den Motor nicht aufgeben, nur weil der Prophet Mohammed auf einem Kamel geritten ist«, sagte Datuk Husein Onn, der Premierminister von Malaysia.

Bau- und Transportprobleme der megalithischen Anlagen werden in vielen klugen Büchern als gelöst abgehakt. Bau- und Transportprobleme können auf vielerlei Art gelöst worden sein. Was mich bei den angebotenen Erklärungen stört, ist dies: stets geht man von den *heute* vorstellbaren Möglichkeiten aus, tut so, als könne man sich per

Phantasie, wissenschaftlicher Phantasie natürlich, in die Frühzeit zurückversetzen. Doch niemand war dabei. Was als Lösung auf den Tisch gelegt wird, ist immer nur eine unter vielen anderen Möglichkeiten. Jene, die anscheinend dabei gewesen sind, bieten immer wieder die gleichen Requisiten an: Schlitten – Seile – Rollen und aus Sand oder Lehm aufgeschüttete schiefe Ebenen. Da all unsere Vorstellungen möglicher Transportarten auf solche Hilfsmittel fixiert sind, getrimmt und gedrillt wurden, werden Zweifel daran als Sakrileg, als Gotteslästerung, empfunden. Ich habe eine hohe Meinung von unseren Wissenschaftlern, doch glauben kann ich nicht an sie. Sie sind Menschen und damit dem Irrtum unterworfen, wie du, wie ich, wie wir alle. Auch wenn sie sich gelegentlich auf Throne der Erhabenheit setzen – Götter werden sie dadurch nicht.

Um zu schockieren frage ich: Was ist denn, wenn man vor abertausend Jahren Gestein zu Brei gelieren und am Bauplatz wieder erhärten konnte – wie wir es heute mit Beton machen, in riesigen Tankwagen ab Fabrik an die Baustelle geliefert. Halten zu Gnaden, Allwissende, es ist nur eine Frage.

Leichtfertig habe ich sie hingeschrieben, denn ich sehe sie schon – aus dem Zusammenhang gerissen – von meinen flotten Gegnern zitiert! Also: Ich behaupte *nicht*, daß die Megalithbauer auf diese Weise gearbeitet haben!

Sollen meinetwegen tonnenschwere Steine, an Seilen um die nackten Hälse der Jungsteinzeitler gewunden, zentimeterweise über hunderte Kilometer gezerrt worden sein. Falls Glaube selig macht, wimmelt es im Jenseits von zünftigen Archäologen. Wir werden uns dort nicht treffen, denn ich zweifle an deren oft utopischen Annahmen.

Von früher Zeit an scheinen heilige Steine mit den ›Göttern‹ in Zusammenhang gebracht worden zu sein, mindestens standen sie in Konnex mit dem Firmament, denn sie wurden – wie Steinkreise – nach den Sternen ausgerichtet. War der Himmel in Dauerbeobachtung, weil die ›Götter‹ versprachen, wiederzukommen? Im Sinne eines religiösen Kults wäre das ein sinnvolles Motiv für den ungeheuren Arbeitsaufwand der Steinsetzungen – indes: Damit sind die astronomischen Kenntnisse, die Wahl der exponierten Standorte und die besonderen Materialien nicht erklärt. Oder?

Religiöser Kult erklärt auch nicht den mosaischen Bericht – obwohl der ›Herr‹ eine Rolle darin spielt –, weshalb Jakob sein steinernes Ruhekissen nach Gebrauch aufrichtete und mit Öl begoß. Weshalb salbte er den Stein? Er vollzog eine rituell heilige Handlung, die Priestern zustand. Was hatte Jakob im Sinne, da er wußte, daß das Öl verdunsten, im Glast der Sonne verbrennen würde? War es sein Dank an den Stein, der mit ihm ›sprach‹? Zweifellos war Jakob in trancehaftem Zustand, als er sein Haupt vom Stein erhob. – War das auch Pythia, wenn sie über dem Stein Omphalos brütete? Entlieh sie ihre Weissagungen diesem steinernen ›Nabel der Welt‹? – Alte Schriften überliefern, die Dame Pythia sei durch das Einatmen von Dämpfen, die einer Felsspalte entströmten, in ihre seherischen Absenzen verfallen. Im und um den delphischen Tempel herum wurden trotz emsigen Suchens keine Dämpfe entlassenden Erdspalten entdeckt. Kommunizierte Pythia mit dem Stein Omphalos? War sie sein Medium, dem er auf Fragen Antworten doppeldeutigen Inhalts gab?

Ich suche nach Hinweisen dafür, daß Außerirdische Steinzeitmenschen beeinflußten. In bisheriger Betrachtungsweise geben megalithische Anlagen keine Beweise für irgendwas her. Wer selig glaubt, muß nur ein einziges kluges Buch über Stonehenge lesen, um zu wissen, daß Außerirdische zur Lösung der Rätsel unnötig sind. Man weiß alles. Denkt man hingegen ein klein bißchen über die ›gesicherte Lehrmeinung‹ hinaus, dann haben die unbequemen, doch in vertrackten Situationen hilfreichen Außerirdischen eine hervorragende Position.

Es gibt zahllose Überlieferungen*, die vom Versprechen der ›Götter‹ berichten, nach ihrem Erdenaufenthalt in ferner Zeit wiederzukehren. Unter den Menschen blieb die Hoffnung auf diese Wiederkehr zurück. Nicht untersucht wurde bisher, ob in Megalithbauten ein mathematischer Schlüssel für den Termin der Wiederkehr verborgen ist. Über 600 der von Professor Thom untersuchten Anlagen sind nach astronomischen Regeln ausgerichtet. Noch wissen nur die ›Götter‹: warum.

Kein Zweifel dürfte darüber bestehen, daß hartes Gestein sich ausgezeichnet als Nachrichtendepot der Außerirdischen eignete. Es gibt genug davon, es überdauerte die Jahrtausende, es erlaubte monumentale, signalhafte Bauten, die fortdauernd auf sich aufmerksam machen. Steht also diese meine Hypothese:

Vor Jahrtausenden erklärten ›Götter‹ den Erdenbewohnern, *wie* Steinkreise anzulegen waren, welches Material den Zweck erfüllte, in welcher Reihenfolge und wo die Steine errichtet werden mußten,

* EvD: *Prophet der Vergangenheit*

damit die eingegebenen Botschaften dermaleinst dechiffriert werden könnten.

Die ›Götter‹, die uns nach ihrem Ebenbild schufen, setzten Spuren ihrer Intelligenz in der Nachkommenschaft der von ihnen genetisch manipulierten neuen Art voraus. Sie irrten sich: Wir haben nichts begriffen.

Wenn Dr. Vladimir Avinski recht hat, daß aus den Stonehenge-Anlagen die Größe der fünf erdnahen Planeten ablesbar ist, dann hatten die Außerirdischen ihre hilfreiche Hand im Spiel. Es führt kein Weg daran vorbei. Wenn Jungsteinzeitler – wie Louis Charpentier (24) und Robert Wernick (25) erwähnen – wichtige Bauten an Schnittpunkten elektrischer Ströme im Erdinnern errichteten, dann hatten Außerirdische die Hand im Spiel, denn diese Ströme sind erst mit modernen physikalischen Apparaturen meßbar geworden. Wenn es stimmt, daß geschulte Priester oder begabte Medien der Kommunikation mit pulsierenden Steinen fähig waren, dann hatten Außerirdische die Hand im Spiel.

Aus irgendeinem Grunde.

Aus welchem Grunde?

3 GEIST – DER URGRUND ALLER MATERIE

Die Frage nach dem Warum ist
falsch gestellt. Wir müssen
vielmehr fragen: Warum nicht?
George Bernard Shaw

Schöpfung ist zeitlich und räumlich unendlich · Wissenschaft muß entmythologisiert werden · Kleine Läuse haben immer noch kleinere Läuse · Wende des Denkens · Das Experiment mit dem Elektron · Wer hat den Schöpfer erschaffen? · Moloch Schwarzes Loch · Wenn ein Stern stirbt · Alle Materie war mindestens einmal im Innern eines Sterns · Einstein lebt! · Was tabu ist · Geheimnisse polynesischer Kultstätten · Wissenschaft entdeckt: urgeschichtliche Steinplastiken sind magnetisch · Neueste Forschungen um den Magnetsinn des Menschen · Wie Außerirdische auf unseren Planeten einwirkten

Fragte mich im Illinois Institute of Technology in Chikago ein Student in der Diskussion:

»Glauben Sie eigentlich an Ihre Theorie?«

»Weil ich von ihr überzeugt bin, darf und kann ich nicht an sie glauben. ›Glauben‹ ist das autonome Vorrecht von Religionen, ist das gefühlsmäßige Vertrauen auf eine Autorität, auf eine Lehre. In diesem Sinne bedeutet ›glauben‹, daß das Geheimnis der Natur einfach so sein muß, wie es ist. Ich muß Zug um Zug durch Fakten überzeugen, denn ich bin weder Anführer einer Sekte noch gar ein Religionsstifter.«

Ich bin ein nimmermüder Wassersammler, doch Zeit, Entwicklung und Forschung stehen mir bei. Was noch vor vierzehn Jahren, als ich zu schreiben anfing, nur kühne Hypothesen, Drahtseilakte ohne Netz waren, läßt sich allmählich und beharrlich aus wissenschaftlichen Erkenntnissen überzeugend darstellen. Das ist nicht immer ein Spaziergang im Blumengarten. Manchmal muß ich zu einer anstrengenden Kletterpartie einladen. Sind wir am Gipfel angelangt, ist der Blick klarer geworden, ziehen sich durch die Ebene der Theorie sicher begehbare Pfade. Niemand soll ›glauben‹, daß der himmelstürmende Mut unbelohnt bleibt. Machen wir uns auf einen neuen Weg. Ich kann es leider nicht ändern, daß er ein wenig anstrengend zu begehen ist.

Aussagen von sechs führenden Wissenschaftlern wollen wir als wohlschmeckenden geistigen ›Proviant‹ mit auf unsere Klettertour mitnehmen.

I.
Sagt der Molekulargenetiker und Nobelpreisträger Professor Werner Arber (1):

»Die Erkenntnisse der Molekulargenetik . . . zeigen uns, daß die Schöpfung räumlich und zeitlich unendlich ist . . . Zusätzlich wirkt die Schöpfung hier und jetzt, überall und immer weiter, nämlich in der freiheitlichen Wahl der Details in der Ausführung spezifischer Lebensprozesse.«

II.
Sagt Professor Joachim Illies vom Max-Planck-Institut für Limnologie (2):

»Wir sind alle vernarrt in die Objektivität. Wir tun so, als ob der ›objektive Beweis‹ die letzte aller möglichen Aussagen, der höchste aller erreichbaren Werte wäre und bilden uns ein, in einer objektiv bewiesenen Welt zu leben, die wir dann stolz die moderne Wissenschaft nennen. Hier muß gründlich entmythologisiert werden, damit wir uns nicht den Zugang zu uns selbst und zur Wahrheit hinter aller Wissenschaft verstellen.«

III.
Sagt der Physiker Professor Max Thürkauf von der Universität Basel (3):

»Die Naturwissenschaften versuchen ja letztlich, alles auf physikalisch-chemische Prozesse zu reduzieren. Die paranormalen Phänomene jedoch hängen mit dem zusammen, was wir Leben oder geistige Welt nennen, und das steht über den physikalisch-chemischen Prozessen.«

IV.
Sagt der Biochemiker Professor Erwin Chargaff (4):

»Eine zähe Informationslawine dringt in alle Fugen des Bewußtseins; das geistlose Geplapper einer leerlaufenden Maschinerie übertönt jeden Gedanken . . . Es gibt natürlich immer noch was zu tun; kleine Läuse haben bekanntlich immer noch kleinere Läuse. Aber wie klein kann man die Atome und die Atomkerne zerhacken? Ich habe das unangenehme Gefühl, daß, wenn der Nobelpreis für Physik abgeschafft wäre, man keine Elementarteilchen mehr entdecken würde.«

V.
Sagt der theoretische Physiker Jean E. Charon in seinem Buch ›Der Geist der Materie‹ (5):

»Die Wissenschaftler sind nur selten bereit, sich mit den ›metaphysischen‹ Fragestellungen zu befassen, und zwar aus dem einfachen Grund, weil die Gralshüter der ›offiziellen‹ Wissenschaft es ihnen nicht gestatten: Die Behandlung metaphysischer Fragen gilt nach wie vor als unwissenschaftlich. Ich persönlich finde diese Einstellung skandalös.«

VI.
Sagt Professor A. E. Wilder-Smith, Gastprofessor an einigen hochrenommierten Universitäten verschiedener Länder (6):

»Die Naturwissenschaft erforscht ausschließlich Gegenstände, die innerhalb unserer materiellen Dimensionen erforscht werden können. Wenn nun jemand vorschlägt, daß Gott, der ein Logos oder Gedanke persönlicher Art ist, hinter der Kodierung des Lebens steht, dann lehnt der Naturwissenschaftler diesen Vorschlag meist sofort und entschieden ab, weil er außerhalb seiner Forschungsmöglichkeiten steht . . . Was würde man aber von dem Astronomen halten, der die Himmelskörperbahnen mit der Hilfe der Gravitation nicht erklären wollte, weil er die Idee einer solchen Kraft aus philosophischen *Gründen nicht annehmen wollte? Man könnte eine solche Kraft dem Wesen nach im Labor nicht erzeugen noch studieren. Die Auswirkungen dieser Kraft könnte man schon unter die Lupe nehmen, das* Wesen *der Kraft selbst nicht. Deshalb sei das ganze Thema der Gravitation wissenschaftlich untragbar.«*

Eine Wende? Eine Wende!

Begeben wir uns zu einem Experiment in den abgedunkelten Raum eines Ophtalmologen und richten ein Elektronenmikroskop in unsere Augen.

Es durchdringt die Hornhaut, die Regenbogenhaut und die Netzhaut. Wir schlüpfen durch die Linse, die an einem feinen Fasergeflecht hängt, und erfassen einen Sehnerv, der in der vieltausendfachen Vergrößerung wie ein Baum mit vielverzweigtem Astwerk anmutet. Eine faszinierende Welt tut sich auf. An den Nervenfasern hängen kleine Kristalle, die wie die Felsbrocken einer bizarren Landschaft erscheinen. Unser Mikroskop holt Molekülketten heran, Hunderte von aneinander geketteten Atomen. Beim Anblick eines Atoms wird es plötzlich gleißend hell, wir sehen eine Welt in dauernder Bewegung, wir sehen den Atomkern, um den in großer Geschwindigkeit noch kleinere Teilchen rasen – Protonen, Neutronen, Elektronen. Zwischen Atomkern und Teilchen offenbart sich ein Universum wie zwischen der Sonne und ihren Planetenbahnen.

Fassen wir ein Elektron! Ließe es sich an ein Meßgerät koppeln, das seine Geschwindigkeit wie in einem Zeitrafferfilm verlangsamt, sähen wir, daß unser Elektron sich in der Sekunde 10^{23}mal vergrößert, wieder zusammenzieht, pulsiert. 10^{23} – das ist eine ›10‹ mit 23 Nullen! Diese Welt ständiger Bewegung und diffuser Strahlung – das ist die geheimnisvolle Dimension aller Materie.

Das Experiment, am Auge demonstriert, ließe sich auch mit einem Stückchen Körperhaut, einem Stück Holz oder einem Stein vornehmen. Die Reise hätte nur anders begonnen, doch am Ziel wären wir allemal aufs Atom und seine subatomaren Teilchen getroffen. Zuletzt nämlich ist alles Energie, Strahlung und Bewegung – wie Albert Einstein es schon vor 75 Jahren postulierte.

Diese unabänderlich-ewige Tatsache bringt manche Naturwissenschaftler zur Verzweiflung, zwingt andere zur Bescheidenheit.

In wilder und nützlicher Besessenheit zerlegten wir (fast) alles in seine Bestandteile, Moleküle wurden zur kleineren Einheit der Atome, wir studierten ihr Verhalten und das der subatomaren Teilchen in gigantischen Teilchenbeschleunigern, die Atome spalten und Strahlung freisetzen, und am Ende stehen wir immer wieder vor dem gleichen Resultat: Hinter der kleinsten Einheit steht eine neue Ordnung, ein neues Gesetz, das uns unbekannten Weisungen zu gehorchen scheint, dem Befehlsgeber, den alle Philosophen ›Geist‹ nennen.

Dem französischen Mathematiker und Physiker Jean E. Charon gelang der Beweis, daß Materie und Geist untrennbar miteinander verbunden sind! Charon redet die exakte Sprache der Mathematik (7). Kollegen, die seine Arbeiten noch nicht in ein grundstürzend neues Denken einbezogen, werden davon Kenntnis nehmen müssen – es führt kein Weg mehr daran vorbei. Weil Charons Weg *auch* zurück in die Frühgeschichte weist, die zu den ›Göttern‹ führt, zeichne ich ihn mit Freuden nach. Charons Beweis bedeutet eine Wende.

Die Sache mit dem Elektron

Materie ist Stoff, ist Masse, ist die Substanz allen Lebens, alles Existierenden. Materie läßt sich – egal von welcher Konsistenz – bis in Atome und Elementarteilchen ›verkleinern‹. Das sind längst Binsenweisheiten. Woher aber kommt Materie? Wie entsteht sie, wie entstand sie? Wie hat alles angefangen? Das sind die erregenden Fragen.

Am Anfang war das Nichts, die endlose Leere – die ›schwarze Strahlung‹, wie Physiker sagen. Diese Strahlung befand sich seit unendlicher Zeit vor allem Beginn sozusagen im Zustand der Erwartung. Man mag fragen, was *vor* diesem Zustand war, man wird keine Antwort finden, es sei denn, sie wird einem in einer anderen Dimension – nach dem Tode – zuteil. Das aber ist eine Lösung, die auf den Glauben verweist. Da wir dressiert sind, in vier einengenden Dimensionen zu denken – Länge, Breite, Höhe, Zeit –, hat die Vorstellung von unendlicher Zeit keinen Platz. Setzt man vor allen Beginn einen Schöpfer, drängt sich die neue, alte Frage auf: Wer hat den Schöpfer erschaffen? Das physikalische *perpetuum mobile* wird es, vermutlich, nicht geben, die Frage nach der Frage ist ein philosophisches *perpetuum mobile*.

Kontrapunkte der Philosophie sind Mathematik und Physik. Physikalische Berechnungen und Beobachtungen belegen, daß aus der schwarzen Strahlung, aus dem Nichts ein erstes Materie-Teilchen-Paar kam: ein Elektron* und ein Positron**. Negativ und positiv geladen, brauchten die Teilchen kaum Energie, um sich zum Paar zu vereinen, zur ersten Materie.

Das erste Elektron pulsierte, wie es das heute noch tut, im unvorstellbaren Rhythmus von 10^{23} Zusammenziehungen und Ausdehnungen je Sekunde, eine Bewegung, die im Elektron zu extrem hohen Temperaturen von einigen hundert Millionen Graden führte. Die dabei freigesetzte elektromagnetische Strahlung nennt der Physiker wiederum ›schwarze Strahlung‹.

Aufgrund bekannter physikalischer Wechselwirkung kann sich das

* Ein elektrisch negativ geladenes Elementarteilchen mit physikalischen Eigenschaften, die mit dem an ihrem Ort bestehenden elektromagnetischen Feld in Wechselwirkung stehen –

** Ein Elementarteilchen mit gleicher Masse und Ladung wie das Elektron, jedoch mit positivem Vorzeichen

Positron an das Elementarteilchen Neutron ketten und mit ihm ein Proton bilden – einer der beiden Bausteine des Atomkerns. – Das Elektron verbindet sich nun mit diesem Proton und erzeugt ein Wasserstoffatom. 75% der Materie des Universums ist Wasserstoff. Da es ohne das Elektron kein Wasserstoffatom gäbe, war folglich das Elektron *vor* dem Wasserstoff existent. Der süffige Slogan: ›Am Anfang war der Wasserstoff‹ stimmt nicht – am Anfang war das Elektron, es war bei der Entstehung des ersten Teilchenpaares dabei, und es behauptet seine unaustauschbare Rolle bei der Durchdringung aller Materie, auch des Geistes.

Jean E. Charon bewies mathematisch, daß das Elektron ähnliche Eigenschaften aufweist wie ein ›Schwarzes Loch‹. Dem müssen wir nachgehen, weil wir das Elektron nicht aus dem Blick verlieren wollen.

Was ist das – ein Schwarzes Loch?

Wir müssen weit zurückgreifen. Seit dem Entstehen der Welt, seit dem sogenannten Urknall, zogen Gas, Wasserstoff und kosmischer Staub durch das Universum, die Teilchen fanden sich und wirbelten in einer Art von Wolke, bis sich in der fortwährenden Rotation eine Kugel bildete, die immer mehr Materie an sich riß. Die wachsende Dichte verursachte eine rasante Reibung der Teilchen, es entstand Wärme, ungeheure Hitze und durch sie ein rotglühender Stern. Der junge Stern verdichtete sich weiter und leuchtete schließlich wie eine Sonne. Leichte Atomkerne verschmolzen zu schwereren. Im heißen Schmelztiegel wurde aus Wasserstoff Helium, daraus Kohlenstoff, Sauerstoff und Stickstoff, endlich bildeten sich immer schwerere Elemente bis hin zum Eisen.

Bei diesem Schmelzprozeß wurde dauernd Energie produziert und abgegeben – ein Vorgang, wie er in der Sonne seit Jahrmilliarden stattfindet, ein Prozeß – so der amerikanische Astrophysiker John Taylor (8) – bei dem »unsere Sonne jede Sekunde vier Millionen Tonnen ihrer eigenen Masse ausschüttet, zehntausendmal soviel wie Themse-Wasser in derselben Zeit unter der Waterloo Bridge hindurchfließt.«

Solchen Kräfteverschleiß kann selbst eine Sonne nicht Jahrmilliarden unversehrt durchhalten: Sobald die leichteren Elemente verbraucht sind, endet die Kernfusion – der Aufbau schwererer Atomkerne aus leichteren –, weil nichts mehr zu verschmelzen ist. Der Stern bläst sich auf, explodiert und wird zu einem neuen, großen Stern, einer Supernova. Während der Explosion steigt die Helligkeit auf das

100millionenfache an. Sternenmasse wird ins All geschleudert, doch in der letzten Phase des Verlöschens fällt der größte Teil in den Stern zurück, drückt ihn zusammen, er wird kleiner und seines geringen Umfangs wegen nunmehr in der Gruppe der »weißen Zwerge« geführt. Ein solcher weißer Zwerg aber hat es in sich: Seine Schwere erhöht die Rotationsgeschwindigkeit um die eigene Achse. Trotz der in den Turbulenzen bewahrten ursprünglichen Masse schrumpft der Durchmesser auf wenige Kilometer zusammen, der »weiße Zwerg« wird zum »Pulsar«, den man so nennt, weil ihm nachgesagt wird, er gäbe bei jeder Umdrehung kurze elektromagnetische Signale ab. Ob er das letztendlich tut oder nicht, ist unerheblich, jedenfalls rotiert er und verliert Energie, die nach und nach die Drehbewegung um die eigene Achse langsamer werden läßt. Der Kreisel läuft aus.

Der Stern ist am Ende, er erliegt einem Kollaps. Sein Innendruck kann der Gravitation des Raumes nicht mehr widerstehen. Er fällt in sich zusammen, kein Lichtstrahl kündet mehr von seiner ehemaligen Existenz. Übrig bleibt, was Astronomen als Schwarzes Loch bezeichnen. Der Astrophysiker Reinhard Breuer (9) definiert es so:

»Ein Schwarzes Loch nennt man einen Stern, der durch Kontraktion so extrem schwer geworden ist, daß kein Teilchen, nicht einmal Licht, seine Oberfläche verlassen kann. Die Kontraktion eines Sterns, die zur Geburt eines Schwarzen Lochs führt, geschieht blitzschnell – in Bruchteilen von Sekunden – in einem sogenannten Gravitationskollaps.«

Daß man diese zwanghafte Geburtsstunde eines Schwarzen Lochs bestimmen kann, verdanken wir dem Astronomen Karl Schwarzschild (1873–1916), der als Direktor des Astrophysikalischen Observatoriums in Potsdam entscheidende Entdeckungen zum Problem der Bewegung der Fixsterne machte. Den Grenzwert, auf den ein Stern gepreßt werden muß, ab dem sich der Raum um ihn schließt, nennt man Schwarzschild-Radius. Damit bestätigte Schwarzschild, was Einstein berechnete und was seitdem Astronomen und Astrophysiker unzählige Male beobachtet haben.

Vergleichbar einer Blase im Wasser ist das Schwarze Loch ein Raum innerhalb des Raumes. Was im Raum des Schwarzen Lochs einmal gefangen ist, kommt nie mehr heraus. Der unheimliche Moloch läßt nicht einmal Lichtquanten entweichen, er ist also unsichtbar. Er verrät sein Vorhandensein nur durch die Krümmung unseres Raumes, die trichterförmig auf den Raum des Schwarzen Lochs zuläuft. In dieser fremden Welt herrschen total andere physikalische Gesetze als in unserem Lebensraum:

- Verglichen mit dem Ablauf der Zeit in unserem Universum läuft die Zeit im Schwarzen Loch umgekehrt ab
- In der Dimension des Schwarzen Lochs ist der Raum *zeitlicher* Natur, die Zeit *räumlicher* Natur
- In unserem Universum laufen alle Vorgänge mit wachsender *Entropie* ab. Bei der Entropie handelt es sich um die Berechnung jenes Teils der Wärmemenge, die bei der Energieumsetzung nicht mehr in mechanische Arbeit umgesetzt werden kann. – Das beruht auf dem 2. Lehrsatz der Thermodynamik und bedeutet, daß die ›Ordnung‹ innerhalb jedes geschlossenen Systems stets einen Gleichgewichtszustand totaler Unordnung, den der sogenannten ›maximalen Entropie‹ erreicht. Banal erklärt: Gießt man eine Kanne mit heißem Wasser in eine Badewanne mit kaltem Wasser, vermischen sich kaltes und heißes Wasser. Diese Vermischung nennt man ›Unordnung‹
- Im Raum des Schwarzen Lochs verhält sich alles umgekehrt – die Vorgänge verlaufen mit *abnehmender* Entropie. Die ›Ordnung‹ wird stets höher
- Im Schwarzen Loch verläuft die Zeit zyklisch, was bedeutet, daß sich alle vergangenen Zustände immer wieder von neuem wiederholen: Jede Information kehrt an den Ausgangspunkt zurück. Da aus dem Tresor nichts mehr herausdringt, geht keine Information verloren, die ›Ordnung‹ ist zeitlos. In diesem Zyklus wachsen Information und Ordnung – vergleichbar mit der menschlichen Erfahrung, die mit jedem Tag ein Mehr an Information gewinnt.

In der Starrolle: das Elektron

Schon 1963/64 bewies Nobelpreisträger Richard Phillips Feynman, Professor am California Technology Institute in Pasadena, daß der Raum im Elektron nicht leer ist, daß in ihm Neutrinos und ›schwarze Strahlung‹ wirken.

Jean E. Charon gelang der zusätzliche Nachweis, daß das Elektron sich wie ein Schwarzes Loch verhält, daß es den umgebenden Raum genauso deformiert: Der Raum krümmt und schließt sich um das winzige Elektron wie das Wasser um die Wasserblase. Das Elektron besitzt alle Eigenschaften des Schwarzen Lochs . . . und eine andere Möglichkeit dazu: Es kann aus seinem geschlossenen Raum mit den geschlossenen Räumen anderer Elektronen Verbindung aufnehmen.

Ist das ein Widerspruch, da ich das Schwarze Loch als einen für immer verschlossenen Tresor darstellte?

Zwei aufeinander zurasende Elektronen stoßen sich gegenseitig ab. Jedes Elektron gehorcht einer Kraft, die es vom andern fernhält, sie wird als Fernwirkung bezeichnet, und dies geschieht:

Schwarze Photonen, masselose Lichtquanten sehr kurzer Wellenlängen, tauschen ihre Geschwindigkeiten mit den schwarzen Photonen anderer Elektronen aus. Das Faszinierende und für unsere Betrachtung so Wichtige an der Sache ist, daß die Vorgänge im Elektron bei *abnehmender* Entropie – also mit zunehmender Ordnung – vor sich gehen. Wenn Elektronen schwarze Photonen untereinander austauschen – daß sie das tun, ist bewiesen –, nimmt der Informationsstand innerhalb eines Elektrons fortwährend zu. Die Konsequenz ist ungeheuerlich! Das Elektron war seit Erschaffung des Universums dabei. Welche Stadien es auch immer durchlaufen haben mag, es hat nichts ›vergessen‹, die Informationen vermehrten sich laufend.

Das Elektron ist ein stabiles Teilchen seit Ewigkeiten. Es hat, wertet man es als Erinnerungsträger, seit Urbeginn alles miterlebt. Es durchdrang das Universum, ging in alle Materie ein, ist Bestandteil aller Lebewesen, aller Pflanzen, aller Steine, aller Sonnen . . . und aller Gehirne. Seine Ordnung wuchs, es sammelte Informationen und Wissen, die es mit Teilchen seiner Art austauschen kann.

Im Zusammenhang mit seiner Darstellung Schwarzer Löcher (10) schreibt Rudolf Kippenhahn (1926), Professor für Astronomie und Astrophysik in Göttingen:

»Auch die Materie, aus denen unsere Körper aufgebaut sind, hat mit Sicherheit mindestens einmal im Innern eines Sterns gebrodelt.«

Das muß man in seiner ganzen Bedeutung aufnehmen und begreifen: Die Materie des Elektrons ist unsterblich. Da es nichts ›vergißt‹, an Vergangenem und Gegenwärtigem beteiligt war und beteiligt ist, werden zugleich Wissen und Erfahrung unsterblich. Das Elektron konserviert alle Botschaften erlebter Freude und erlittenen Leids. Es durchdrang (und durchdringt) die Erde, jeden Stein, jede Pflanze . . . und alles und alle sind Träger von Informationen. Körper sterben und zerfallen, das Elektron lebt weiter und gibt in einer Staffette ohne Anfang und ohne Ende Wissen und Informationen aus der Vergangenheit in die Zukunft.

Jean E. Charon stellt fest (5):

»Dies bedeutet, daß jede Materie, die am Aufbau einer lebenden oder

denkenden Struktur beteiligt war und während der relativ kurzen Lebenszeit dieser Struktur deren Bewußtseinsqualitäten besaß, nach dem Absterben dieser Struktur nicht einfach zu ihrer ursprünglichen, diffusen Minimalpsyche zurückkehren kann. Die einmal erworbene Information, das einmal erworbene ›Bewußtsein‹ kann nie wieder verlorengehen; keine Macht der Welt kann nach dem Tod einer komplex organisierten Struktur je eine Rückentwicklung des Elementarteilchen-Bewußtseins bewirken.«

Die Schleier fallen

Wußte man bislang mit vielen paranormalen, parapsychologischen und metaphysischen Problemen nichts anzufangen, zeigt sich plötzlich hinter allen ein kosmisches System. Der täglich weltweit in Abermillionen Zeitungen gedruckte Comic-strip »Liebe ist . . .« reduziert sich auf den Kontakt der Elektronen zwischen zwei Partnern. So einfach ist das.

Albert Einstein verfügte, daß sein Leichnam verbrannt, sein Gehirn der Forschung zur Verfügung gestellt würde. 1978 ging die beschämende Meldung durch die Presse, daß sein Vermächtnis an die Wissenschaft in einem Weckglas, in Formaldehyd getaucht, im Büro eines biologischen Versuchslabors in Wichita, Kansas, USA, in einem Pappkarton stand. Als ich seinerzeit diese abscheuliche Gruselnachricht las, dachte ich spontan, daß – nach dem Absterben der Zellen – eine Menschheitschance vertan wurde. Nun weiß man: Die Elektronen dieses Supergehirns existieren, schwirren durchs All, parken in Pflanzen, Steinen, dringen in ein Gehirn ein, in dem sie gespeichertes Wissen wiedererstehen lassen werden. Dann blitzen Elektronen auf, deren ›Wissen‹ Einstein vermehrte, und sie werden in einem neuen Gehirn Gedanken stimulieren, die sein Besitzer nicht durch eigene Erfahrung erworben hat.

Das plötzliche Aufleuchten eines Gedankenblitzes passiert vielen von uns. Da ist spontan ein Bild, eine Situation, die wir erlebt zu haben meinen, obwohl unsere Erinnerung uns sagt: An jenem Ort war ich nie, an diesem Ereignis nahm ich nicht teil. Mit der Entdeckung der Unsterblichkeit des Elektronenwissens ist auch dieses Geheimnis entschleiert: Elektronen längst Verstorbener nisten sich in unser Gehirn ein und spulen frühere Erinnerungen ab.

Das Unbegreifbare, nun ist es Ereignis! Das Verwirrende, Mysteriöse, Unerklärliche wird verständlich. Im Elektron läuft die Zeit – wie im Schwarzen Loch – rückwärts ab, es kann also auch Ereignisse melden, die in der Zukunft liegen: Hellsehen – Vorauswissen – Prophetie werden erklärbar.

Wohl alle Westeuropäer lasen den Namen des kürzlich verstorbenen Hellsehers Gérard Croiset. Fahndungskommandos der Polizeien verschiedener Länder bedienten sich seiner Fähigkeiten, wenn es galt, die Spuren zu einem entführten Kind aufzudecken, die Leiche eines Mordes zu finden. Croisets Trefferquote lag unwahrscheinlich hoch. Er war Medium für etwas, was er sich selbst nicht erklären konnte, er wußte nicht, was in diesen Momenten in seinem Gehirn vorging. Wie andere bedeutende Medien blieb er bescheiden und vermutete hinter seinen Fähigkeiten eine göttliche Kraft. Die Kraft der Elektronen macht das Phänomen erklärlich: Ein entführtes Menschenkind denkt, gibt mit Erinnerungen geladene Elektronen an die Umwelt ab. Die winzigen Alleswisser sind überall, sie kennen keine Hürden, keine Wände, durch die sie nicht dringen können. Vermag das Gehirn eines prädisponierten Mediums auch nur eines dieser ausgesandten Elektronen ›anzuzapfen‹, in sein Bewußtsein dringen zu lassen, wird es schier ›somnambul‹ die Spur finden, die andere vergeblich suchen, wird es wissen, ob das Opfer noch lebt oder schon tot ist. Wie Croiset wird es auch anderen gelingen, einen verborgenen Leichnam aufzufinden.

Kann sein, daß das Gehirn, das Kontakt zum Wissen der Elektronen findet, eine bestimmte Veranlagung braucht, doch vermute ich, daß die Veranlagung, die Fähigkeit in jedem von uns steckt.

Was gestern noch Utopie und Science-fiction war, ist enträtselt, nachdem das Elektron als Informationsträger entlarvt ist. Stellt sich die Frage: Wer sind *wir* denn? Um es rüde zu sagen: Wir sind – wie alle Materie – Vehikel und Parkplätze für das Elektron, bestimmt, Informationen und Erfahrungen zu sammeln, zu speichern, damit sie das zeitlose Elektron von Ewigkeit zu Ewigkeit weitergeben kann.

Mitte der 50er Jahre schockierte eine gleichermaßen verblüffende Erkenntnis die Welt. Francis C. Crick gelang es, zusammen mit J. D. Watson, das Geheimnis der Vererbung zu enträtseln:

Jede Körperzelle enthält den genetischen Code, den Bauplan zum Aufbau des ganzen Körpers. Dieses Wunder der Natur ging längst als bildlich vorstellbare DNS-Spirale in unseren Alltag ein, obwohl es den Molekularbiologen schleierhaft blieb, welche Ursache das DNS-

Molekül bestimmt, Informationen zum Aufbau eines Körpers weiterzugeben, wie es bisher auch keine Antwort auf die Frage gibt, nach welchen Gesetzen die weibliche Eizelle unter 200 bis 300 Millionen Spermien, die bei der Ejakulation in die Vagina eindringen, einen ganz bestimmten Samenfaden aufnimmt. Die Ursache, die hier wirkt, ist der Geist hinter der Materie, ist das Bewußtsein im Elektron: Bei der Annäherung von weiblicher Eizelle und männlichem Samenfaden tauschen Elektronen über ihre schwarzen Protonen in Sekundenbruchteilen Informationen aus. Gesucht wird der für die Evolution geeignete Träger.

Utopie? Nicht mehr. Wernher von Braun sagte es: »Nichts sieht hinterher so einfach aus wie eine verwirklichte Utopie.«

Der liebe Gott würfelt nicht

»Der Stoff der Welt ist der Stoff des Geistes«, schrieb der englische Astronom und Physiker Arthur Eddington (1882–1944), der die Forschung des inneren Aufbaus der Sterne begründete.

Es wird zwischen toter und lebender Materie unterschieden, eine Zweiteilung, die der Materie eigentlich nicht zukommt: Lebend oder tot besteht sie aus Atomen, Protonen, Elektronen.

Erinnern wir uns der Untersuchungen, die Dr. Robins an den Steinkreisen von Rollright vornahm: Die Steine pulsierten, ein elektromagnetisches Feld baute sich auf – die Welt der Elektronen! Als sich eine Person ins Zentrum des Steinkreises stellte, brach die Pulsation ab. Kommunizierten die Elektronen jetzt mit der Person im Zentrum? Ist es nach den neuen Forschungen nicht denkbar, daß ein für den Empfang der Elektronenbotschaft sensibilisiertes Medium mit den Steinen ›reden‹ kann? Die Steine schwingen, setzen Elektronen frei, übermitteln Informationen – erfassen Menschen wie die ganze Natur und das weite Universum. Denn: Der Stoff der Welt ist der Stoff des Geistes.

Auf fast allen Inseln des melanesischen und polynesischen Raumes gibt es uralte steinerne Heiligtümer. *Marae* werden diese Kultstätten genannt. Die Maraes haben keine übereinstimmende Architektur – mal handelt es sich wie auf der Insel Raiatea um ein großes Rechteck mit mächtigen Monolithen, dann wie in Arahurahu auf Tahiti um terrassenartige Tempel oder wie auf der Insel Tubuai im südlichen Stillen Ozean um geordnete monolithische Steinsetzungen. – Vor der

Christianisierung waren die Maraes »die offiziellen Begegnungsplätze zwischen den Polynesiern und den Realitäten einer anderen Welt« (11). Unbekannt sind die Riten, die in den Maraes zelebriert wurden, doch berichteten die Insulaner den ersten Europäern, die sie besuchten, die Maraes seien sehr *tapu*, seien sehr heilige Plätze gewesen. *Tapu* heißt: das stark Gezeichnete – als Gegensatz zum Gewöhnlichen. Wir haben unser ›Tabu‹ aus dem Polynesischen übernommen.

Was war an den Maraes tabu, was war stark gezeichnet? Die Steine, um die sich die Insulaner versammelten? Verstanden sie den Geist hinter der Materie, der aus den Steinen sprach?

Für die Südseeinsulaner war ein zweiter Begriff sakrosankt: *Mana* – zu deutsch: ›wirksam‹. – In der informativen Formulierung des *Brockhaus* ist Mana ein Wort, um eine Macht oder eine Einwirkung als nicht physisch und in gewissem Sinne übernatürlich zu bezeichnen. Mana ist, so das Lexikon, im Menschen, in der organischen und anorganischen Natur wirksam und wird in der Regel vererbt. Mana kann im Menschen, etwa dem sakralen König, oder in Gegenständen konzentriert sein. Mana bezeichnet auch die Macht, die Schaudern und Ehrfurcht erweckt.

Ein Marae war nicht nur tabu, es verfügte auch über viel Mana. Wilhelm Ziehr (12) berichtet:

»Mana kann auch an bestimmten Orten, wie unheimlich wirkenden Felsschluchten, dunklen Stellen am Strand oder im Wald, auftreten. Ein solches unpersönliches Mana konkretisiert sich dann in Geistern und Dämonen, die an diesen heiligen Orten umgehen. Indem man geheime Zeremonien durchführt, kann man sich z. B. durch das Mana einer Höhle in einem Korallenfels auf den Neuen Hebriden (Port Olry) unsichtbar und unverwundbar machen. Ein überhängender Felsen birgt soviel Mana, daß jeder, der sich darunter stellt, sein Geschlecht ändern kann. Eigentümlich geformte Steine werden auf besonderen Kultplätzen aufgestellt, denn auch sie enthalten geheimnisvolle Kräfte.«

Verstarben geachtete Persönlichkeiten – ein weiser Priester, ein bewunderter Häuptling, ein kühner Held –, besaßen sie noch im Tode rätselhaftes Mana, ihre Gebeine waren mehr tabu als die gewöhnlicher Sterblicher, ihre Gräber waren unter anderen Gräbern besonders tabu, weil in ihnen mehr Mana war.

Eine fremdartige, gespenstische Welt, deren Kult bisher als esoterisches Mysterium verbucht werden mußte, findet eine plausible Erklärung. Das Mana, das den erfahrenen Häuptling, den weisen Priester erfüllte, bestand aus unvergänglichen Elektronen. Ein Priester hat eben mehr Mana als andere und ›strahlt‹ deshalb mehr Weisheit und Wissen aus. Was Aberglauben zu sein schien, offenbart sich als vorausgeahnte Kenntnis der wirkenden Kräfte hinter der Materie. Viel vom Mana der Verstorbenen geht nicht verloren, denn in der Materie des Körpers wirken Elektronen weiter. Darf man nicht fragen, ob uns aus diesem Grunde auf dem Friedhof anders zumute ist als in einem Theater oder sonstwo? Überkommen uns deshalb in Leichenhallen Erinnerungen an die Vergangenheit, Gedanken an die Zukunft? Findet ein vermehrter Austausch an Elektronen statt?

Hatten die sogenannten Primitiven noch einen ungestörteren Zugang zur Natur, spürten sie noch die Vibrationen der rasenden Elektronen? Vermochten sie noch mit Pflanzen, Tieren und Gegenständen (Fetischen!) zu ›sprechen‹?

In einer polynesischen Legende (13) heißt es, der Gott Maui sei von den Tuamotu-Inseln nach Raivavae gekommen, um einen großen Marae zu erstellen. Als dieser fertig war, trug Maui einen Stein davon nach Tubuai, errichtete auch dort einen Marae und fügte sein schweres Mitbringsel ein. Der Gott muß von einer Marae-Bauwut gepackt gewesen sein, denn gleich nach Vollendung des Tubuai-Marae nahm er wieder einen Stein, flog nach Rurutu, weiter nach Rimatara, dann nach Rarotonga (Cook-Inseln) und so weiter – und so fort. Überallhin nahm er einen Stein des gerade vollendeten Marae mit. – Eine absurde Legende? Heute weiß man, warum Gott Maui tat, was er tat: Er implantierte mit jedem Stein Mana ins neue Bauwerk. Dafür suchte Maui gewiß besondere Steine aus.

Denn: Stein ist nicht gleich Stein. Basalt hat einen anderen atomaren Aufbau als Andesit, Granit einen anderen als Korallenfelsen. Letztlich endet zwar alles in der atomaren Welt, der Welt diffuser Strahlung und des Elektrons, doch sind die atomaren Gitter – wir sprachen anläßlich unseres Besuchs in Stonehenge darüber – im groben Zustand verschieden voneinander. Es gibt Steinarten, die bei geringerer Energiezuführung ihre Elektronen rascher tauschen als andere, die ihre Elektronen nur schwer zu lösen vermögen.

Wußten die »Primitiven« das? Trugen unsere frühen Vorfahren deshalb eine Auswahl bestimmter Steine zu bestimmten Kultstätten? Mußten es deshalb in Stonehenge gerade Blausteine sein, die man aus 400 Kilometern Entfernung heranwuchtete? Diese Vermutung untermauert eine Veröffentlichung von Dr. Hans Biedermann (14):

»Den Archäologen, die sich mit den Resten der urgeschichtlichen Epochen Guatemalas beschäftigten, sind mehrere große Steinplastiken

bekannt, die Köpfe oder Sitzfiguren extrem fettleibiger Menschen darstellen. Diese im Jargon der Archäologen als ›fat boys‹ bezeichneten Statuen zeichnen sich durch eine bisher nicht beachtete Eigenschaft aus, die durch den Geographen Vincent H. Malmstrom (Darthmouth College, Hannover/N. H., USA) entdeckt wurde: Sie sind in bestimmten Körperpartien magnetisch.

Um 2000 v. Chr. müssen Steinmetzen oder Bildhauer bereits mit dem Phänomen des Magnetismus vertraut gewesen sein, denn sie suchten als Rohmaterial für ihre Werke Basaltblöcke mit stellenweise stark nachweisbarem natürlichem Magnetismus aus.

Bei den Steinköpfen, die zum Teil an die etwas jüngeren Plastiken der Olmeken am Golf von Mexiko erinnern, befinden sich die Konzentrationszonen des natürlichen Magnetismus in der Schläfengegend, bei den Figuren der fettleibigen Kauernden oder Sitzenden in der Region des Nabels.«

That's it, sagte der Lord und trank seinen Whisky.

Das ist es, sage ich. Im Magnetismus wirken elektrostatische Felder aufeinander, Elektronen werden ausgetauscht. Die Tatsache der Wirkung uralter Steine stellten moderne Forscher mit modernen Meßgeräten fest. Mit welchen Geräten die Gelehrten vor 4000 Jahren in einem Fels an einem bestimmten Punkt magnetische Strahlung ermittelten, diese Frage möge mir doch, bitte, ein Allwissender beantworten!

Die Forschung nach dem Magnetsinn im lebenden Menschen hat eben begonnen (15).

Im Juni 1979 wurden in Barnard Castle, einem Ort der englischen Grafschaft Durham, 31 Jungen und Mädchen mit verbundenen Augen in einen Omnibus gesetzt und an einem sonnenlosen Tag, der keine Orientierung zuließ, zu einem den Kindern unbekannten Ziel gefahren. An ihren Köpfen waren längliche Gegenstände befestigt, die zur Hälfte Stabmagneten umschlossen, zur anderen nur Attrappen von gleichem Gewicht und Aussehen waren. Immer noch mit verbundenen Augen sollten die Kinder am Ziel die Richtung angeben, in der sie den Abfahrtsort vermuteten. Ziel des Experiments war, zu klären, ob menschliches Orientierungsvermögen durch Magnetfelder beeinflußt wird. Das Ergebnis war verblüffend und erregte – wie *New Scientist* im Oktober 1980 berichtete – in England großes Aufsehen. Denn: Die Testkinder, die nur Attrappen an den Köpfen trugen, konnten die Richtung gut anzeigen, jene, die Magneten trugen, waren fehlorientiert.

Robert R. Baker von der Universität Manchester wurde durch weitere Experimente in der Überzeugung gestärkt, daß Menschen »tatsächlich über einen durch Magnete – also auch störbaren – Magnetsinn verfügen.«

Obwohl es über die Existenz eines Magnetsinns bei verschiedenen Lebewesen – Bienen, Tauben, Zugvögeln, Delphinen usw. – kaum Zweifel gibt, blieben die biophysikalischen Mechanismen der Wissenschaft bisher rätselhaft. Forscher der Princeton University in New Jersey, USA, konnten im vorigen Jahr an sezierten Kopf- und Nackenpartien von Tauben permanent vorhandenes magnetisches Material nachweisen.

Unklar blieb – sagen die Forscher in *Science* –, ob die magnetischen Strukturen von Lebewesen in der Tat als Detektoren für das Erdmagnetfeld verwendet und dessen Wahrnehmung den Sinnesorganen zugeführt wird. »Schon sind mindestens sechs Laboratorien in aller Welt mit der Erforschung des menschlichen Magnetismus befaßt«, schließt der aktuelle Bericht.

Der Kreis schließt sich

Sobald Jean E. Charons epochale Entdeckung in diese Forschungen einbezogen wird, schließt sich der Kreis: Magnetfelder sind Operationsgebiete der Elektronen. Der Urgeist, der Geist Gottes, wußte es. Er machte seine Geschöpfe und alle Materie für die ewigwirkende Kraft der Elektronen aufnahmebereit. Nichts, was in den Jahrmilliarden der Entstehung des Universums geschah, überließ der Geist hinter der Materie dem Zufall – die Schöpfung war kein ›Spiel‹!

»Der liebe Gott würfelt nicht!« sagte Albert Einstein.

Kritiker lieben es ungemein, meine Götter-Astronauten-Theorie mit der Killerphrase abzutun, allein die Distanzen zu anderen, mit Leben befrachteten Planeten machten die Mitwirkung von Außerirdischen bei der Entstehung von Leben auf unserem Planeten unmöglich. Nie, sagen sie, würden Raumschiffe eine der Lichtgeschwindigkeit angenäherte Beschleunigung erreichen, die allein den Transport von ›Leben‹ gestatten würde.

Ohne hier zu wiederholen, was ich zu dieser Einstellung bereits in meinem Buch *Beweise* schrieb, ist durch die neuesten Erkenntnisse nicht einmal mehr der – auch denkbare! – Raumflug einer uns technisch überlegenen Intelligenz nötig, um Wissen und Erfahrungen der Außerirdischen auf unseren Planeten zu importieren und bei der irdischen ›Schöpfung‹ wirksam werden zu lassen. Das Atom als Vehikel für mit allem Wissen geladene Elektronen war *vor* der irdischen Schöpfung existent. Das Gehirn unserer Vorfahren könnte auch über die Elektronen Kunde über die Entstehung des Universums bekommen haben. Vielleicht waren die Elektronen die Botschafter, die über ferne Sonnensysteme und fremde Lebewesen berichteten.

»Die Frage nach dem Warum ist falsch gestellt. Wir müssen vielmehr fragen: Warum nicht?« schrieb G. B. Shaw.

Die souveräne Antwort gab Max Planck (1858–1947), der mit seiner Strahlungsformel das Gesetz der schwarzen Wärmestrahlung in die Bibel der Physik schrieb. 1918 bekam er für seine Quantentheorie den Nobelpreis für Physik. Max Planck bekannte an seinem Lebensabend:

»Als Physiker, also als Mann, der sein ganzes Leben der nüchternsten Wissenschaft, nämlich der Erforschung der Materie, diente, bin ich sicher von dem Verdacht frei, für einen Schwarmgeist gehalten zu werden. Und so sage ich Ihnen nach meinen Forschungen des Atoms dieses: Es gibt keine Materie an sich! Alle Materie entsteht und besteht nur durch eine Kraft, welche die Atomteilchen in Schwingungen versetzt und sie zum winzigsten Sonnensystem des Atoms zusammenhält. Da es aber im ganzen Weltall weder eine intelligente noch eine ewige Kraft an sich gibt, müssen wir hinter dieser Kraft einen bewußten intelligenten Geist annehmen. Dieser Geist ist der Urgrund aller Materie.«

Das Elektron.

4 AUF DER JAGD NACH ENTEN UND GRÜNEN MÄNNCHEN

Der Mensch sollte sich niemals
genieren, einen Irrtum zuzugeben.
Zeigt er doch damit, daß er sich
entwickelt, daß er heute
gescheiter ist als gestern.
Jonathan Swift (1667–1745)

Explodierte am 18. Dezember 1955 ein außerirdisches Raumschiff? · Was die Russen ermittelten, was die Amerikaner sagen · Prominente Wissenschaftler antworten auf meine Briefe · Nichts ist klar! · Zweifel, erlaubt und notwendig · Brachten ›Bomben‹ das Leben aus dem Weltall? · Abschied von den ›grünen Männchen‹? · Ich habe das ›außerirdische Skelett‹ gesehen · Das ›Diamanten-Geheimnis‹ der Inka eine fette Ente · Niemand weiß etwas davon · Wie die Quellen an Ort und Stelle versiegten · Klüger vom Holzweg zurück

Der amerikanische Journalist Henry Gris, der Russisch perfekt beherrscht, interviewte den sowjetischen Mathematiker und Astrophysiker Professor Sergej Petrovich Bozhich. UPI (United Press International) tickerte Anfang August 1979 das sensationelle Gespräch über die Fernschreiber in alle Welt. Während eines Aufenthalts in Südafrika kam es mir am 20. August 1979 in der Tageszeitung *Rand Daily Mail* (1) unter die Augen. Ich las und hielt den Atem an:

»Nach meiner Meinung gibt es keinen Zweifel, daß ein zerstörtes außerirdisches Raumschiff um unsere Erde kreist, das Grab einer fernen Welt mit einer toten Mannschaft an Bord.«

War Professor Bozhich von allen guten Geistern verlassen? Als mir dann das Ausschnittbüro zu Hause den *National Enquirer* (2) mit demselben Interview lieferte, schrieb ich an Freunde in der Redaktion in Latana, Florida, und bat um eine Abschrift des Tonbandinterviews, das man mir prompt in englischer Übersetzung schickte (3). Daraus gebe ich Teile wortwörtlich wieder:

Gris: Professor Bozhich, Ihre Kollegen sind von Ihren Forschungsresultaten sehr angetan. Würden Sie uns im Westen einige davon mitteilen?

Bozhich: Ich habe endgültige astronomische Daten, die verschiedene wichtige Entdeckungen betreffen.

Gris: Von denen Sie überzeugt sind?

Bozhich: Ja, wir sind überzeugt: ein zerstörtes außerirdisches Raumschiff von einem fremden Sonnensystem umkreist unsere Erde, und das tut es, seit es in Schwierigkeiten geriet. Es ist explodiert. Zwei größere und acht kleinere Teile umkreisen die Erde. Die beiden größeren Stücke haben unsere Wissenschaftler jahrelang mit Teleskopen verfolgt. Wir nehmen an, daß Ihre Leute im Westen das auch getan haben. Ich bin der Auffassung, daß ein russisch-amerikanisches Projekt gestartet werden sollte, um das, was von dem fremden Raumschiff und seinen Bewohnern übrigblieb, zur Erde zu bringen. Das kann getan werden, und es muß getan werden, bevor die Bruchstücke zur Erde fallen und in der Atmosphäre verglühen.

Gris: Sagten Sie ›Bewohner‹?

Bozhich: Ja! Ich glaube, daß Fremde eines anderen Sonnensystems immer noch in den beiden größeren Stücken des zerborstenen Raumschiffs sein könnten. Wer weiß, wie sie aussehen? Vermutlich haben sie versucht, unseren Planeten zu beobachten, und dann müssen sie eine schwerwiegende Panne an Bord gehabt haben, die zur Explosion des Schiffes führte. Wie viele unserer Forscher sind auch sie für die Wissenschaft gestorben. Wenn ich an unsere Wissenschaft denke, überlegen Sie nur einmal, wieviel wir von denen lernen könnten. Unsere Technologie könnte um Jahrzehnte fortschreiten.

Gris: Sind Sie mit aller Ernsthaftigkeit von dem überzeugt, was Sie sagen?

Bozhich: Nun, von Anfang an waren wir überzeugt, daß die Objekte keine Raumschiffteile von der Erde sein konnten, denn vor dem Oktober 1957 kreisten keine Satelliten um unseren Planeten. Aber: Die Bruchstücke sind länger dort oben! Dann waren wir überzeugt, daß es sich nicht um Bruchstücke eines explodierten Meteoriten handeln könnte, weil die Geschwindigkeit der beiden großen Stücke so hoch ist, daß sie in die Erdatmosphäre hätten stürzen und darin verbrannt oder weiter ins Weltall geschleudert werden müssen. Schließlich: Meteoriten haben nicht die Gewohnheit zu explodieren, außer sie passieren die Atmosphäre.

Gris: Gibt es keine andere, plausible Erklärung?

Bozhich: Keine, die mir bekannt wäre. Wir haben geprüft und wieder geprüft. Darum dauerte das alles so lange.

Gris: Wann sahen Sie die beiden großen Stücke zum erstenmal?

Bozhich: Nachdem ich durch das Teleskop unseres Observatoriums ein Stück beobachtet hatte, brachte ich in unserm Logbuch nur einen Vermerk an, dann vergaßen wir die Sache, weil immer wieder erdfremde Teile durchs Sonnensystem ziehen, denken Sie nur an Sternschnuppen. Monate später entdeckte ich das zweite größere Bruchstück und fand keine Erklärung dafür. Was war das? Warum kreiste das Ding im Orbit und zog nicht weiter? Vergessen Sie nicht: damals gab es noch keine von uns produzierten Abfälle im Weltraum! – Später wurden die Bahnen unserer eigenen Satelliten durch die beiden fremden Objekte leicht abgelenkt, und da begannen wir, das Ganze per Computer durchzurechnen. Wir fanden weitere acht kleinere Stücke, die optisch nicht wahrnehmbar waren. Der Computer rechnete die Bahnen der zehn Stücke zeitlich zurück und stellte zu unserer Verblüffung fest, daß sie am 18. Dezember 1955 alle noch an einem Punkt vereinigt gewesen waren! An diesem Tage ist also in unserem Orbit etwas explodiert, die Bruchstücke waren Teile eines größeren Körpers. Ich diskutierte das Phänomen mit meinen Kollegen. Jahrelang haben wir stillgeschwiegen, wir wollten unserer Entdeckung sicher sein, schließlich sind wir Wissenschaftler. Wir haben gerechnet und wieder gerechnet, und jetzt kann es keinen Zweifel mehr geben, daß wir es mit Teilen eines außerirdischen Raumschiffs zu tun haben.

Henry Gris bat andere russische Experten um ihre Ansicht zu Professor Bozhichs Äußerungen. – Dr. Vladimir Georgeyevich Azhazha, Kommandant des ersten russischen U-Boots, das unter dem Nordpol kreuzte, und der mehrere wissenschaftliche Bücher veröffentlichte, sagte:

»Es ist durchaus möglich, daß tote Lebewesen des fremden Raumschiffs immer noch an Bord sind. Das technische Wissen haben wir, wenn Russen und Amerikaner die Köpfe zusammenstecken würden, könnten Teile des Raumschiffs zur Erde gebracht werden. Wir sollten es tun, je eher, desto besser, wenn wir zögern, kann es bald zu spät sein, die Fragmente fallen zur Erde und verglühen. Nach meiner Meinung gibt es überhaupt keinen Zweifel, daß wir es mit Bruchstücken eines fremden Raumschiffs zu tun haben. Wir dürfen diese Stücke nicht mit Meteoriten verwechseln, Meteoriten haben keine Erdumlaufbahn!«

Der Geophysiker Professor Aleksej Vasilievich Zolotov – bekannt geworden durch die Erforschung des Tungusku-Meteoriten, der um 7.17 Uhr am 30. Juni 1908 über der sibirischen Taiga explodierte – bestätigte:

»Es kann keinen Zweifel geben, daß wir es mit den Trümmern eines außerirdischen Raumschiffs zu tun haben. Wir haben den Fall jahrelang studiert, nun darf keine Zeit mehr verloren werden!«

Verlieren wir durch Fahrlässigkeit den ersten echten Beweis einer außerirdischen Technologie?

Sind die Russen mit ihrem Engagement auf dem richtigen Weg, haben sie recht?

Sind die Teile, die sie seit langem beobachten, Fragmente eines extraterrestrischen Raumschiffs?

Warum unternehmen die Amerikaner nichts, um das Phänomen zu klären?

Wenn etwas dran ist an der phantastischsten Geschichte dieses Jahrhunderts, warum hebt sie die Presse nicht immer wieder in die Schlagzeilen?

Wäre diese Forschung nicht ein wissenschaftliches ›Gipfeltreffen‹ wert, das den anspruchsvoll-mißbrauchten Begriff rechtfertigt?

Ich wollte wissen, was an der ›Sensation‹ dran ist.

Hier ist die Geschichte:

Wie sich ein außerirdisches Raumschiff in Luft auflöst

Im Oktober 1969 veröffentlichte das amerikanische Wissenschaftsfachblatt für Astronomie *Icarus* einen neunseitigen Bericht: »Irdische Satelliten – Direkte und indirekte Beweise« (4). Als Autor zeichnete der Astronom John P. Bagby, Mitarbeiter im Forschungszentrum der *Hughes Aircraft Company* in Culver City, Kalifornien.

Jahrelang beobachtete Bagby den Raum um die Erde, das war eine wichtige Aufgabe, denn ab Beginn der sechziger Jahre schossen Russen und Amerikaner immer mehr Satelliten in Umlaufbahnen. Die Flugbahnen dieser künstlichen Himmelskörper gestatten keine Abweichungen von den vorausberechneten Bahnen: Es ist zu vermeiden, daß etwa ›wacklige‹ Satelliten zusammenstoßen. Das gilt auch für die geostationären Satelliten, die beispielsweise Fernsehübertragungen und Telefongespräche um den Erdball vermitteln, und die – von der Erde aus betrachtet – scheinbar stets am selben Punkt des Horizonts ›stehen‹, in Wirklichkeit bewegen auch sie sich. Waren die Umlaufbahnen noch so genau berechnet, gab es auch keine technischen Probleme, hielten sich einzelne Satelliten nicht an die vorberechnete Bahn. Irgend etwas lenkte sie ab, veränderte den Kurs, ließ nicht wenige vorzeitig in die Erdatmosphäre verglühen. Russen und Amerikaner suchten mit ihren Präzisionsradars jeden Punkt des Raums über uns ab: was war Ursache der Bahnveränderungen?

Schon ehe der erste *Sputnik* am 4. 10. 1957 abgeschossen wurde, war bekannt, daß natürliche ›Mikromonde‹ die Erde umkreisen. Zehn solcher *natürlichen* Satelliten waren registriert: acht kleine und zwei größere Brocken. John P. Bagby nahm diese Mikromonde ins Visier, veröffentlichte die über längere Zeit erstellten Tabellen mit den Bahndaten und fütterte sie in einen Computer ein, um festzustellen, ob die *natürlichen* Satelliten für die Bahnabweichungen der *künstlichen* Satelliten verantwortlich waren. Bagby – beziehungsweise sein Computer – machte eine verblüffende Feststellung: Ist die Bahn eines Himmelskörpers bekannt, weiß man auch von den anderen physikalischen Einflüssen – Sonnenwind, Erdanziehung, Fliehkraft –, dann läßt sich vorausberechnen, welche Abweichungen die Satellitenbahn künftig vornehmen wird. (Mit ähnlichen Berechnungen konnte 1979 vorausgesagt werden, wo Trümmer des *Skylab* und wann herunterfallen würden.)

Bagby exerzierte alle Möglichkeiten durch. Um Bahnkollisionen der künstlichen Satelliten zu vermeiden, ließ er den Computer nicht nur vorwärts rechnen, er ließ ihn auch rückwärts schnurren. Woher kamen die natürlichen Mikromonde? wollte er wissen. Und: wie lange werden sie die Erde noch umkreisen?

Die Rückrechnung der Bahndaten in der Zeit ergab: Alle zehn Teile waren am 18. Dezember 1955 in einem Punkt vereint. Es gab keinen Zweifel. Am 18. Dezember 1955 gab es in einer Erdumlaufbahn eine Explosion. Aber: Bagby vertrat in seinem *Icarus*-Bericht die Ansicht, daß es sich um *natürliche* Bruchstücke handelte, von einem außerirdischen Raumschiff war mit keinem Wort die Rede. Auf diese Idee kamen erst die Russen. Warum?

Den Russen entgeht keine interessante wissenschaftliche Publikation im Westen, der seine Kenntnisse in oft leichtfertiger Weise an die Öffentlichkeit bringt. Zwar sagte Professor Bozhich, er habe die beiden größeren Bruchstücke im Teleskop verfolgt, doch bleibt es Tatsache, daß John P. Bagby als erster über das Phänomen schrieb. Unumstritten ist in Ost und West, daß es die Bruchstücke gibt – umstritten ist, worum es sich dabei handelt.

Die Großmächte führen sich gern an der Nase herum, aber es gibt Fakten, die sich nicht verheimlichen lassen, nicht einmal Atomexplosionen tief unter der Erde. Um so weniger hätte es sich verheimlichen lassen, wenn ein technisches Himmelfahrtsprodukt in den Orbit geschossen worden wäre. Damit scheidet die Spekulation aus, es könnte sich bei den zehn obskuren Brocken um künstliche Teile handeln. Der erste Start eines irdischen Satelliten erfolgte am 4. 10. 1957 – zwei Jahre *nach* der Explosion des rätselhaften Objekts.

Die Russen fingen nach Bagbys Veröffentlichung auch zu rechnen an, sie kamen auf das nämliche Datum für die Explosion – den 18. Dezember 1955.

Was brachte sie auf den auf Anhieb sonderbaren Gedanken, es handle sich bei den Störenfrieden im All um Teile eines außerirdischen Raumschiffs?

Ganz clever dachten die Russen ein Stück weiter als die Amerikaner: Sie wollten rauskriegen, auf welcher Bahn das kompakte Objekt *vor* dem 18. Dezember 1955 gelaufen war. Um das zu ermitteln, mußte erst die Größe der Einzelteile bekannt sein, die Rückschlüsse auf den Umfang des kompakten Objekts erlaubte. Radar- und Lasermessungen meldeten für die beiden größeren Bruchstücke Durchmesser von etwa 27 Metern, die acht kleineren konnten in Relation nur geschätzt werden. Der zuverlässige Genosse Computer wußte in Blitzesschnelle, daß das Objekt vor dem 18. Dezember 1955 einen Durchmesser zwischen 70 und 80 Metern gehabt haben mußte.

Weiter sondierten die Russen: Bestand das Objekt aus Meteoreisen, hatte es logischerweise ein anderes Gewicht als eine Hohlkugel. Diesen gewichtigen Forschungen zufolge soll der explodierte Körper hohl gewesen sein.

Wer hatte nun recht – die Russen oder die Amerikaner? War das Objekt künstlich oder natürlich?

Ich fragte – Wissenschaftler antworteten

Mit detaillierten Briefen befragte ich westliche Wissenschaftler.

Professor Dr. Harry O. Ruppe, viele Jahre ›rechte Hand‹ von Wernher von Braun, heute Inhaber des Lehrstuhls für Raumfahrttechnik an der Technischen Universität München, antwortete (5):

LEHRSTUHL FÜR RAUMFAHRTTECHNIK
TECHNISCHE UNIVERSITÄT MÜNCHEN
PROF. DR.-ING. HARRY O. RUPPE

RICHARD-WAGNERSTR. 18/III
8000 MÜNCHEN 2
TELEFON (089) 2105-2578
TELEX 522854 tumue

»Ich kenne den von Ihnen erwähnten Icarus-*Artikel. Bahnrückrechnungen sind stets ein bißchen fraglich; insofern ist die ›Einheit des Objekts‹ cum grano salis zu betrachten. Abmessungen des ›Originals‹ sind einfach geraten.*

Natürlich könnte solch ein Objekt theoretisch außerirdisch sein; dagegen spricht, daß man immer versucht, mit einer weniger ›exotischen‹ Erklärung auszukommen, wenn's nur irgendwie geht.«

Ähnlich, doch ausführlicher antwortete Diplom-Ingenieur Jesco von Puttkamer von der NASA (6):

NASA

National Aeronautics and Space Administration — Washington, D.C. 20546

»Es existiert bis heute keinerlei Nachweis, daß die Erde überhaupt natürliche Satelliten außer dem Mond hat. Die von Bagby in dem von Ihnen angeführten ICARUS-*Artikel gemachten Angaben sind mittlerweile mehrfach stark angezweifelt worden, und Dr. John O'Keefe vom* NASA-*Goddard Space Flight Center, einer der führenden Experten auf diesem Gebiet, erklärt Bagbys Daten rückhaltlos als ›wrong‹ (falsch). Er habe mehrfach mit Bagby konferiert und ihn davon überzeugt, daß die von ihm angegebenen Bahnstörungen, die seine hypothetischen Satelliten angeblich bei künstlichen Satelliten erzeugen, nicht der Wirklichkeit entsprechen. Seit jenen Tagen ist manche intensive Suche nach anderen Satelliten unternommen worden, ausnahmslos ergebnislos. Natürlich führen wir sehr genau Buch über alle künstlichen Satelliten – zur Zeit über 4500 –, von denen viele ›unbekannt‹, jedoch nicht außerirdischer Herkunft sind (Bruchstücke,* UdSSR *usw.).*

Zu Ihrer Frage, warum solche Objekte eigentlich natürlichen Ursprungs sein müssen: weil dies logischerweise das Nächstliegende ist. Man weiß, daß das Sonnensystem voll davon ist, also ist es nicht unwahrscheinlich, daß die Erde auch welche hat. Außerirdische Raumschiffe existieren bisher jedoch nur in unserer Phantasie, und es wäre völlig unbegründet und für den Wissenschaftler sinnlos, Phantasiegebil-

de für wirklich zu erklären, solange es statt dessen einfachere, begründetere, alltäglichere und logischere Erklärungen gibt.

Alles in allem verpufft also die Blase des ›außerirdischen Raumschiffs‹, und zurück bleibt wirklich und ehrlich nichts. Doch wird dies viele Leute, darunter sowohl Gutgläubige als auch professionelle Lügner, nicht davon abhalten, immer wieder von neuem Evidenz hervorzukramen, die es in Wirklichkeit gar nicht gibt.«

Professor Frank Drake ist der führende Radioastronom der Welt. Er ist in Ithaka, New York, Direktor des ›National Astronomy and Ionospere Center‹ der Cornell University, die in Arecibo in Puerto Rico das größte Radioteleskop der Welt betreibt. Professor Drake antwortete mir (7):

NATIONAL ASTRONOMY AND IONOSPHERE CENTER

Office of the Director
Cornell University
Space Sciences Building
Ithaca, N. Y. 14853
Telephone: 607-256-3734
Telex: 932454

Arecibo Observatory
Post Office Box 995
Arecibo, P. R. 00612
Telephone: 809-878-2612
Telex: 385-638

»Wenn die Objekte tatsächlich von einem einzigen Objekt stammen, dann können wir zur Zeit nicht sagen, woher das ursprüngliche Objekt stammt. Dazu müßten wir eine direkte Prüfung vornehmen. Wie dem auch sei, ein natürlicher Ursprung ist offensichtlich der vernünftigste und stimmt auch vollkommen überein mit unserem gegenwärtigen Wissen über solche Objekte. Hierbei ist von besonderer Wichtigkeit, daß die grobgeschätzte Achse der Umlaufbahn dieser Objekte ausgerechnet innerhalb der Roche-Grenze der Erde liegt. Dies ergibt eine gute Vorstellung, in welcher ein natürliches Objekt durch die Anziehungskräfte auseinanderbrach, als es die Roche-Grenze passierte. Unterstellt man nämlich, daß das große Objekt sehr sanft und nicht durch eine Explosion auseinanderbrach, so stimmt diese Unterstellung mit der Tatsache überein, wonach die Objekte sehr ähnliche Umlaufbahnen aufweisen. Dies paßt in die Vorstellung eines Auseinanderbrechens aus Gründen der Gezeitenkräfte.*

Ich besitze keine Informationen über die Maße der einzelnen Objekte, wie auch nicht darüber, wo sich die Objekte gegenwärtig aufhalten. Auch ist mir nichts bekannt über geplante, nähere Untersuchungen der Objekte. Ich hoffe, meine Information ist für Sie hilfreich.«

* An der Roche-Grenze wirken sowohl Erdanziehung wie Mondanzichung aufeinander

Alles klar? Nichts ist klar!

Mit diesen drei bündigen, selbstbewußten Antworten scheint der Fall klar zu sein. Ist er es wirklich?

Es ist ein bewährtes Prinzip der Wissenschaft, zuerst die nächstmöglichen, sozusagen im Frigidaire aufbewahrten Kenntnisse zu Lösungsmöglichkeiten für offene und überraschend gestellte Fragen heranzuziehen, bevor »exotische« Erklärungen (Ruppe) ventiliert werden. Die vorstehend zitierten Briefe basieren auf diesem Prinzip. Ohne dieses Grundprinzip wissenschaftlicher Logik bestünde die Gefahr, die Kräfte und auch die für Forschung zur Verfügung stehenden Mittel zu verzetteln. Es könnten Probleme angegangen werden, die letztendlich nur Zeit und Geld verschlingen. Außer Spesen nichts gewesen.

Und doch scheint mir in diesem Verfahren ein unentdeckter Bazillus zu grassieren. Das »logischerweise Nächstliegende« (Puttkamer) stimmt immer nur »mit unserem gegenwärtigen Wissen« (Drake) überein. »Existiert bis heute keinerlei Nachweis« (Puttkamer), dann ist das eine klare Absage an konstruktive Phantasie – von der doch anfänglich wohl auch die NASA mit ihren kühnen Plänen initiiert wurde – und auch in Betracht zu ziehende Spekulationen. Wernher von Braun hatte in dem Gespräch, das er mir gewährte, ein offenes Ohr dafür. Die »nächstliegende« Antwort kommt immer und stets *aus heutiger Sicht.* Um das außerordentlich konservative Prinzip in Frage zu stellen, darf ich den amerikanischen Wissenschaftler und Diplomaten James Briant Conant zitieren, der in seinem Werk (1952) ›Modern Science and Modern Man‹ schrieb:

»Die Geschichte der Wissenschaft beweist außer allem Zweifel, daß wirklich revolutionäre und bedeutsame Fortschritte nicht aus der Empirie, sondern aus neuen Theorien stammen.«

Welche Irrtümer sich einschleichen können, wenn nur die »nächstliegenden« Möglichkeiten bedacht werden, verdeutlichen Beispiele:

Ein Prospektor – das ist ein Mann, der nach Lagerstätten von Eisen, Kupfer und anderen Metallen im Boden sucht – erkrankte vor 40 Jahren. Er klagte über Schwindelanfälle, seine Augen schmerzten, seine Haut trocknete aus, immer häufiger überkam ihn bleierne Müdigkeit. – Die »nächstliegenden« Antworten im Köfferchen, diagnostizierten Ärzte zuerst eine Erkältung, dann Kopfgrippe, danach Blutarmut und schließlich einen undefinierbaren Virus. Auf diese Diagnosen hin wurde der Prospektor behandelt, bis er zuletzt auf ziemlich qualvolle Weise starb.

Was war beim »Nächstliegenden« übersehen worden?

Ohne es zu wissen, arbeitete der Prospektor längere Zeit in einem Gebiet, unter dessen Boden eine Uranader lag. Natürliches Uran strahlt. Die Natur, die das radioaktive Element ›in sich‹ hat, schützt es nicht mit Betonwällen und Wasserkammern. Weil das »Nächstliegende« die entscheidende Möglichkeit – bei diesem Beruf! – nicht in den Sinn kommen ließ, wurde der Mann falsch behandelt – statt ihm Strahlungsschäden abbauende Mittel zu geben, verschrieb man Pülverchen gegen Grippe und Blutfarbstoffpräparate gegen Anämie. Das »Nächstliegende« wurde getan.

Oder:

Seit über 25 Jahren behaupteten Tausende Menschen, *Ufos* gesehen zu haben. Diese Dinger passen nicht in das »vernünftigste« Wissen nach dem gegenwärtigen Erkenntnisstand der Wissenschaft, also gibt es sie nicht. Die »nächstliegende« Killerphase wird aus der Psychologie bezogen: die Leute spinnen, leiden an Halluzinationen, an Wahn- oder Wunschvorstellungen. Ich bin weiß Gott kein *Ufo*-Fan, doch glaube ich, daß mit der »nächstliegenden« Methode das Problem lediglich auf ein Abstellgleis geschoben, aber nicht gelöst wird.

Oder:

Es gibt Überlieferungen, die *en gros* und *en detail* über ›Götter‹ berichten, die vom Himmel her auf unseren Planeten einfielen. Die alten Chronisten nennen deren Namen und schildern deren Funktionen, konstatieren deren Vollbringungen wie genaue Reports von Ankunft und Rückstart. Weil aber »bei unserem gegenwärtigen Wissen« noch »keinerlei Nachweis« ihrer *realen Existenz* vorgewiesen werden kann, wird die »nächstliegende Antwort« wieder in den Glaubensbereich von Religionen verlegt oder pseudopsychologischen Deutungen zugewiesen. *So* lassen wir uns nicht mit einem Linsengericht aus der traditionellen Versuchsküche abspeisen.

Wenn dauernde Anmahnungen nichts fruchten, sollte nachdenklich stimmen, daß bahnbrechend-grundstürzende Entdeckungen so oft von Außenseitern gemacht werden, die – unbekümmert vom »gegenwärtigen Wissen« – in »exotisch« unbeachtete Bezirke einbrechen und dort erfolgreich sind. Diesen Außenseitern genügt die »nächstliegende Antwort« nicht: unbefangen stellen sie Fragen *nach* der »nächstliegenden Antwort« – utopische Fragen *nach* dem Stand des »gegenwärtigen Wissens«.

Über diesen Problemkreis diskutierte ich nächtelang mit mir befreundeten Wissenschaftlern. Sie sagen: Was sollen wir tun? Sollen wir jeder Phantasmagorie nachjagen? Werden uns unsere Finanziers – Universitäten und Staat – nicht bald den Geldhahn zudrehen? – Bei dieser Güterabwägung scheint mir die Wissenschaft im Dilemma von der »nächstliegenden Antwort« und von Zufallstreffern auf der Basis der Empirie zu stecken. Fatal.

Phantasievoll, bin ich doch kein Phantast. Ich begreife das Dilemma, ich plädiere nicht dafür, jede Spinnerei abzuklären, doch liegt zwischen der »nächstliegenden Antwort« und der spekulativ *möglichen* Antwort – um mit Theodor Fontane zu sprechen – ein »weites Feld«. Ehe der Spur einer *möglichen* Antwort nachgegangen wird, ist der Wahrscheinlichkeitsgrad, fündig zu werden, gründlichst zu prüfen, das kostet kein Geld, sondern nur ein bißchen Gehirnschmalz. Akribisch ist zu untersuchen, ob die *mögliche* Antwort zur »nächstliegenden Antwort« eine relative Chance hat.

Zweifel ist nicht nur erlaubt, er ist notwendig

Im konkreten Fall stehen sich zwei divergierende Statements gegenüber. Im Westen lautet die »nächstliegende Antwort«: Bei den zehn unidentifizierten Bruchstücken handelt es sich um *natürliche* »Satelliten«. – Die Russen behaupten: »Wir haben recherchiert und recherchiert, gerechnet und gerechnet . . . es sind Teile eines außerirdischen Raumschiffs.«

Mir steht es nicht zu, die Qualität der Standpunkte der einen oder anderen Seite zu bewerten, doch sagt mir mein gesunder Menschenverstand, die hochmögenden Wissenschaftler beider Fronten sollten sich am grünen Tisch versammeln! Ich bin dagegen, daß eine Chance von unvorstellbaren Ausmaßen vertan wird. Mir gefällt die Anregung der Russen, wenigstens eins der Objekte unter die Lupe zu nehmen, ehe es für alle Zeit in der Erdatmosphäre verglüht. Milliarden US-Dollar wurden aufgewandt, um einige Gesteinsproben vom Mond zu holen, von denen längst kein Mensch mehr spricht. Aber da kreisen in nächster Nähe zwischen 4500 registrierten künstlichen Satelliten zehn unidentifizierte Brocken, um die sich – im Westen! – niemand kümmert, weil sie mit der »nächstliegenden Antwort« abgelegt wurden.

Auch ich neige der Auffassung zu, daß die zehn Bruchstücke natürlichen Ursprungs sind – doch von irgendwoher kommen sie! Von der Erde bestimmt nicht. Der Gesamtblock, der nach wunderbarwundersam einheitlicher Ansicht von Ost und West am 18. Dezember 1955 auseinanderbrach, hatte eine sehr lange Reise hinter sich. Stimuliert das bloße Vorhandensein nicht neuerlich die Frage nach der Existenz von außerirdischem Leben überhaupt? Können nicht auch Minikörper Träger fremder, ferner Lebensformen sein?

Brachten „Bomben“ aus dem Weltall das Leben auf die Erde?

Aus Die Welt, 11. 11. 1980

Im November 1980 traf sich in der Maryland-Universität, USA, eine Reihe bedeutender Akademiker, um sich mit der Frage zu beschäftigen, ob Leben auf der Erde durch ›Besamung‹ aus dem Weltall entstanden ist (8). – Als ich 1973 diese Möglichkeit bescheiden zur Diskussion stellte, wurden Kübel voll Hohn über meinem dicken Kopf ausgegossen, jetzt reden Wissenschaftler darüber. Ich freue mich.

Der endgültige Beweis für außerirdisches Leben fehlt noch. Daß die Frage nach dem Vorhandensein kosmischer Lebensformen »ein seriöses Forschungsthema« geworden ist – so Professor Hans Elsässer – hängt »nicht zuletzt mit der Ansicht vieler Naturwissenschaftler zusammen, die es als Größenwahn empfinden, annehmen zu wollen, wir wären die einzigen intelligenten Lebewesen im Kosmos«.

Die Spekulation auf extraterrestrisches Leben ist so neu nicht. Hermann Ludwig Ferdinand von Helmholtz (1821–1894), Physiker und Physiologe, schrieb:

»Wer weiß schon, ob nicht Meteoriten und Kometen, die durch das Weltall schwirren, überall dorthin Keime tragen, wo Welten sich dahingehend entwickelt haben, daß sie Lebewesen eine Zukunft erlauben.«

Bei dem Symposium 1980 in Maryland schilderte Sherwood Chang vom *Nasa*-Forschungsinstitut Ames, Kalifornien, wie es abgelaufen sein kann: Die Erde war lebensfeindlich wie andere Himmelskörper, die inzwischen von Raumsonden ›analysiert‹ wurden – nackt wie der Mond, eiserstarrt wie der Jupiter, eine staubige Kraterlandschaft wie der Mars, ohne Atmosphäre. Doch Kometen und Asteroiden trafen die Erde wie ›Bomben‹ und lieferten mit kohlenstoffreichem Material

Grundlagen für jede Lebensform. Sherwood Chang ist überzeugt, daß sich aus diesen ersten biologischen Bausteinen das Ur-Leben entwikkelte. Dem Einwand, Weltraumstrahlung und große Hitze hätten die Moleküle zerstören müssen, steht die Überzeugung von Don E. Brownlee von der Washingtoner Universität entgegen, wonach die kohlenstoffreichen Teilchen die weite Reise bestehen konnten. Mit Hilfe ihrer charakteristischen Radiostrahlung konnte Brownlee mindestens 50 chemische Verbindungen als Basisstoffe für Entstehung von Leben ermitteln – wie sie Meteoriten und Kometenschweife mit sich führen.

Dieselbe Ansicht vertritt Professor Yeheskel Wolman von der Hebräischen Universität Jerusalem (9). Auf einem Kongreß, der sich mit der Frage befaßte: »Kam Adam aus dem All?«, diskutierten über 100 Wissenschaftler im Sommer 1980. Über die Entwicklung von primitiven zu höheren Lebensformen einig, stritt man sich um die Frage, wie der Schritt von der nur mineralischen, abiotischen Welt zu ersten niedrigen Lebensformen getan wurde.

Jerusalemer Tagung über Ursprung des Lebens

Kam Adam aus dem All?

Aus Die Welt, 25. 6. 1980

Professor Wolman: »Aus chemischen Analysen wissen wir, daß die Grundbausteine des Lebens chemische Verbindungen mit Monstermolekülen sind. Jedes dieser Moleküle besteht aus mehreren hunderttausend bis Millionen von Atomen. Diese chemischen Stoffe nennen wir Polymere. Sobald wir wissen, wie und wann die ersten Polymere entstanden sind, werden wir dem Ursprung des Lebens nähergerückt sein . . . Wir vermuten, daß die Grundstoffe, aus denen die Natur die ersten Polymere schuf, aus dem Weltall kamen, nicht von der Erdoberfläche.« – In der Diskussion bekannte Professor Emanuel Gilav vom Weizmann-Institut der Wissenschaften, Rehovot, dazu: »Wie jede Forschung begann auch unsere, weil wir neugierig waren. Sobald wir wissen, wie die ersten lebenden Zellen entstanden sind, wird es auch leichterfallen, den Krebs zu bekämpfen. Denn der Krebs ist nichts anderes als eine krankhafte Vermehrung von Zellen.«

Gut. Die Existenz von Lebensbausteinen im Weltall ist entdeckt, das aber verpflichtet nicht zu der Annahme, daß außerirdisches Leben existiert. Da trudeln quasi in der Nachbarschaft der Erde Brocken herum, und man unterzieht sich nicht der Mühe, ob in diesem außerirdischen Gestein – vergessen wir die Teile eines Wracks des (russischen) außerirdischen Raumschiffs! – Mikroorganismen enthalten sind, die mindestens den unwiderruflichen Beweis für Leben im All erbringen könnten!

Wissen die liebenswert bemühten Gelehrten nicht, daß eine Chance greifbar nahe ist, Hypothesen zu Fakten machen zu können? Die Technik ist vorhanden, mit der die zehn ominösen Brocken zu untersuchen wären. Warum tut man es nicht? Ob es Teile natürlichen oder künstlichen Ursprungs sind – ist das angesichts des ungleich größeren Problems noch wichtig? Gehen wir auf die Suche nach der Entstehung ersten Lebens. Sie ist jede Mühe wert. In diesem Sinne sind schon die bisherigen Forschungen in Ost und West von hohem Rang. Es ist lediglich auf ein anderes, ein neues Ziel umzuschalten. Das sollte so schwer nicht sein. Wäre die UNO (mit ihren Unterorganisationen) kein so impotenter Abstimmungsverein, könnte sie zu einer großen Gemeinschaftstat aufrufen: Sucht nach dem ersten Leben im All!

Abschied von den grünen Männchen?

Wir wissen, daß die Wissenschaft sich intensiv mit der Frage beschäftigt, auf welche Weise Leben aus dem Universum unseren Planeten erreichte.

Als der Gedanke dämmerte, wir seien nicht die einzigen intelligenten Lebewesen im All, wurde witzig und spekulativ gesponnen: Wie könnten die Herrschaften von anderen Sternen wohl aussehen? In der Hoffnung, man könnte die Annahme von extraterrestrischem Leben durch Veralberung töten, gerieten die ›kleinen grünen Männchen‹ in die Schlagzeilen. Dieser ›Humor‹ verfing nicht, weil mehr und mehr Forscher sich der Vermutung anschlossen, daß unsere Zivilisation wahrscheinlich nur eine unter Millionen oder Milliarden anderer Zivilisationen darstellt.

Inzwischen unken gerade jene, die meiner Überzeugung nach noch vor kurzem wortwörtlich nach den Sternen griffen . . . wie der sowjetische Astrophysiker Josif Samuilovitsch Schklowskij. Der sagte mir in seinem Institut am Universitetskiprospekt 13 in Moskau, er vermute in einem Radius von 100 Lichtjahren Planeten, die intelligentes Leben besitzen, und er sprach von einer kybernetisch gesteuerten Raumstation, die eine 1000jährige Reise unbeschadet durchhalten könne. – Heute erklärte Schklowskij die Erde zu einer »seltenen Ausnahme im Weltall« und nimmt für die Entfernung zur nächsten Zivilisation 10 000 Lichtjahre an.

Der Russen Verlautbarung (10), daß unsere Erde mit ihrem Leben zu den »seltenen Ausnahmen im Weltall« gehöre, ist so frisch nicht. Sie ist ranzig wie das Postulat des Jacques Monod von 1974 in seinem Buch ›Zufall und Notwendigkeit‹, in dem er vortrug, wir Erdenbürger wären – durch Zufall! – die einzigen Intelligenzen im Universum. Ich biete Überlegungen an, die, wie mir scheint, in der öffentlichen Diskussion nicht vorkommen:

– Daß Leben irgendwie, irgendwo, irgendwann begonnen haben muß, müssen Wissenschaftler nicht erst beweisen. Wir selbst sind der Beweis dafür: wir sind da!

– Es ist Gesetz allen Lebens, daß es sich ausbreitet und vermehrt. Das geschieht – ja, seit wann denn und warum? – tagtäglich um uns herum, in vergnüglicher Weise tragen wir selbst dazu bei. Daß Leben vergeht, um neu zu erstehen, ist auch eine nicht erst zu beweisende Binsenwahrheit

– *Unintelligentes* Leben, niedrigste Lebensformen, kann sich nur auf dem eigenen Planeten ausbreiten – es sei denn, durch ein physikalisches Ereignis (Erdbeben, Vulkanausbrüche, die Zerstörung eines Planeten durch den Aufschlag eines großen Meteors) würden Lebenskeime, Sporen der niedrigen, unintelligenten Lebensform ins Weltall geschleudert

– *Intelligentes* Leben hat die Tendenz, sich auszubreiten. Sobald es sich technische Voraussetzungen schuf, ist es bestrebt, seinen Heimatplaneten zu verlassen, um neue ferne Ziele anzusteuern. Anfänge dieser Art demonstrieren unsere eigenen Erkundungen auf dem Mond, Mars und Jupiter, der Venus

– Intelligentes Leben muß sich nicht zwangsweise und ausschließlich mit bemannten Raumschiffen ausbreiten. Intelligente Extraterrestrier können auch ›Lebensbomben‹ aussenden, leichte Kapseln, die sie mit Raketen aus ihrem Sonnensystem abfeuern. In solchen Kapseln können Mikroorganismen enthalten sein, Zellen mit dem genetischen Code der eigenen Art. Mit diesem Verfahren können intelligente Bewohner anderer Planeten unendlich viele Sonnensysteme ›besamen‹, wie auf dem Maryland-Symposium 1980 angenommen wurde.

Auf lebensfreundlichen Planeten garantieren die Mikroorganismen eine rasante Vermehrung
– Viele Kapseln erreichen kein Ziel, ziehen von Ewigkeit zu Ewigkeit durchs All oder verglühen in einer Sonne. Diese Möglichkeit der Verbreitung von Leben könnte bereits *für uns* ausgeübte Praxis sein. Wenn der Leser dieses Buch in der Hand halten wird, hat die im März 1972 gestartete Jupitersonde bereits den Saturn passiert und verläßt unser Sonnensystem. Hätte man diese Sonde mit einem kleinen Behälter versehen und mit mikroskopisch winzigen Kügelchen gefüllt, die per Funksignal verstreut worden wären, könnten unsere ›Lebensbotschaften‹, Gene und Mikroorganismen, in alle Richtungen des Universums wehen und – vielleicht – einen zum Leben geeigneten Planeten erreichen, auf dem sich in abertausend Jahren Wesen ›nach unserem Ebenbild‹ evolutionieren
– Nach diesem Schema kann Leben sich nach dem ursprünglich vorgegebenen Muster in verschiedenen Sonnensystemen entwickeln. Diese Entwicklung auf anderen Planeten entzieht sich unserem Hang nach statistisch-wissenschaftlicher Erfassung
– Die Frage: ›Wie groß ist die Wahrscheinlichkeit für Lebensentwicklungen auf anderen Planeten?‹ läßt sich demnach nicht beantworten. Das von uns (oder von anderen Intelligenzen) ausgestreute Leben, einmal im Universum, entwickelt sich weiter nach seinem Urgesetz. Wie nach dem Schneeballsystem vermehrt sich Leben. Unendlich. Unaufhaltsam.

Unter Berücksichtigung aller Kriterien haben wir meines Erachtens die Wahl zwischen drei Möglichkeiten:

Erstens: Leben ist unendlich kompliziert. Es war ein einmaliger Glücksfall – Zufall! – daß es uns gibt (Monod)

Zweitens: Leben kann zu verschiedenen Zeiten an verschiedenen Orten in verschiedenen Formen entstanden sein. Diese Wahrscheinlichkeit ist so minimal, daß sie höchstens alle 10 000 Lichtjahre eintreten kann (Schklowskij)

Drittens: Leben entwickelte sich *einmal*, irgendwo, irgendwann, und breitete sich – additiv und multiplativ – aus. Diese Annahme sichert das evolutionäre Prinzip, wonach sich alle entwickelten intelligenten Lebensformen ähnlich sind (Däniken)

Die Möglichkeiten 1 + 2 sind derzeit nicht beweisbar: Es gibt zwar uns, doch wir wissen nicht definitiv, ob es noch andere intelligente Lebewesen gibt. – 3 ist beweisbar: Es gibt uns, und jedes intelligente Leben tendiert zur Ausbreitung und Vermehrung. Wir – wie die Natur

– praktizieren es.
Ohne die kleinen grünen Männchen!

Ein außerirdisches Skelett?

Was Jahrtausende in der Erde lag, muß auf den jüngsten Tag der Begegnung mit mir warten. Vergessen wird es nicht, denn mein Archiv ist in unterschiedlichen Farben mit Signalen markiert, die mich erinnern. So schmorte denn im Kasten: *Unwahrscheinlich* ein sensationell aufgemachter Bericht aus dem Jahre 1975:

In Gräbern aus uralter Zeit: Tote von anderen Sternen

»Der belgische Geistliche Gustavo Le Paige ist davon überzeugt, daß menschenähnliche Lebewesen von anderen Planeten vor vielen tausend Jahren auf unserer Erde begraben worden sind. Padre Le Paige lebt als Missionar in Chile. Seit 20 Jahren treibt er Forschungsarbeit als Archäologe. Der 72jährige Missionspater hat 5424 Grabstellen von Menschen freigelegt, von denen einige nach seinen Angaben vor mehr als hunderttausend Jahren gestorben sind. Einem chilenischen Reporter vertraute Padre Le Paige jetzt an: ›Ich glaube, daß in den Gräbern außerirdische Wesen mitbeerdigt wurden. Einige der Mumien, die ich fand, hatten Gesichtsformen, wie wir sie auf der Erde nicht kennen.‹« (11)

Im äußersten Norden Chiles fand der Geistliche in einem uralten Grab eine Holzfigur, deren Kopfbedeckung einem Astronautenhelm auf einem zylinderförmigen Rumpf ähnelte. Nach Meinung des frommen Mannes stammte die Grabbeigabe von einem Außerirdischen: »Man würde mir nicht glauben, wenn ich erzählen würde, was ich sonst noch in den Gräbern gefunden habe!«

Ehrlich: ich glaubte es auch nicht, griff aber routinemäßig zum Telefon und rief die Redaktion in Hamburg an. Über den Padre war nicht mehr bekannt als im Artikel stand, im übrigen habe man nur ein Telex aus Chile, das Grundlage des Berichts war. Ende der Fahnenstange! – Auch Fragen an zwei mir in Santiago bekannte Journalisten brachten nichts: der Padre war ihnen unbekannt. Der Bericht kam ins Fach: *Unwahrscheinlich*.

Dort läge er heute noch, hätte nicht die mexikanische Zeitschrift *Vistazo* (12) Bilder eines Skeletts veröffentlicht und behauptet, daß der Professor Ramon de Aguilar in Panama es besäße. Immerhin – ein Name!

Just zu Weihnachten 1979 bescherte das angesehene brasilianische Magazin *Gente* (13) wiederum das außerirdische Skelett und schob es neuerlich Professor de Aguilar in die Schuhe. Das sympathische Gesicht eines Mannes in den besten Jahren, soigniert, von gescheitem Aussehen, ließ keinen Scharlatan vermuten. Der er auch nicht ist – ich kenne ihn inzwischen!

Mit einiger Verspätung erreichte mich eine Reportage der spanischen Zeitschrift *Mundo Desconocido* (14), die neuerlich über den Padre und sein Skelett berichtete.

Die Signale vom Kasten *unwahrscheinlich* blinkten mir ermunternd zu.

Mit dem Chefredakteur von *Mundo Desconocido*, Andreas Faber-Kaiser, bin ich seit Jahren befreundet. Ich bat ihn um Hilfe. Über den Padre wußte er nichts, doch die Adresse von Professor de Aguilar konnte er mir beschaffen. Hatte ich auf Rückfragen aus Mexiko und Brasilien auch kein Echo bekommen, antwortete der Professor umgehend: Gern würde er mir das Skelett zeigen und fotografieren dürfe ich es auch – von allen Seiten.

Wer aber ist – und wo ist Padre Le Paige, der Finder der Uraltbotschaft?

Die ganz diesseitige Schweizer Botschaft antwortete mir am 4. März 1980 mit einem Brief des Botschaftsrats V. Vuffray (15):

AMBASSADE DE SUISSE
AU CHILI

SANTIAGO, le 4. März 1980
Calle J. Miguel de la Barra 536
Casilla 3875
Téléphone 32009

Réf.: 642.0 - VU/ke

»Sehr geehrter Herr von Däniken,

ich bestätige den Empfang Ihres Schreibens vom 23. Februar und teile Ihnen mit, daß der belgische Padre Gustavo Le Paige, der dem Unterzeichneten persönlich bekannt ist, sich gegenwärtig im Colegio San Ignacio, Calle Alonso Ovalle 1480, in Santiago befindet. Nachdem er in den letzten Monaten schwer krank war und sich einer langwierigen ärztlichen Behandlung unterwerfen mußte, wird er wahrscheinlich nicht mehr nach San Pedro de Atacama zurückkehren können.

In dieser nördlichen Siedlung, am Fuß der Anden und in der Nähe der Salpeterwüste, hat der Vorgenannte ein Museum aufgebaut, das einen Reichtum an von ihm in der Gegend gefundenen und ausgegrabenen Skeletten und unzähligen Objekten enthält.

Ich hoffe sehr, daß es Ihnen möglich sein wird, sich mit dem Padre Le Paige in Verbindung zu setzen und wäre froh, Sie anläßlich Ihres Aufenthalts in Chile zu empfangen.«

O, wären doch alle Botschaften so erfreulich!

Gleichen Tages schickte ich alle meine Bücher in spanischer Übersetzung an den Botschaftsrat und bat um deren Übermittlung an den kranken Padre mit meinen besten Genesungswünschen und kündigte meinen Besuch an. – Auf diese Sendung antwortete am 7. Mai 1980 unser Botschafter, Herr Casanova (16):

»Ihre spanischen Bücher wollte ich dem auch mir persönlich bekannten Padre überbringen lassen, worauf man mir mitteilte, daß er leider im Sterben liege und schon seit mehreren Wochen nicht mehr aus seiner tiefen Bewußtlosigkeit aufgewacht ist.«

In meinem für viele Anlaufstationen konzipierten Südamerika-Reiseplan war die zweite Augustwoche für ein Treffen mit Padre Le Paige fixiert. Am 6. Juni traf mich – *Air Mail/Exprès* – diese Nachricht (17) wie ein Keulenschlag:

»Sehr geehrter Herr von Däniken,

für Ihr Schreiben vom 27. Mai, mit dem Sie mir Ihre Ankunft am Freitag, den 8. August, in Santiago bestätigen, danke ich bestens.

Leider muß ich Ihnen mitteilen, daß Padre Le Paige am 19. Mai gestorben ist. Das von ihm begründete Archäologische Museum in Atacama untersteht der ›Universidad el Norte‹, Casilla 1280, Antofagasta.

In der Beilage übermittle ich Ihnen drei Zeitungsartikel über Padre Le Paige.«

Mit freundlichen Grüßen

Der Schweizerische Botschafter:

M. Casanova

Diesmal hatten die Berichte zu lange unter der Rubrik *unwahrscheinlich* gelegen. – Die Nachrufe bezeugten dem Padre die innige Zuneigung der Indios. Sie betonten, man habe sich stets auf das Wort des Gottesmannes verlassen können. Doch: das Geheimnis seiner Grabfunde und damit auch das Mirakel um das außerirdische Skelett nahm er mit in die ewigen Jagdgründe.

Mögen alle mir wohlgesonnenen Götter die Gesundheit von Professor de Aguilar behüten, wünschte ich von Herzen.

Professor Ramón de Aguilar, Chefarzt in Panama

Auge in Auge mit Professor de Aguilar

Ende August empfing mich Professor de Aguilar in seiner wohlassortierten Bibliothek im Kreis seiner Familie. Bald stellte sich heraus, daß er durch meine Bücher alles über mich, ich freilich nichts über ihn wußte. Der reizende, vollbärtige Herr, dessen Bonhomie sofort jede Befangenheit nahm, lächelte verständnisvoll und reichte mir schmunzelnd seinen fünfseitigen Lebenslauf aus der Schreibtischlade. 1953 doktorierte de Aguilar in Sevilla in Medizin, 1960 promovierte er in Madrid zum Psychiater. Als Chefarzt wurden ihm einige Doktorhüte *honoris causa* aufgesetzt. Ich war in guten Händen und fieberte dem Moment entgegen, in dem ich das erste außerirdische Skelett zu Gesicht bekommen würde.

Der Professor spannte mich auf die Folter, ließ Champagner servieren, wir prosteten einander zu, seiner Frau, seinen beiden Töchtern, redeten über die feuchte Hitze Panamas, den Schulstreß der

Kinder, die miserable internationale politische Lage. Ich hielt es nicht mehr aus, unterbrach den flüssigen *small talk*, kramte Zeitschriften und Zeitungen aus der Aktentasche und fragte – ganz gegen die feine Art: »Und was ist nun mit dem Skelett?«

Professor de Aguilar lächelte, dämpfte mein Ungestüm und erklärte, ich müsse mir zunächst die Geschichte des Fundes anhören, eine Geschichte, die mich vorübergehend am Verstand des gelehrten Mannes zweifeln ließ.

Drei Männer in Schwarz und das Skelettchen

1972. – In der Nähe von Eréndira in der Bucht von Kalifornien wird auf der mexikanischen Seite der Grenze ein Skelett gefunden, das große Ähnlichkeit mit dem im Besitz des Professors befindlichen aufweist, erzählte de Aguilar. Das 1972er Skelett wird in Mexico-City im weltberühmten Anthropologischen Museum ausgestellt, von namhaften Anthropologen untersucht und als ›nicht irdisch‹ klassifiziert.

Danach trug sich Merkwürdiges zu: Das Skelett verschwand spurlos, und dieselben Wissenschaftler, die kurz vorher das Objekt als ›nicht irdisch‹ bezeichneten, änderten über Nacht ihre Meinung, keiner von ihnen stand zu seiner jüngst gemachten Feststellung. – Der Professor schmunzelte, vielleicht, weil ihm solche ›Standhaftigkeit‹ von Kollegen nicht fremd ist.

Nicht lange nach diesem Vorfall fand sich bei Ramon de Aguilar ein Landarbeiter ein und brachte ein ›Skelett‹, das er nahe dem Strand von San Carlos an der Pazifikküste von Panama fand. Sofort entdeckte der Professor Gleichheiten mit dem mexikanischen Fund, den er von vielen Fotos her kannte. – Nun habe, stöhnte er rückerinnernd, ein Run von Reportern eingesetzt, die ihn ausfragten und ihm nicht selten, wie er aus dem am nächsten Tag Gedruckten feststellte, die Worte im Mund umdrehten. Soweit verstand ich ihn sehr gut, denn in solche Fußangeln stolperte ich auch leider nur zu oft. Der Bericht schien mir bisher eher fad, hörte ihn ohne Zwischenfragen an, um endlich das Skelett zu Gesicht zu bekommen, doch dann wurde es spannend.

An einem Nachmittag vor drei Jahren läuteten drei von oben bis unten schwarzgekleidete Männer an der Tür seines Hauses, schoben die öffnende Sekretärin wortlos zur Seite und drangen in die Arbeitsräume ein. Seine Mitarbeiter erstarrten vor Angst, ihm selbst, gestand de Aguilar, sei auch nicht sehr wohl zumute gewesen.

Mit einem flüchtigen Gedanken fielen mir bei den drei schwarzen Männern (18) jene okkulten Gestalten ein, die als MIBs (Men in Black) durch die internationale Szene der spekulativen Literatur geistern. Sie werden mit geheimnisvollen Morden in Verbindung gebracht, gelten als ›Zeitreisende‹, die plötzlich auftauchen, ihre schrecklichen Aufträge erledigen und spurlos verschwinden.

Wenn die drei schwarzen Männer auch haargenau in des Professors Bericht passen, hatte dieser gestandene Wissenschaftler bestimmt noch nie von den obskuren MIBs nur ein Wort gehört, indessen waren drei Figuren in gleicher Kostümierung in seinem Büro gewesen, ganz wirklich und ohne Phantasie, mehrere Augenzeugen verfolgten deren merkwürdiges Tun. Nach einer knappen halben Stunde war der Spuk vorbei, wortlos, wie sie kamen, zogen sich die schwarzen Männer zurück, wie vom Boden verschluckt.

»Was wollten, was suchten die Männer?« fragte ich.

»Ich weiß es nicht«, sagte de Aguilar. »Sie forderten nichts, blieben stumm, es war ganz einfach seltsam und unheimlich.«

»Nahmen Sie das Skelett mit? Suchten sie es?«

»Nein«, lächelte der Professor. »Natürlich dachte ich zuerst auch, sie hätten es darauf abgesehen, mir fiel die unaufgeklärte mexikanische Geschichte ein, nein, das Skelett blieb unberührt.«

»Sie haben es also noch?«

»Ich werde es Ihnen gleich zeigen!«

Mir fielen einige Steine zyklopischen Umfangs vom Herzen, schließlich hat man nur einmal im Leben die Chance, ein außerirdisches Skelett zu sehen!

Professor de Aguilar setzte ein Plexiglaskästchen auf dem Tisch ab. Es war 15 Zentimeter lang, zehn Zentimeter breit. Er nahm den Deckel ab.

Mir fielen, wie man so sagt, die Augen aus dem Kopf. Ich starrte auf ein Stück gebleichter, großporiger Haut – ganze acht Zentimeter lang! Ein hautüberzogenes Rattenskelett, dachte ich, und nahm es mit leichtem Ekel in die Hand, betrachtete es von allen Seiten. Es wog nur wenige Gramm. Ohne Übergewicht könnte man es in einem Normalbrief verschicken.

Vorn, ›auf der Brust‹, bemerkte ich auf einer Linie zwei Löcher, an denen das Ding vermutlich aufgespießt wurde. Kleine, verstümmelte Armansätze erinnerten an einen Fötus, die wurden fraglos und sichtbar an die weiße Haut angenäht. Das einzig Bemerkenswerte schien mir auf der Rückseite in Höhe der ›Schulterblätter‹ die Form zweier Extremitäten – Dracula-Zähne oder überstrapazierte Brustwarzen am falschen Platz.

Immer wieder schickte ich fragend-enttäuschte Blicke zum Professor, der mit offensichtlichem Vergnügen beobachtete, wie mich die mickrigen Relikte irgendeines kleinen Säugetiers anekelten.

»Ist das das Skelett, das Schlagzeilen machte?« hörte ich mich mit heiserer Stimme fragen, ich wußte, daß ich auf dem Holzweg war.

»Genau dies ist es!« nickte der Professor.

»Warum glauben Sie denn, daß es außerirdisch ist?«

»Außerirdisch?« Ramon de Aguilar schüttelte entschieden seinen bärtigen Kopf. »Außerirdisch? *Ich* glaube nicht, daß es außerirdisch ist, *ich* habe das auch nie behauptet!«

Wer ließ denn diese Ente durch den Blätterwald flattern? Der Professor lachte, seine Frau, seine Töchter lachten, es kam befreiende Heiterkeit auf, die meine Enttäuschung wegfegte. Nie habe er erklärt, versicherte der Professor, dieses ›Skelett‹ sei außerirdischer Herkunft, richtig wäre, daß er den Fund als Kuriosität bezeichnet, doch keine phantastische Ausschmückung mit dieser Anmerkung verbunden habe. Sensationsjournalisten hätten so viel Pfeffer hinzugetan, um aus acht Zentimetern weißer Haut eine verkäufliche Zeitungsente zu braten, die über Kontinente hinweg in Redaktionsmenüs als Spitzengericht des Tages angeboten wurde.

Man muß es mit Humor nehmen, wenn man sich selbst auf dem Holzweg ertappt.

Postskriptum:

1. Das »außerirdische Skelett« aus dem Besitz von Professor de Aguilar entlarvte ich als fette, magere Zeitungsente.

2. Wenn ich Objekte fotografiere – beispielsweise Riesenfußspuren – die keine rechte Vorstellung von der Größe erlauben, lege ich gern ein Zentimetermaß daneben. Wäre zu dem »außerirdischen Skelett«, dessen Größe mit nur acht Zentimetern vermerkt worden, wäre die Ente unverkäuflich gewesen.

3. Ob die außerirdischen Relikte des Padre Le Paige je wieder auftauchen, bezweifle ich.

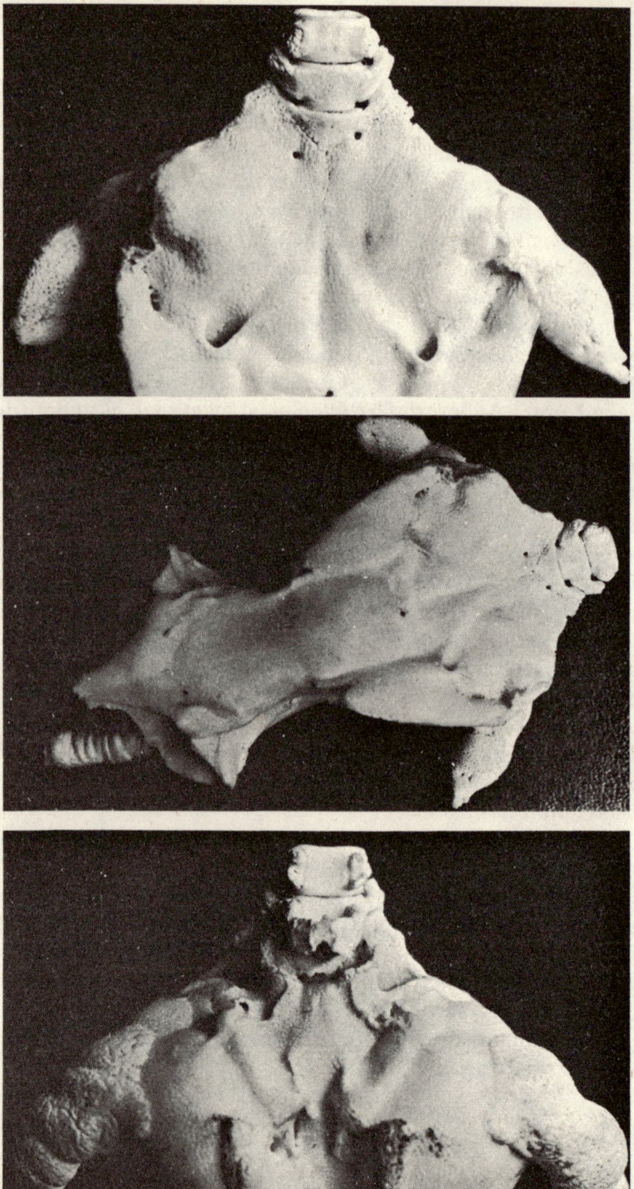

Inka-Diamanten von minderer Qualität

Am 5. Juli 1980 stolperte ich über die dreispaltige Schlagzeile: »Kannten die Inkas das Diamanten-Geheimnis?« (19)

Die Inka, in neuer Schreibweise verzichtet man auf das Plural-›s‹, sind gute alte Bekannte und immer für eine Überraschung gut. Warum sollen sie es – neben anderen unerklärlichen Fähigkeiten – nicht auch mit Diamanten, mit künstlichen, gehabt haben? Ich las und staunte:

»Im mindestens 500 Jahre alten Inkatempel Cuca, der in den unzugänglichen Bergen nördlich Huanuco in Peru liegt, hat eine Bergsteigerkolonne unter der Leitung des südafrikanischen Völkerkundlers Dr. Maath überraschende Funde an einer Opferstatt für den Sonnengott dieses sagenumwobenen südamerikanischen Urvolkes gemacht. Dr. Maath aus Kapstadt erreichte nach dem Spanier Lepico, der 1935 zur Tempelruine Cucas vordringen konnte, als zweiter Inkaforscher diese ›heiligen Quader«, wie sie der Korrespondent von La Cronica, *Lima, nennt. Abgesehen davon, daß es bis heute nicht enträtselt werden konnte, wie die Inkas damals in dieser wilden Gebirgsgegend riesige Blöcke eines hier nicht vorzufindenden Gesteins aus den Tälern in nahezu 5000 Meter Höhe brachten, um einen Tempel für den Sonnengott – sie beten die Sonne an – zu bauen, ist es schier unfaßbar, daß unter der Brandwulst einer Opferstatt nun Diamenten gefunden worden sind, die von einigen Fachleuten als ›synthetische Steine‹ bezeichnet werden.«*

Die Opferschalen, so der Bericht, verzierten die Inka mit wertvollen Diamanten, aus Rohfunden geschliffenen Steinen, die heutzutage unbezahlbar sind. Neu sei, daß die prunkvollen Opferschalen in diamantenverzierte Sockel eingelassen waren, von denen Dr. Maath zwei Stücke entdeckte, sieben Steine herausbrach, um sie in Lima untersuchen zu lassen. Es wunderte mich nicht, weiter zu lesen, daß sofort der Diamantenspezialist und Diplomchemiker Collins auf diese

Linke Seite oben: Das ›Skelett‹ erwies sich als ein Stück gebleichter, großporiger Haut

Linke Seite Mitte: Vorn, ›auf der Brust‹, bemerkte ich zwei Löcher, auf denen das Ding vermutlich aufgespießt wurde

Linke Seite unten: Das einzig Bemerkenswerte waren merkwürdige Extremitäten auf den ›Schulterblättern‹. Das ganze war eine dicke Ente!

Nachricht hin aus Amerika anflog und der Expedition bis Huanuco entgegenreiste. Collins habe später erzählt, er sei sich wie ein Alchimist vorgekommen, der vor der größten Entdeckung seines Lebens stand. »Ich habe noch nie«, sagte Collins, »solche Diamanten gesehen. Ich schwankte in den langen Jahren meiner Tätigkeit noch niemals so sehr mit meinem Urteil. Ich halte sie für Halbdiamanten, nicht für synthetische, obwohl sie das sein könnten. Aber es wäre eine zu unglaubliche Behauptung, daß die Inkas das Geheimnis der Herstellung synthetisch-echter Diamanten kannten. Auf alle Fälle handelt es sich um reine Kohlenstoffdiamanten. Aber es sind Merkmale vorhanden, die gegen eine naturgebundene Herkunft sprechen.«

Mister Collins wollte sich nicht weiter äußern, aber in Lima wurden Spezialisten erwartet, die die kostbaren Funde unter ihre Speziallupen zu nehmen beabsichtigten. Der Bericht schließt optimistisch-spekulativ:

»Vielleicht bringt die Entzifferung der im Tempel Cuca ebenfalls entdeckten Hieroglyphen über dem Grab des ›Häuptlings des Sonnensteins‹ eine Lösung des Rätsels und Licht in das Geheimnis. Cuzeca, dieser Herrscher aus der 11. Dynastie, galt als Anbeter des Diamanten, in dem er eine heilige Gabe des Sonnengottes erblickte.«

Ein mit Namen, Orten und Fakten gespickter Bericht!

Der Widerspruch von ›synthetisch-echten Diamanten‹ geriet wohl durch den Reporter in die Zeilen. Diamanten sind entweder ›synthetisch‹ oder ›echt‹. – Was mich irritierte, der ich mich in Peru ganz gut auszukennen glaube, hielt ich für eine Bildungslücke: Bisher hörte ich nichts von einem Inkatempel Cuca. – Daß der Herrscher der 11. Dynastie mit Cuzeca angegeben wird, mußte ein Flüchtigkeitsfehler sein: Die 11. Dynastie währte von 1493 bis 1525, und ihr Herrscher hieß Huayna Capac.

Das aber wog gering gegen den aufregenden Inhalt: Diamanten – vielleicht in synthetischer Herstellung? Potztausend.

Ich klingelte meinen Freund Rico Mercurio an, der sich auf der Reise nach Kiribati bewährte, rief ihn von seinen Diamanten, die er gerade sortierte oder bearbeitete, weg.

»Wie ist das mit synthetischen Diamanten? Gibt es die? Wie werden sie hergestellt, was kosten sie?« erkundigte mich und erfuhr:

Antoine Laurent Lavoisier (1743–1794), Mitglied der Akademie der Wissenschaften, war der Begründer der modernen organischen Chemie. 1776 wies er nach, daß Diamanten aus Kohlenstoff bestehen und stofflich mit dem in der Natur häufig vorkommenden Graphit identisch sind.

Dieses Wissen stimulierte Forscher Ende des 19. Jahrhunderts und während der ersten Hälfte des 20. Jahrhunderts zu beharrlichen und aufwendigen Versuchen, Diamanten synthetisch herzustellen. Erfolglos. Erst 1954 wurde mit der sogenannten Belt-Apparatur die verfahrenstechnische Voraussetzung geschaffen, unter hohem Druck bei großer Hitze Diamanten zu synthetisieren. Das funktioniert so: In eine Hochdruckpresse ist ein Reagenzgefäß eingelassen, das bei 1600° Celsius unter einem Druck von 35 000 atü steht. Unter diesen extremen Bedingungen verwandelt sich Graphit in Diamant – mit Hilfe eines Katalysators aus Nickel oder dem chemischen Element Tantal, einem sehr teuren Metall. Das Verfahren, klärte Rico mich auf, sei kompliziert und kostspielig, und die damit erzeugten Diamanten könnten mit echten nicht konkurrieren.

Genau das war es, was ich hören wollte: Für die Produktion synthetischer Diamanten war ein technisches *Know-how* notwendig, über das die Inka nicht verfügten. Wurden im Cuca-Tempel tatsächlich solche Glitzersteine gefunden, muß man den Inka postum eine todschicke, modernste Technologie zugestehen . . . oder unterstellen, daß es sich um Gastgeschenke von Vertretern einer hochentwickelten Zivlisation und Technik gehandelt hat.

Im Artikel, der mich reizte, wurde die Zeitung *La Cronica* erwähnt. Schon war ein Air-Mail-Brief an die Redaktion unterwegs, Honorierung aller Mühen bei der Erfüllung meiner Bitte wurde zugesagt: Übersendung des Originalberichts. Trotz beschriftetem Kuvert für die Rückantwort, trotz beigefügter internationaler Postwertzeichen kam aus Lima keine Antwort. Ich fragte beim ›Gemological Institute‹ von Santa Monica bei Los Angeles an, das Methoden zur Unterscheidung natürlicher von synthetischen Steinen und Imitationen entwickelt, erkundigte mich auch nach dem Spezialisten Collins. Kein Echo.

»Können Sie mir sagen, wo Cuca liegt?«

Während meines längeren Aufenthalts in Peru im Sommer 1980 waren einige nicht verplante Leerlauftage frei, an denen ich nichts tun wollte, Miniferien machen.

Eines Morgens fuhr ich in einem altersschwachen Lima-Taxi zum Gebäude der *Cronica*, einem Blatt der Regenbogenpresse mit hoher

Auflage, wie ich erfuhr. – Die skeptische Freundlichkeit des Chefredakteurs wandelte sich, wie in einschlägigen Hofberichten geschildert, in erlesene Höflichkeit, als ich ihm statt Blumen mein Buch *Beweise* in spanischer Übersetzung mit Widmung überreichte. Ich reportierte den Cuca-Diamanten-Fund-Bericht aus einer deutschen Zeitung, den, so stand darin, ein Reporter der *Cronica* mit Informationen anreicherte. Der Chef hatte keinen Schimmer, er rief Mitarbeiter zu sich. Das große Palaver brachte hervor, daß niemand was von Cuca noch gar synthetischen Diamanten dort droben auf dem Berg wußte.

»Das gibt's doch nicht!« warf ich ein. »So dicke Enten brät man bei uns am 1. April, nicht mitten im Sommer!«

Durch die Rauchwolke, in die ihn seine dicke Zigarre hüllte, bot der Chefredakteur an, einen Mitarbeiter abzustellen: »In den letzten Jahren, seit ich Chef hier bin, stand das nicht im Blatt. Sehen Sie sich im Archiv um, so lange sie wollen!«

Als ich im Nebengebäude den langen, schmalen Raum mit Regalen voll Akten, Ordnern, Jahresbänden und Kartons betrat, schmolz meine Hoffnung dahin, in dieser klassisch südamerikanischen Unordnung fündig zu werden, wurde aber mit Unterstützung der drei ansehnlichen Archivarinnen eines angenehmen Besseren belehrt. Fast wie nach dem Muster meines eigenen Archivs gab es eine doppelte Ordnung – zeitlich und nach Stichworten. Überdies wurden außer der *Chronica* hier alle Zeitungen Limas auseinandergenommen und abgelegt. Ordentlich.

Vor mir türmten sich Berge, die unter dem Rubrum ›Archäologie‹ gesammelt waren. Unter Assistenz der Damen und des pfiffigen Volontärs blieb keine Meldung unbeachtet. Über Cuca gab es nichts. Gab es denn dieses Cuca überhaupt? dämmerte mir. – Im peruanischen Lexikon war Cuca nicht vermerkt, aber das muß bei den tausend Inkastätten nichts bedeuten.

Vom Hotel aus befragte ich der Reihe nach telefonisch alle mir in Peru bekannten Archäologen, Ethnologen, darunter Herren, die ihr Leben sozusagen den Inka widmeten. Den Inkatempel Cuca in den Bergen von Huanuco kannte keiner, doch fast alle sprachen mir Trost und Hoffnung zu: Es gäbe in Peru so viele Inkaruinen, wenn sie keine spektakuläre Besonderheit vorzeigten, gingen sie in die Literatur nicht ein.

Gelernter Pfadi, Pfadfinder, von Kindesbeinen an, nahm ich Plankarten vor. In 5000 Meter Höhe soll nach dem deutschen Zeitungsbericht der Cuca-Tempel liegen, also in ewigem Eis und Schnee. Bon.

1

2

3

4

5

6

7

8

9

10

11

12

13

14

15

16

17

18

19

20

21

22

23

24

25

31

32

Huanuco siedelt 3000 Meter tiefer, nordwestlich davon erhebt sich die *Cordillera Blanca*, die weiße Kordillere mit dem Huascarán – 6768 Meter hoch. Im Umkreis von nur 100 Kilometern Luftlinie um Huanuco herum gibt es einige Fünftausender, auf denen der Cuca-Tempel liegen könnte. Doppelter Konjunktiv: sehr fraglich.

Die *Aero Peru* fliegt die 50 000-Einwohner-Stadt zweimal wöchentlich an. Der Touristenführer (20), der sonst jeden Steinhaufen zum Besichtigen empfiehlt, warnt: »Die wegen ihres angenehmen Klimas geschätzte Provinzhauptstadt am oberen Huallago bietet ausländischen Touristen keine nennenswerten Sehenswürdigkeiten.« Das war ein *understatement*, Huanuco ist trostlos, doch blieb ich drei Tage im Hotel *Turistas*. Unter diesem Firmenzeichen gibt es die staatlichen Hotels in allen größeren Städten wie Ica, Nazca oder Cuzco.

In einem alten Haus existiert nahe dem Hotel ein Museum im Privatbesitz eines bockbärtigen, hageren und nervösen Männchens. Die vier musealen Räume platzen vor lauter Krimskrams – ausgestopften Tieren, darunter ein Schaf mit sechs Füßen, albernen archäologischen Figürchen, Schädelknochen usw. – aus allen Wänden. Von Cuca hatte der Bockbärtige, der über Land fahrend seinen Tand einkaufte, nie gehört.

Die Lokalzeitung von Huanuco erscheint nach Bedarf, wenn es sein muß jede Woche; der Redakteur und seine Frau hatten Muße, mein Anliegen gründlich zu bedenken. Nein, von Cuca, einem Tempel und einem Diamantenfund kam ihnen nichts zu Ohren – nein, Archäologen gäbe es nicht am Ort, es fänden schon seit langem keine Ausgrabungen mehr statt.

Verflixt und zugenäht, war ich auf Entenjagd?

Gegen Abend setzte ich mich am Marktplatz auf eine grüne Bank, starrte sinnverloren ins rege Treiben. Schülerinnen und Schüler aller Volksschuljahrgänge, Mappen und Hefte unterm Arm, liefen vergnügt heimwärts – uniform gekleidet: in weißen Blusen und dunkelgrauen Jacken die Mädchen, in dunkelgrauen Hosen und weißen Hemden die Jungen. Drei vielleicht zwölfjährige Mädchen bauten sich vor mir auf. Neugierige kleine Evas fragten: »Woher kommst du?«

Wir waren im Gespräch. Andere Schüler stellten sich dazu, lauter frische, braune Gesichter mit Haaren schwarz wie Schuhcreme. Sie fragten, ich antwortete. Sie baten, ich solle die Schweizer Nationalhymne singen, ich versprach es, wenn sie zuvor ein Volkslied ihrer Heimat sängen. – Das Lied, das sie spontan anstimmten, ist auch bei uns mit Begleitung einer Panflöte bekannt: *El Condor pasa*. Der

Gesang lockte Neugierige an, erst recht mein einstimmiges Schmettern unserer Nationalhymne. Ich wäre, dachte ich einen Moment, ein guter Missionar geworden. – In die allgemeine Diskussion hinein warf ich abrupt die Frage:

»Kennt einer von euch den Inkatempel Cuca? Der muß irgendwo hier in den Bergen eurer Heimat liegen . . .«

Die Kinder sahen mich aus leeren Augen an, tuschelten untereinander: nein, von Cuca hätten sie nie etwas gehört.

Ich bat, abends die Eltern, morgen die Lehrer zu befragen. Um die gleiche Stunde am selben Platz würde ich sie erwarten, und wer von ihnen mir sagen könne, wo Cuca läge, der bekäme von mir zehn amerikanische Dollar. – An diesem Abend fiel in ziemlich vielen Familien Huanucos das Stichwort Cuca.

Um dem nächsten Ferientag einen Hauch von Arbeit zu geben, fuhr ich zu den Kotosh-Ruinen am Stadtrand von Huanuco. Aus der Fachliteratur war mir bekannt, daß Kotosh als vorinkaische Siedlung gilt, über deren Erbauer nichts, gar nichts bekannt ist. – Das kleine Trümmerfeld auf einem Hügelchen ist kein Platz, über den sich Lohnendes berichten läßt. Die präinkaischen Bauleute konnten noch nicht mit Monolithen hantieren, Felsmassen bearbeiten, sie waren von Technik noch nicht ›wach geküßt‹. Ich war an diesem Tag der einzige Besucher. Vom Touristenführer gewarnt, kamen andere nicht erst nach Huanuco, also auch nicht nach Kotosh. Recht tun sie daran.

Das spätnachmittägliche Rendezvous mit den Kindern ergab keine Hinweise. Weder Eltern noch Lehrer hörten je von Cuca. Man schlug mir andere Inkatempel zum Besuch vor, aber ich suchte ja nur Cuca.

Ultima ratio:

Der Sensationsbericht der seriösen deutschen Zeitung entbehrte jeder Grundlage. Wäre der Artikel an einem 1. April erschienen, würde ich darüber schmunzeln – wie über den, den die Zeitschrift *Sterne und Weltraum* in ihrer April-Ausgabe (21) 1980 brachte – astrein wissenschaftlich aufgemacht unter der Überschrift: ›Archäologie um La Silla‹, angeblich aus ungarischen Quellen übernommen. Mit drei akademisch-sterilen Fotos garniert, wurde der Leser auf einen 2400 Meter hohen Berg in den Ausläufern der Atacama-Wüste nördlich Santiago de Chile hingewiesen. Dort gäbe es Indianersiedlungen aus vorkolumbianischer Zeit. Steinzeichnungen, sogenannte Klopfarbeiten, zeigten eine Kugel mit Ring, dem Saturn ähnlich. Wörtlich hieß es:

»Sollte es sich herausstellen, daß die beiden Zeichnungen älter als

einige Jahrzehnte, vielleicht sogar älter als die europäische technische Zivilisation sind, wird man die Schriften Erich von Dänikens, der ja auch sehr viel in Südamerika herumgeforscht hat, einer neuerlichen Diskussion unterwerfen müssen.«

Als Quelle wurde zitiert: ›D. Niken el al., Ver. Arch. Ung. 11, 222 (1979)‹. Nach meinem Verständnis soll das heißen: ›Däniken und allgemeine Verarschung.‹

Falls ich auf La Silla auftauche, dann nur, weil ich durch die dort stationierten Teleskope größere Ärsche ausmachen kann, als es im Weltall Seifenblasen gibt.

An jedem 1. April sind Scherze erlaubt. An allen anderen Tagen dürfen Leser nicht mit scheinbar seriösen, doch nur sensationellen Berichten verschaukelt werden. Drei Fälle habe ich – als Muster ohne Wert – entlarvt. Ich war auf dem Holzweg, kehrte aber klüger zurück.

5 IM GELOBTEN LAND?

Glaube ist nicht der Anfang,
sondern das Ende allen Wissens
Johann Wolfgang von Goethe

Viele lockende Ziele: Mohenjo-Daro in Pakistan, die Höhlen bei Kermanasha im Iran, die Sassanidenstadt Ardaschir Khurreh, das Jesus-Grab in Srinagar · Odyssee mit meinem Auto · Wozu die heiligen Kühe nützlich sind · Srinagar, das Venedig Asiens · Salomo, der fliegende König zwischen Jerusalem und Kaschmir · Starb Jesus am Kreuz auf Golgatha? Starb er hochbetagt in Kaschmir? · In der Kirche, in der die Gebeine Jesu ruhen sollen · Sanskrittexte schildern Begegnung mit Jesus · Gab es in Parhaspur vor 4000 Jahren eine Atomexplosion? · Was in Sanskrit über fliegende Apparate berichtet wird · Angst in Kalkutta · Fabelhaftes Geschenk eines indischen Studenten · Naturgewalt Wasser · Politische Gewalt: Revolution!

Indien und Pakistan kannte ich von kurzen, zu kurzen Besuchen her, wußte aus der Literatur von der vorgeschichtlichen Stadt Mohenjo-Daro in Pakistan, von den zerstörten Tempeln und Pyramiden im indischen Hochland. Aber ich war nie lange genug dort, um aufs Land hinauszukommen. Meine früheren Besuche beschränkten sich auf Städte, die leicht und bequem mit dem Flugzeug erreichbar sind. Vielleicht wäre ich nie ›aufs Land‹ gekommen, wenn sich nicht gleichzeitig mehrere Anlässe ergeben hätten: Ich erfuhr von Mutmaßungen, in Indien gäbe es ein Jesus-Grab. Eine alarmierende Nachricht. Dann schrieb mir mein Verleger Ajit Dutt aus Kalkutta, mein seit langem geplanter Besuch sei nun endlich fällig, und wenn ich käme, solle ich ihm eine tragbare Schreibmaschine mitbringen, eine ›Portable‹, die er nicht auftreiben könne.

Oft waren in meinem Leben Zufall und Glück Entscheidungshilfen bei Vorgängen, auf die man selbst keinen Einfluß nehmen kann oder soll. Der Brief meines indischen Verlegers war noch nicht beantwortet, als die Post ein Schreiben aus Teheran brachte. Schrieb mein langjähriger Korrespondenzpartner Dr. Kamil Botosha, er wäre eben von einem Wüstentrip heimgekehrt, der ihn 80 Kilometer in den Westen Persiens geführt habe, zur Stadt Kermanasha. Dort, berichtete er, hätte er Hunderte von Höhlen- und Felszeichnungen gesehen, die ihn im Sinne meiner Interpretation an fliegende Wesen und astronautenähnliche Figuren erinnerten, wie ich sie in meinen Büchern* gezeigt hätte. Die Höhlen seien nur den Einheimischen bekannt und archäologisch ein jungfräuliches Fundgebiet.

Ich solle, empfahl Dr. Botosha, die Fahrt in einem geländegängigen Fahrzeug machen, es sei denn, ich verspüre Lust auf eine lange Kamelreise.

Ich überlegte. Das Ruinenfeld von Mohenjo-Daro liegt in Pakistan, die von Dr. Botosha angepriesenen Höhlen locken im Westen des Iran, 150 Kilometer Luftlinie von der irakischen Grenze entfernt. Auf dem Globus sieht das alles putzig und nahe beieinander aus, doch liegen zwischen den Zielen immerhin 2500 Kilometer Luftlinie. Über den Landkarten brütend, entdeckte ich eine Kette von mich brennend interessierneden archäologischen Punkten, die just auf der Strecke zwischen Pakistan und der irakischen Grenze liegen.

Ich notierte:

– Im Soghum-Tal des südlichen Iran liegt Tepe Yahya. Vor 6000 Jahren soll die Stadt ein Zentrum des Elamiter-Reichs gewesen sein, es spielte seit dem dritten Jahrtausend v. Chr. eine Rolle. In Tepe Yahya wurden die ältesten Schrifttafeln gefunden, älter als die der Sumerer. Ein amerikanisch-iranisches Ausgrabungsteam stellte 1971 fest, daß der Ort bereits um 4000 v. Chr. ein Handelszentrum gewesen sein soll . . . mit überzeugendem Grund: Die Schrifttäfelchen erwiesen sich als Quittungen für Warenein- und -ausgänge. Einige hundert Siegel, auch Tonscherben mit rätselhaften Motiven waren dem Ruinenhügel entnommen worden. Keine Frage: Tepe Yahya war eine Reise wert.

– Knapp 100 Kilometer südlich der heutigen Stadt Shiraz befindet sich in der Ebene von Firuzabad die alte Sassanidenstadt Ardaschir Khurreh. Die wie mit einem Zirkel gezogene, kreisrunde Stadt mit einem Durchmesser von 2,16 Kilometern kannte ich aus Beschreibungen. Ardaschir Papakan, der Erbauer aus dem Hause Sassan, ließ die Stadt durch ein Straßenkreuz in vier gleich große Sektoren teilen und betrachtete sie als ein Abbild des Kosmos. Im Zentrum stand ein 30 Meter hoher Turm ohne Türen, ohne Stiegen. Über den Zweck des eigenartigen Bauwerks rätseln die Archäologen. Dieser Rundling faszinierte mich immer schon, und dies um so mehr, als ich weiß, daß die Parther, Vorfahren der Sassaniden, die Elektrizität kannten und

* EvD: Meine Welt in Bildern

anwendeten. Über eine elektrische Batterie der Parther, die im Museum von Bagdad steht, berichtete ich schon*.
– Das Jesus-Grab in Kaschmir, die Ruinen von Mohenjo-Daro, die alte Stadt Tepe Yahya, das sassanidische Ardaschir Khurreh, die Höhlen bei Kermanasha – ergaben eine Linie, die sich mit einer Reise abfahren ließ. Das Reiseprojekt war in Gedanken gebucht. Ich mußte hin – aber wie?

Komplizierte Reisevorbereitungen

Für die lange, auf Überraschungen konzipierte Reise war ungleich mehr Gepäck zu verfrachten als für übliche Unternehmungen. In Indien und Pakistan sind die Straßenverhältnisse – mit wenigen angenehmen Unterbrechungen in großen Städten – mindestens so arg wie in süd- oder mittelamerikanischen Entwicklungsländern. Außerhalb der Großstädte – Potemkinsche Riesensteinhaufen mit dem Gewühl von Millionen Menschen – läßt sich mit klapprigen Straßenkreuzern nichts anfangen. Ein Geländefahrzeug ist unerläßlich, eins von der Sorte, das man nirgendwo chartern kann.

Reise ich mit dem eigenen Wagen ab der Schweiz, reichen hin und zurück vier Monate nicht aus. Lokale Aufenthalte und mögliche politische Unruhen hinzugerechnet, ist ein halbes Jahr anzusetzen, das in meinem Kalender keinen Platz hat. Wie konnte ich den Zeitaufwand auf eine vertretbare Dauer zusammenschnurren lassen? Nach Rechnen und Grübeln bot sich nur eine Lösung an: Ich mußte einen Range Rover von British Leyland kaufen, per Schiff oder Flugzeug vorausschicken, um vom Landeplatz aus die Ziele anzufahren und um auf vier soliden Rädern in die Schweiz zurückzukehren . . . auf der Linie meiner Zielorte.

Der Kauf des Range Rovers war Sache eines Telefonats. Zwei Wochen später stand er in seiner imponierenden Größe und Massivität vor der Haustür. Dieser Wagen ist schneller als ein Jeep, verfügt auch über Vierradantrieb, Differential und Differentialsperre und bietet, steht er in seiner geräumigen Leerheit da, viel Platz und viel Komfort. Ich zog mich mit der technischen Anleitung in meine Klause zurück. Bald entdeckte ich für Berg- und Wüstenfahrten mehrere ›Achillesfersen‹. Was ist, wenn die Benzinpumpe ausfällt? Finde ich

* EvD: Erinnerungen an die Zukunft, 1968

im 3 046 000 km² großen Land mit weit über 500 Millionen Einwohnern, wenn es nottut, eine Ersatzpumpe? Reicht der normale Batteriesatz? Lassen sich die Lager gegen feinen Wüstensand schützen? Was ist mit der Zündspule, mit dem Ölfilter, was ist mit Keilriemen und Schläuchen? Ein guter Geist ließ mich tun, was Freunde bespöttelten. Ich nahm alles im Doppel mit und ließ außerdem eine Seilwinde anbringen, mit der sich das teure Gefährt notfalls aus Schlamm und Dreck ziehen läßt. Was wir später ohne Seilwinde getan hätten, ist mir schleierhaft. Vielleicht hätte ich meinen Kritikern die Freude gemacht, spurlos zu verschwinden.

Daß für Auslandsreisen jedermann einen Paß braucht, ist im Jahrhundert des Tourismus eine Binsenweisheit. Daß auch das Auto ein internationaler Paß – *Carnet de Passages* – begleiten muß, ist schon nicht mehr so bekannt. Gegen Hinterlegung einer beträchtlichen Kaution wird einem dieses Carnet ausgehändigt: Die Kaution soll unterbinden, daß das Fahrzeug unterwegs verhökert wird. Nach dem internationalen Abkommen vom 8. 6. 1961 stellt die Handelskammer des Heimatlandes ein ›Carnet für die vorübergehende Einfuhr von Berufsausrüstung‹ aus. Daß internationale Vereinbarungen das Papier nicht wert sind, auf dem sie gedruckt sind, sollte ich noch erfahren.

Bevor auf dem Flughafen Orly bei Paris unser Range Rover in eine Maschine der *Air France*, Kurs Karatschi, verladen wurde, hatten wir den Benzintank zu leeren, aus den Reifen die Hälfte der Luft abzulassen und die Batterien auszuhängen. Ich bat den Frachtchef, das Büro der *Air France* in Karatschi zu veranlassen, den Range Rover bei Ankunft im Schatten abstellen zu lassen, damit in der dampfenden Hitze die Medikamente unserer Notapotheke nicht verdarben.

In einen Container verstaut, sahen wir unseren vollbepackten Wagen über eine Rampe in schwindelnder Höhe im Laderaum der Maschine verschwinden.

Auf Wiedersehen in Asien!

Ich will mein Auto wiederhaben!

16. Januar. Kurz vor Mitternacht landeten wir mit einer DC/10 der *Lufthansa* in Karatschi . . . in einem Treibhaus stickig-feuchter Luft.

Vor einer halben Hundertschaft weißgekleideter Zöllner stehen wir Schlange. Es braucht viel Zeit, bis der Stempel in unseren Paß gedrückt ist. Gegen drei Uhr sind wir im Hotel. Morgen früh holen wir den Range Rover ab.

17. Januar. Die *Air France* schickt uns Mr. Lakmiehr, einen hageren Pakistani, ins Hotel, er soll uns beim Zoll beistehen. Weshalb? Wir haben ein *Carnet de Passages*. Sofort fragt er nach dem Formular ›A‹. Habe ich nicht, kenne ich auch nicht, ich zeige ihm das Carnet.

Mit müdem Blick sagt Mr. Lakmiehr, das bedeute nichts, und übrigens hätten wir schon nachts den Wagen ›deklarieren‹ müssen. Ich unterrichtete ihn, daß das Auto nicht mit uns – meinem Sekretär Willi Dünnenberger und mir – hergeflogen wurde, vielmehr schon tags zuvor auf der Frachtroute ankam. Der Pakistani hielt unser Versäumnis für eine unangenehme Sache. Er fuhr mit uns zum Flughafenzoll. In meinem Namen setzte er dort einen Brief etwa dieses Inhalts auf:

»Hochgeehrter, hochzuverehrender Herr Zollinspektor!

Ich, Erich von Däniken, Schweizer mit dem Paß XY, kam letzte Nacht hier an und versäumte es, meinen Wagen gleich bei der Ankunft zu deklarieren. Ich bereue dies aufrichtig und bitte Sie in Ihrer unermeßlichen Großzügigkeit, mir meinen Fehler nachzusehen und mir ein Formular ›A‹ auszuhändigen.«

Nach drei Stunden bekam ich Formular ›A‹ und füllte es in dreißig Sekunden aus. Mr. Lakmiehr geleitete uns in ein Büro, in dem nach längerem Anstehen ein Stempel auf ›A‹ gesetzt wurde. Mein Pakistani winkte, ihm ins nächste Büro zu folgen. Dort wurde der erste Stempel mit einem zweiten bestätigt. ›Büros‹ sind offene Schuppen, unter den Decken drehen sich müde Ventilatoren; stets gibt es nur einen Stuhl, der von einem Beamten besessen wird. Mäuse werden von Katzen gejagt, gelegentlich sind auch Ratten darunter.

Formular ›A‹ wie eine Siegerurkunde in der Hand schwenkend, steuert Mr. Lakmiehr über eine endlose Straße ein Gebäude am anderen Ende des Flughafens an. Warum nehmen wir kein Taxi? Stumm weist unser Helfer auf das ferne, im Sonnenglast brütende Haus. Ich bin stocksauer. Und verberge meinen Unmut auch nicht. Der Mann hinter dem Pult lächelt! Entschuldigt sich überschwenglich, läßt einen Stuhl bringen, sieht meinen Paß an, erbittet eine Unterschrift und reicht mir meinen Wagenschlüssel. Na also. Ich war froh, weil ich mich am Ziel wähnte.

Mr. Lakmiehr brach zu einer neuen Wanderung auf. »Wozu? Wohin?« forschte ich und bekam die olivenölsanfte Auskunft, der Wagen stände noch im Zollbereich, nunmehr wäre ein Zollagent vonnöten, der ihn auslöse. Den fanden wir am Ende der Diagonalen quer über den Flugplatz. Aus braunem Gesicht lächelte er uns an, versicherte, daß er die Sache in die Hand nehmen würde, heute allerdings sei es zu spät. Wir fuhren 25 Kilometer zurück ins Hotel. Und fluchten.

18. Januar. Punkt neun sind wir am Flughafen. Mr. Lakmiehr wedelt mit einem Bündel Formularen, sagt, er habe die halbe Nacht daran gearbeitet. »Wo ist mein Wagen?« beende ich die Selbstbelobigung. Der Mister bittet uns, ihm in einen Riesenschuppen zu folgen. Schon von weitem sehe ich die obligate endlose Menschenschlange. Trotzig marschiere ich daran vorbei, trete zum ersten Mann am Pult: »Verzeihen Sie, ich bin von weither angereist und muß meine Reise fortsetzen. Alle Formalitäten sind erfüllt, hier ist das Formular ›A‹, hier ist das Carnet . . .«

Der Mann in Weiß grinst mich an: »Carnets werden am Flughafen nicht abgefertigt, nur an Straßenzollämtern oder im Hafen. Autos kommen normalerweise nicht mit dem Flugzeug!«

Hätte ich nicht schon wie eine Dusche aus allen Poren geschwitzt, wäre mir jetzt der Schweiß ausgebrochen.

Der verstummt-verstimmte Mr. Lakmiehr, Willi und ich fuhren eineinhalb Stunden lang durch Karatschi zum Hafen und gingen dort ins Zollhaus, eine riesige Halle, ein Großraumbüro mit hundert Beamten an hundert Pulten. Unter der Decke brummten – ich hatte Zeit, sie zu zählen – 41 unnütze, lahme Ventilatoren. Man hat hier noch nie von dem international gültigen ›Carnet de Passages‹ gehört! Mit dem Mut des Verzweifelten rufe ich aus Leibeskräften über das Stimmengewirr hinweg: »Ist hier irgendwer für ein Carnet de Passages zuständig?« – Die Wirkung ist enorm. Plötzlich ist es ganz still. Die Herren halten in ihrer Arbeit an, starren mir ins Gesicht. Hinten, ganz hinten erhebt sich einer mit Brille und Glatze.

»Sind Sie zuständig?« rufe ich ihm zu.

Anscheinend hat er fürchterliche Angst. Ich schalte von Zorn auf Freundlichkeit um, rede ihm gut zu, bitte ihn, wieder Platz zu nehmen und sage milde, daß ich schon seit zwei Tagen hinter meinem Auto her bin und nun nicht mehr gewillt, dieses Theater länger mitzumachen. Der Glatzköpfige sagt:

»In zwei Stunden steht der Wagen vor Ihrem Hotel!«

Man muß halt nur den richtigen Mann erwischen. Der verabfolgt Mr. Lakmiehr drei neue Formulare, gibt ihm Weisung, den Wagen im Hangar zu inspizieren, um dann mit den Formularen wiederzukommen, damit der Wagen freigegeben werden kann.

Mr. Lakmiehr versichert, daß wir nunmehr nur noch einen Beamten benötigen, der den Wagen inspiziert, danach können wir zum Hafen zurück. Wieder quer durch die Stadt, stehen wir in demselben Schuppen. Frohgemut gehe ich auf den Glatzköpfigen zu:

»Voilà! Hier ist das Formular ›A‹, hier sind drei weitere Formulare. Drücken Sie den Stempel drauf!«

Ich beobachtete, was ich noch nie sah: Die Glatze rillte sich. Nein, meinte der Ängstliche, den Stempel draufsetzen, das dürfe er nicht, dieser Akt wäre dem Inspektor vorbehalten. Ich schleuderte Mr. Lakmiehr einen meiner übelsten Blicke zu.

»Wo steht Ihr Wagen?« fragte der Zollinspektor in Gebäude 4.

»In einem Hangar«, antwortete ich.

Dort sei er nicht zuständig, bedauerte der Inspektor, der Hangar unterstünde einer eigenen Polizei. Die Hangarpolizei aber wimmelte uns ab: Die Information des Kollegen sei falsch, für meinen Wagen wäre der Zoll der Frachtgutabfertigung in Halle 7 verantwortlich, dort jedoch bekäme ich sofort einen ›Freischein‹ und schon – schon! – könnte ich meinen Wagen besteigen.

Halle 7. Palavernde Inspektoren. Ich trete zu einer Gruppe: »Meine Herren, ich schätze Ihre Gastfreundschaft, aber, was hier gespielt wird, geht über meine Nervenkraft. Hat einer von Ihnen je etwas vom Carnet de Passage gehört?«

Achselzucken. Ich weise den Stapel Formulare vor und bitte, den letzten, den entscheidenden Stempel aufzudrücken. Ein Weißgekleideter geht mit mir zum Hangar.

Ich sehe meinen Range Rover wieder! Auf einem Podest, zwei Meter über mir, immer noch mit den blauen Gurten festgezurrt. Der Inspektor schüttelt seinen Dienstkopf: »Der Wagen muß da runter! Wie soll ich ihn inspizieren?«

»Alles, was Sie wissen müssen, steht im Carnet!« sage ich.

»Können Sie mir beweisen, daß die Angaben darin mit denen des Wagens identisch sind?«

Ich klettere aufs Podest, mein Carnet in der linken Hand. Von seinen Blicken unerreichbar, rufe ich dem Inspektor aus dem Carnet alle Daten mit einer kleinen Verzögerung zu, so, als läse ich sie von den Wagenteilen ab. Er wirft nur noch einen knappen Blick zum Wagen hinauf, malt sein Krikelkrakel auf die Formulare. Die Sache hat sich.

Ich frage die Hangarwache, wer hier die Arbeit macht. Sie schickt mich in ein Häuschen, in dem ein Mann schläft. Sanft wecke ich ihn auf und sage ihm, daß ich nun zum Hafen fahren würde, um den ›Freischein‹ zu holen, er möge inzwischen den Wagen vom Podest abbauen, dafür würde ich ihn gut entlohnen.

Wieder und nochmal quer durch Karatschi. Ich gehe ins Zollhaus zu meinem Glatzköpfigen: »So! Hier sind alle Formulare! Alle gestempelt, nichts fehlt mehr!«

Er lächelt, schiebt mir einen Stuhl zu. Ob ich drei Minuten Zeit hätte . . . Darauf kam es nun auch nicht mehr an. Ich wartete zwei Stunden. Gegen 19 Uhr war mein Carnet de Passages abgestempelt.

Leise sagt Mr. Lakmiehr, es wäre sinnlos, jetzt noch zum Flughafen zu fahren. Es war die einzige Äußerung, die der Mann heute während der Jagd nach den Stempeln beigesteuert hatte.

19. Januar. Früh um acht winkt uns Mr. Lakmiehr freudig zu, es wäre alles erledigt, wir brauchten nur noch einen ›Gate-Pass‹. Was ist das? frage ich. Mir dämmern neue Hindernisse. Der Hangar sei, atmet Mr. Lakmiehr, durch Barrieren von der Straße her gesichert, Soldaten ständen dort, um hinausfahren zu können, brauche man den Gate-Pass.

Als bis zum Nachmittag niemand bereit war, mir diesen verdammten ›Tor-Paß‹ auszustellen, sagte ich, ich ginge jetzt zum Hangar, um mich in den Wagen zu setzen und durch die Barriere zu rasen. Mr. Lakmiehr, der mir inzwischen einiges zutraute, beschwor mich, das nicht zu tun, man würde auf mich schießen, und er bekäme Ärger mit der *Air France,* die ihn mir attachiert habe. Ich ging zum Hangar.

Der Range Rover stand immer noch auf dem Podest. Ich bat, mir Arbeiter abzustellen, die ich gut bezahlen würde. Nach einer längeren Konferenz begannen drei Männer gemächlich, die blauen Gurte zu lösen. Um fünf Uhr hatte die Erde den Wagen wieder. Mir fielen die allgemeinen bekannten Schuppen von den Augen: Der Benzintank war leer, die Batterien waren ausgebaut, die Reifen hatten nur die halbe Luftmenge – unser desastres Werk aus Orly! – Ich bat einen Taxifahrer, einen Kanister Benzin zu kaufen, dann packte ich das Werkzeug aus und montierte die Batterien, derweil Willi die Reifen aufpumpte. Um sieben war der Taxifahrer zurück. Feierabend am Flughafen. An Fortkommen war nicht mehr zu denken.

20. Januar. Um acht am Flughafen. Frage an Mr. Lakmiehr: »Haben Sie den Gate-Pass?« – Nein, krächzte er, den könne nur der Flughafendirektor ausfertigen, und der wäre am Wochenende unerreichbar. Wieso Wochenende? War denn heute schon Samstag?

»Wo wohnt der Direktor?«

Die Frage traf den Pakistani ins Mark. Das sei ein hoher Herr, ich müsse bis Montag warten. Ich trieb – gegen gebündeltes Bares – die Adresse des Allmächtigen auf. Nach einer Taxifahrt von reichlich 30 Kilometern hielten wir vor einer Villa mit herrlichem Park an. Ein weibliches Wesen, Schleier vorm Gesicht, sagte, der Herr Direktor sei abwesend. »Gut«, sagte ich, »dann warte ich im Park, bis er zurückkommt.«

Nach einer Weile wollte ein Jüngling meine Belagerung beenden. Ich reichte ihm drei englische Übersetzungen meiner Bücher und bat um ein Zweiminutengespräch mit dem Chef. – Ich wurde vorgelassen, schilderte meinen viertägigen Kampf um mein Auto und erbat seine Unterschrift auf dem Gate-Pass, damit ich endlich wieder über mein Eigentum und meine Freiheit und meine kostbare Zeit verfügen könne. Der Direktor nahm den Zettel, kratzte mit grünem Filzschreiber Unergründliches darauf und reichte ihn mir wortlos. Vielleicht spricht er am Wochenende nicht.

Mr. Lakmiehr betrachtete die direktorialen Zeichen wie die Markmale eines Wunders.

Uff! Rein in den Wagen und nichts wie weg aus der Formularhölle. Ich kam bis zur Barriere. Der Soldat wollte wissen, was alles im Wagen verstaut war. Ich riet ihm in einem Tonfall, als mache ich mir Sorgen um sein Schicksal, keine Schwierigkeiten zu machen, denn der Wagen wäre von höchsten Instanzen freigegeben worden. Der Soldat schlich ins Wachhaus, die Barrieren hoben sich. Automatisch.

Wir waren frei. Nach viereinhalb Tagen mit 23 Büros und 23 Unterschriften und über 300 Kilometer Taxifahrten.

Fahrt nach Srinagar

Wir peilten als erstes Teilziel Lahore in West-Pakistan an, eine Stadt mit 1,3 Millionen Einwohnern, wichtiges Industrie- und Kulturzentrum mit der berühmten Pandschab-Universität.

Bis Haiderabad am unteren Indus verspricht die Karte eine 150 Kilometer lange Straße, von der die Pakistani als *Super-Highway* schwärmen. Aus Karatschi heraus lassen wir uns von einem Taxifahrer durch verwirrende Straßen mit von Menschen und Tand überquellenden Basaren und Elendsquartieren bis zur Prachtstraße schleusen. Es ist eine schlichte asphaltierte Landstraße. Obwohl alle Wagenfenster geöffnet sind, zeigt das Innenthermometer 41 Grad an. Celsius!

Bei Haiderabad ist der Indus einen Kilometer breit, sein Wasser ist eine schäumende, braune Brühe, die sich von Norden nach Süden durch Pakistan wälzt. Sie erst macht das Land lebensfähig.

Zwar ist die Mittagszeit längst vorbei, trotzdem wird die Hitze immer ärger. Etwa alle 40 Kilometer passieren wir kleine Siedlungen, wo in Buden Flaschengetränke – freilich wie in jedem Winkel der Welt Coca-Cola – angeboten werden. An diesem Nachmittag trank jeder von uns 14 Fläschchen, und trotzdem klebte die Zunge unterm Gaumen.

In Pakistan gibt es so viele Autobusse wie in Italien Fiats. Sie sind in grellen Farben gemalt, mit Christbaumschmuck behängt, vollgepfercht, so, als wären alle Leute aus dem Indus-Tal auf Reisen. Am Straßenverkehr nehmen Ziegenherden und Kamelkarawanen teil, von Büffeln und Ochsen gezogene Karren. An den Straßenrändern wird gekocht, gebetet und geschlafen. Viele Reisende tragen ihr Bett mit sich: ein Holzgestell, über das kreuzweise Seile gebunden sind, eine praktische Sache, sie sichert eine Rundherumlüftung, und die tut diesen Fahrensleuten fraglos gut.

Die Busse fahren mit Dieselöl, aus den Auspufftöpfen wehen die schwarzen Fahnen, die westliche Umweltschützer zu Protestmärschen reizen würden, aber hier ist das Klima für solche Aktivitäten zu belastend. Rabatz macht man nur, wo es nicht anstrengend ist, wohin man mit dem eigenen Wagen anfahren kann, um nach der großen Schlacht bequem wieder nach Hause zu kommen. Protest braucht einen gewissen Komfort. Schon Lenin riet, den Teilnehmern an Demonstrationen eine gute warme Mahlzeit zu verabfolgen, weil sich mit leerem Magen schlecht gegen den Hunger demonstrieren ließe.

Privatautos gibt es kaum. Auf der 1300-Kilometer-Strecke bis Lahore zählten wir ganze vier. Darum sind alle Zapfsäulen auf Öl eingerichtet, auch dann, wenn sie stolz *Gasoline* ankündigen. Man muß höllisch aufpassen, daß die Burschen einem nicht eine für den Motor unverdauliche Mischung in den Tank geben.

Verlangte schon der Tagesverkehr meine ganze Aufmerksamkeit, wurde die Nachtfahrerei zum Schlimmsten, was ich je erlebte. Mitten auf der Straße fahren die Busse mit vollem Licht. Kamele, Ochsen, Büffel und Ziegen haben keine Leuchtstreifen an den Flanken, sie stampfen durch die Dunkelheit und kennen keine Verkehrsregeln. Bis auf die Fahrbahn hin schlafen Menschenherden. Wird man vom Licht geblendet, kann man nur anhalten oder in die Felder rumpeln.

Nachts um drei trafen wir in Multan ein, einer 350 000-Einwohner-

Stadt am Tschinab, einem der fünf Ströme Vorderindiens, der im Himalaya entspringt. Seltsamerweise ist mir sein Name bisher in in keinem Kreuzworträtsel untergekommen.

Im Hotel kamen wir der stickig-feuchten Luft wegen nicht zum Schlafen. Der Ventilator hatte, wie wir, den Geist aufgegeben.

Wozu die heiligen Kühe nützlich sind

Wir müssen nach Kompaß und Nase fahren, denn die Beschilderungen sind meistens in der persischen Variante der arabischen Schrift – *nastaliq* – geschrieben. Auskunft kann man nicht erfragen, weil die Pakistani entweder einen ihrer 32 Dialekte sprechen, bestenfalls die Amtssprache *Urdu*, und die verstehen wir natürlich auch nicht. Ein Trost: Ab Lahore, der pakistanischen Grenzstadt vor Indien, kommen wir wieder mit Englisch durch.

Gegen neun Uhr durchfahren wir ein schmiedeeisernes Tor, *Frontier of Kaschmir,* und nur 500 Meter weiter passieren wir ein ungleich größeres, in den Farben Indiens geschmücktes Eisentor: *Welcome to India.*

Die 250 Kilometer indischer Straße von Wagah nach Jammu in Vorderindien unterschied sich von pakistanischen Prachtstraßen nur dadurch, daß zu den dortigen tierischen Verkehrsteilnehmern sich noch Kühe in rauhen Mengen zugesellen. Kühe haben hier immer Vorfahrt, sie genießen Narrenfreiheit. Wenn ihnen danach ist, legen sie sich in Rudeln auf die Fahrbahn. Langsam fängt man an, diese netten Viecher zu hassen.

An Ort und Stelle erfährt man über die heiligen Kühe eine ganze Menge Fakten, die eine vorgefaßte Meinung ändern. Als ich äußerte, man müsse die ›heiligen Kühe‹ schlachten, sagte man mir, daß diese elenden mageren Kreaturen derzeit noch eine im Alltagsleben wichtige und unersetzliche Rolle spielen. Wie das? dachte ich und dachte zugleich an die herrlich runden Kühe auf Schweizer Weiden mit ihren prallen Eutern. Den klapprigen Kühen auf Indiens Straßen wird täglich zwar nur ein halber Liter Milch abgemolken, aber der ist in einem Land, in dem der Hunger den Menschen wie ein Schatten folgt, ein wichtiger Nahrungsanteil. – Ich hatte schon beobachtet, daß die von der Sonne gedörrten Kuhfladen von Einheimischen emsig als Heizmaterial eingesammelt werden, aber ich war doch verblüfft, zu hören, daß der Kuhmist mehr Heizmaterial stellt, als das westdeutsche

Kohlerevier an Kohle fördert. – Besonders leuchtete mir der dritte Grund für das notwendige Vorhandensein der Kühe auf allen Straßen ein: Sie fressen aus dem Müll alles, was gerade noch verdaulich ist, sie sind also Müllabfuhr und Hygienepolizei! – Und warum sind sie heilig? Weil der Hinduismus streng verbietet, Kühe zu töten, und über dieses religiöse Gesetz wachen 300 Millionen Menschen, die dieser Religion in der indischen Union angehören.

Srinagar!

Ab Jammu sieht man die Bergriesen des Himalaya. Jammu hat über dreieinhalb Millionen Einwohner und ist im Winter Hauptstadt Vorderindiens, im Sommer ist es Srinagar. Dieser Behördenumzug ist, wenn man Jammu einmal im Januar passierte, gut zu verstehen: Wir waren um diese Jahreszeit schon von der Hitze ausgedörrt und freuten uns auf Srinagar in Kaschmir, eine Landschaft, die Reiseführer als ›asiatische Schweiz‹ bezeichnen.

Die Strecke Jammu–Srinagar ist mit 300 Kilometern angegeben, abends können wir auf 1768 Metern Höhe erfrischende Luft inhalieren.

Diese Hoffnung wurde mit jedem Fahrkilometer geringer: Ich habe noch nie so viel Militär auf dem Marsch gesehen. Auch diese Kolonnen dürfen die Kühe weder erschrecken noch verdrängen. Vielleicht – und dann sollen sie ›heilig‹ sein – können sie Krieg verhindern.

An Bergdörfern vorbei, die tibetanischen Charakter haben, kurvten wir auf fast 2000 Meter Höhe. Im Nu war die Treibhausluft vom Indus-Tal wie weggeblasen. Würzige klare Bergluft ließ die Stimmung an Bord nach oben steigen. Wir waren im Vorgebirge des Himalaya.

Srinagar!

Man kann die Stadt in der Tat und ohne Übertreibung als das ›Venedig Asiens‹ bezeichnen. Die Stadt wird von vielen Kanälen durchzogen, auf denen es von Booten, Gondeln und verankerten Hausbooten wimmelt, besonders auf dem Bal-See, der die Stadt nach Osten begrenzt. Srinagar liegt auf dem 34. Breitengrad, also auf der Position von Gibraltar oder Damaskus. Die Sonnentemperaturen liegen im Mittel bei 30, die Wintertemperaturen nur bei drei bis vier Graden.

Srinagar liegt am Ausgang des Wular-Sees im Kaschmir-Tal. Mit gutem Grund trägt dieses Tal die Bezeichnung ›Himmel auf Erden‹! Hier legten frühere Herrscher Parks von außerordentlicher Schönheit, großer Weite und ungewöhnlicher Blumenpracht an, vor allem die von Dichtern gespriesenen Gärten der Shalimar, in denen Holzbrückchen über stille Bäche führen.

So reizvoll das alles scheint, es ist Schein. In diesem Ferienparadies stimmt es nicht. Kaschmirs asiatische Tradition vermag sich nicht der Moderne anzupassen: Hier oben ersticken die Straßen – Srinagar hat eine halbe Million Einwohner – im selben Dreck wie unten in den Tälern. Es mangelt an primitivster Hygiene. Zwar wird das Trinkwasser gefiltert, doch es hat einen gelblichen Farbstich. Eklig.

Hier wie anderswo ahnt man auch, wie viele kostbare Sendungen der Entwicklungshilfe sinnlos verkommen. Medikamente verderben, weil es an Kühlschränken fehlt. Gibt es welche, funktionieren sie – mit seltenen Ausnahmen – nicht. Von Geburt an von Schmutz umgeben, sind die Eingeborenen gegen Bakterien und hier grassierende Virenarten immun – für Fremde bleiben sie gefährlich. Lebensgefährlich. Wenn diese herrliche Landschaft, wie es die Absicht ist, dem devisenbringenden Welttourismus erschlossen werden soll, muß vorher noch viel getan werden.

Die Bevölkerung ist fleißig. Auf fruchtbaren Feldern, in vielen kleinen Werkstätten arbeiten immer noch Kinder ab dem sechsten Lebensjahr. Mittelalter! – An einer Tankstelle bediente mich der zwölfjährige Machmud, ein netter Junge. Präzise fragte er alle Serviceleistungen ab. Als ich außer Benzin nichts wollte, fragte er, ob er mir ein Mädchen beschaffen solle. Ich fragte:

»Warum gehst du nicht zur Schule?«

»Ich habe keine Eltern«, antwortete er, »und wir müssen doch alle leben. Wollen Sie wirklich kein Mädchen?«

Der kleine Zuhälter war enttäuscht, daß ein reicher Ausländer – Fremde gelten alle als reich! – seine Offerte ablehnte.

Vergleiche

Die typmäßige Ähnlichkeit der Kaschmiri mit den Israeli ist verblüffend. Sie sind von gleicher Statur, haben gleiche Mandelaugen, ähnliche Nasen. Auch hier werden die Knaben beschnitten. Wie im alten Israel werden die Toten in Ost-West-Richtung begraben. Wie die Israeli tragen die Männer in Kaschmir ihren *Kipa*, ein kleines

Käppchen, auf dem Hinterkopf.

Während unserer Fahrten durch die winterlich-schneelosen Täler Kaschmirs meinten wir, ständig durch eine biblische Landschaft zu fahren, unter den biblischen Menschen des Alten Testaments zu leben. Selbst das Kaschmiri, die Landessprache, hat viele Gemeinsamkeiten mit dem Alt-Aramäischen, dem ältesten Zweig des West-Semitischen, der Sprache also, die Jesus und seine Jünger sprachen.

Ich gebe einige Beispiele:

Hebräisch (Aramäisch)	*Kaschmiri*	*Bedeutung*
akh	akh	allein
ajal	ajal	Tod
awa	awan	blind
ahad	ahad	eins
hamah	humaham	Lärm
loal	lol	Liebe
qatal	qatal	Mörder
qabar	qabar	Grab

Was Kaschmirs Legenden überliefern

Es sind zu viele der israelitisch-kaschmirischen Gemeinsamkeiten, als daß sie sich durch Zufall erklären ließen.

Eine im kaschmirischen Volk fest verankerte Legende behauptet, das Kaschmir-Tal sei in Wirklichkeit das *gelobte Land* gewesen, das Mose den Kindern Israels versprochen habe, überdies seien die heutigen Kaschmiri direkte Nachkommen eines israelitischen Stammes. Was hier als Volksgut überliefert wird, macht einen staunen: Sagen doch die Kaschmiri, der Exodus habe – entgegen biblischem Bericht – nicht 40 Jahre lang von Ägypten aus kreuz und quer durch die Wüste Sinai geführt und zum Schluß in Palästina geendet! Der Exodus habe vielmehr von Ägypten aus quer durch die (heutigen) Länder Jordanien, Syrien, Persien, Afghanistan und Pakistan ins Hochland von Kaschmir gezielt.

Man muß diese Version ernsthaft zur Notiz nehmen, denn sie ergäbe, sieht man die Landkarte an, mehr Sinn als die wirre und

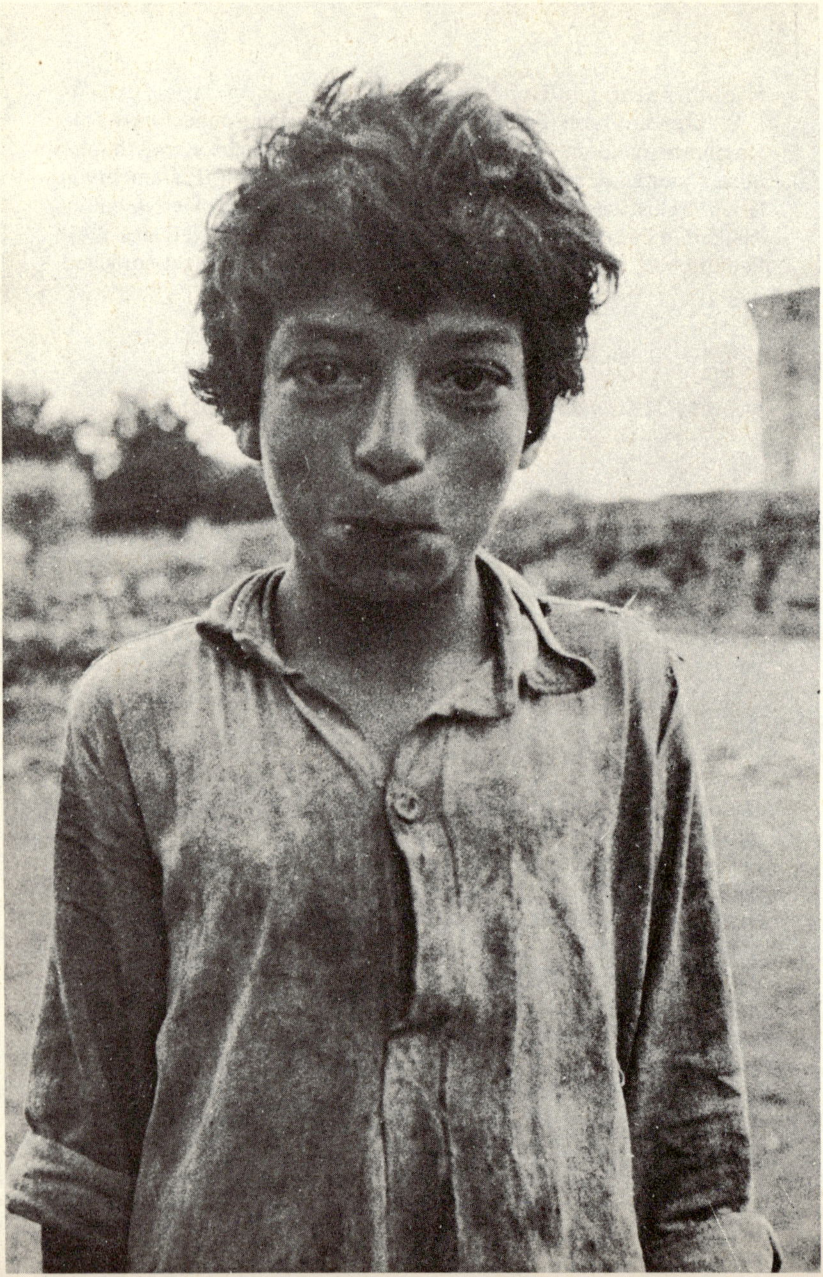

ziellose Bewegung der Massen in der Wüste des Vorderen Orients. Bedenkt man die kaschmirische Überlieferung, dann bekommen sogar manche Kämpfe und Schlachten, denen die Israeliten 40 Jahre lang ausgesetzt waren, einen Sinn. Welche Kämpfe wären denn im Rundummarsch in der Wüste Sinai zu bestehen gewesen? Dort gab es keine feindlichen fremden Völker. Auf dem langen Treck nach Kaschmir hingegen hätten sich die wandernden Israeliten in der Tat gegen Widersacher durchschlagen müssen. Die Ländergrenzen, die sie erreichten, unterstanden der Herrschaft von Königen, die sich gegen nomadisierende Völker, die mit Kind und Kegel, mit einem Troß von Karren und Vieh anrückten, zur Wehr gesetzt hätten.

Die Kaschmir-Legende weiß denn auch, daß Mose in ihrem Hochland starb. Hier, sagen die Überlieferungen, hätten die Propheten gewirkt, hier habe auch Salomon seinen Thron gehabt. Dieser Legende getreu heißt der Hausberg bei Srinagar heute noch *Takht-i-Suleiman*, Thron des Salomon, und 30 Kilometer südwestlich von Srinagar liegt – jedem Kaschmiri bekannt – auf dem Berg Booth das Grab Mose! In Palästina gibt es kein Mose-Grab. Dieses Faktum vermerkt auch die Bibel:

»Und der Herr sprach zu Mose: Dies ist das Land, das ich Abraham, Isaak und Jakob zugeschworen habe, indem ich sprach: ›Deinen Nachkommen will ich es geben.‹ Ich habe es Dich mit Deinen Augen schauen lassen, aber dort hinüber sollst Du nicht kommen. Und Mose, der Knecht des Herrn, starb daselbst im Lande Moab gegenüber Beth-Peor, und niemand kennt sein Grab bis auf diesen Tag.« 5. Mose, 34 ff.

Was wäre wenn . . .

Nehmen wir an, Mose habe die Israeliten nicht nach Palästina, sondern ins Hochland von Kaschmir geführt. Biblische Überlieferung versichert, daß Mose im Auftrag des ›Herrn‹ handelte, desselben Herrn, der die angreifenden Ägypter vernichtete, der den Israeliten in einer weißen Wolke voranzog, die in den Nächten rot leuchtete. Auf ihren langen Wanderungen versorgte der Herr die Israeliten mit dem himmlischen Manna, damit Weiber, Männer und Kinder in der Wüste nicht umkamen. Viele Wüsten sind auch auf dem Weg von Ägypten nach Kaschmir zu durchqueren. Konnte der Herr daran interessiert sein, die Israeliten nach Kaschmir zu lenken?

Linke Seite: »Wollen Sie wirklich kein Mädchen?« fragte der zwölfjährige Machmud

Wie die Juden des Alten Testaments und im heutigen Israel tragen die Männer in Kaschmir ihr *Kipa*

Die Meuterei, über die Henoch berichtete

Mir fiel die Meuterei ein, über die der vorsintflutliche Prophet Henoch berichtete – über den Aufstand der 200 ›Engel‹ gegen ihren ›Herrn‹. Im 6. Kapitel seines apokryphen (griechisch ›verborgene Schriften‹) Buches berichtet Prophet Henoch:

»Nachdem die Menschenkinder sich gemehrt hatten, wurden ihnen in jenen Tagen schöne und liebliche Töchter geboren. Als aber die Engel, die Himmelssöhne, sie sahen, gelüstete es sie nach ihnen und sie sprachen untereinander: ›Wohlan, wir wollen uns Weiber unter den Menschentöchtern wählen und uns Kinder zeugen.‹ – Semjasa aber, ihr Oberster, sprach zu ihnen: ›Ich fürchte, ihr werdet wohl diese Tat nicht ausführen wollen, so daß ich alleine eine große Sünde zu büßen haben werde.‹ – Da antworteten ihm alle und sprachen: ›Wir wollen alle einen Eid schwören und durch Verwünschungen uns untereinander verpflichten, diesen Plan nicht aufzugeben, sondern dies beabsichtigte Werk

auszuführen.‹ – Da schwuren alle zusammen und verpflichteten sich untereinander durch Verwünschungen dazu. Es waren ihrer im ganzen 200, die in den Tagen Jareds auf den Gipfel des Berges Hermon herabstiegen. Sie nannten aber den Berg Hermon, weil sie auf ihm geschworen und durch Verwünschungen sich untereinander verpflichtet hatten. Dies sind die Namen ihrer Anführer: Semjasa, ihr Oberster, Urakib, Arameel, Akibeel, Tamiel, Ramuel, Danel, Ezeqeel, Saraqujal, Asael, Armers, Batraal, Anani, Zaqebe, Samsaveel, Sartael, Turel, Jomjael, Arasjal . . . Diese und alle übrigen mit ihnen nahmen sich Weiber, jeder von ihnen wählte sich eine aus, und sie begannen zu ihnen hineinzugehen und sich an ihnen zu verunreinigen. Sie lehrten sie Zaubermittel, Beschwörungsformeln und das Schneiden von Wurzeln und offenbarten ihnen die heilkräftigen Pflanzen.« (1)

Henoch benennt im weiteren Verlauf der Schilderung der Verschwörung sogar die Funktionen, die die eigenartigen ›Engel‹ auszuüben hatten. Eindeutig beschrieb er einen Aufstand. Da muß man nicht meine Phantasie in Gang setzen, um in diesen 200 Engeln alles andere als ›Engel‹ zu erkennen. Keine der von Henoch beschriebenen Eigenschaften stimmen mit den den biblischen Engeln zugemessenen wohltätigen und hilfreichen Eigenarten überein. Biblische Engel zeugten keine Kinder, verführten keine Erdentöchter, taten sich nicht durch ›Verwünschungen‹ zusammen. Die Henochschen Engel waren Meuterer gegen den Herrn. Eine ansehnliche Mannschaft von 200 Mitgliedern rebellierte gegen ihren Kommandanten, der – wie Henoch wußte – schließlich mit einem Raumschiff im All verschwand und die Meuterer auf der Erde zurückließ.

Mit welchem Gepäck können sich Meuterer bewegen, wie können sie ihr Dasein behaupten? Sie haben noch Werkzeuge, einige technische Geräte, vielleicht ein Raupenfahrzeug, ein helikopterähnliches Gebilde, aber sie besitzen nichts, womit sie interstellare Räume überwinden können. Wesentliches jedoch blieb ihnen: ihr Wissen! Irgendeinen triftigen Grund werden die Meuterer für ihren Aufstand gehabt haben. Vielleicht waren sie der langen Raumreise überdrüssig. Vielleicht war der Kommandant zu streng mit ihnen. Vielleicht hing ihnen die sture Alltagsarbeit an Bord zum Hals heraus. Alles nur spekulative Annahmen! Aber: Jetzt befanden sie sich auf einem Planeten, auf dem es Menschen gab, die ihnen sehr ähnlich waren. Die Meuterer beschlossen, sich diese Menschen untertan zu machen, zu Dienern und Leibeignen, die ihnen ein Leben in Saus und Braus ermöglichten.

Die Meuterer blieben nicht lange zusammen. Sie teilten sich in Gruppen, verteilten untereinander die verbliebenen Gerätschaften, beschlossen, sich gegenseitig über Funk über ihre Aktivitäten zu informieren. Dann brachen sie in verschiedene Himmelsrichtungen auf. Eine Gruppe fuhr über den Ozean nach Südamerika, eine andere nach Nordamerika, eine dritte in den pazifischen Raum, eine vierte in den asiatischen. Die Aufteilung der Erde machte ihnen keine Probleme. Sie verhielten sich genau so, wie Jahrtausende später die Meuterer von der Bounty, dem englischen Schiff, dessen Besatzung 1787 in der Südsee das Schiff in Besitz nahm, deren Mitglieder sich im Südpazifik selbständig machten, deren jedes ein König werden wollte. Einige erreichten ihr Traumziel, andere wurden von Insulanern umgebracht.

Ja, und eine der von Henoch beschriebenen Mannschaften flog über das Hochland von Kaschmir, nahm die unbeschreibliche Schönheit der Landschaft wahr, spürte die idealen Klimaverhältnisse. Hier ließ sich wohl leben! Doch, o Graus, vor 3000 Jahren oder wann immer es war – ich traue den biblischen Datierungen nicht – gab es im Kaschmir-Tal keine Menschen, keine dienstbaren Geister. An hochherrschaftliches Leben gewöhnte Herren vom anderen Stern konnten sich einen Tag ohne Dienerschaft auch in finstersten Träumen nicht ausmalen. Die Aufzucht einer dienstfertigen Schar aus einem einzigen Menschenpaar schien ihnen zu lange zu dauern, also beschlossen sie, einen Volksstamm aus Ägypten ins Kaschmir-Tal zu dirigieren. Dies sollte dann das Land sein, in dem Milch und Honig flossen. Gesagt, getan. Die Meuterer führten die Israeliten von Ägypten ins indische Hochland! Drum setzten sie nächtliche Wegweiser mit Rauchsäulen und Feuern. Ohne diese Signale wäre das Ziel unerreichbar geblieben. Märsche durch Wüsten sind schlimmer als Irrwege durchs Labyrinth. Die ›Götter‹ mußten helfen. Wo immer nötig, griffen sie in Schlachten ein, damit ihre künftige Dienerschaft unbeschadet und siegreich ins Ziel einlief.

Das sind so Gedanken, die mir auf der langen Fahrt kamen. Ich dachte aber auch an dies:

Um nach Kaschmir zu gelangen, muß das Pir-Panjal-Gebirge überquert werden. An der tiefsten Stelle, an der es sich überhaupt begehen läßt, ist es immer noch 2510 Meter hoch. Heute wird diese Passage durch den auf 2180 Meter Höhe liegenden Banihal-Tunnel durchstoßen. Dieser Bergbarriere war vermutlich zuzuschreiben, daß das Kaschmir-Tal vor Jahrtausenden unbevölkert blieb.

Spinnt man den bunten Faden weiter, hatten die Israeliten nun ihr eigenes Land, das sie für sich selbst und für ihren ›Herrn‹ bebauen konnten. Damals wie heute waren und sind die Israeliten beziehungsweise Israelis ein fleißiges, gehorsames und intelligentes Volk, wohl der Grund, weswegen die Meuterer sich diesen hochkultivierten Stamm ins Land holten. Mit seiner Hilfe entstanden in kurzer Zeit Tempel, Paläste, Gärten. Das Kaschmir-Tal wurde zum gelobten Land, zum Paradies.

Diese zugegeben kühnen Spekulationen haben einen Haken. Den Bibelexegeten zufolge ließ König Salomo (etwa 965–926) in Jerusalem einen Tempel bauen. Gehörte König Salomo wie sein Vorgänger David nicht zur Gruppe, die ins Kaschmir-Tal gelotst wurde? Weilte Salomo mal im Kaschmir-Tal, mal in Palästina? Niemand kann gleichzeitig an zwei Orten sein! Salomo schon!

Salomo – der fliegende König

Das Kebra Negest ist die älteste äthiopische Überlieferung. In den Kapiteln 30, 52, 58, 59 und 94 berichtete es in Länge und Breite von einem ›Himmelswagen‹, den König Salomo von seinen Vorfahren erbte und fleißig benutzte*:

»Der König und alle, die seinem Gebot gehorchten, sie flogen auf dem Wagen ohne Krankheit und Leiden, ohne Hunger und Durst, ohne Schweiß und Ermüdung, in dem sie an einem Tag eine Wegstrecke von drei Monaten zurücklegten.« (2)

Zwischen Jerusalem und Srinagar liegen knappe 4000 Kilometer Luftlinie. Zu Fuß ließe sich diese Strecke nicht binnen drei Monaten zurücklegen. Bei einer Tagesmarschleistung von 20 Kilometern käme man im Monat auf 600 Kilometer, in drei Monaten auf 1800 Kilometer – wobei der Landweg ungleich weiter wäre als die Luftlinie. Genau diese Strecke aber soll Salomo – laut Kebra Negest – in seinem Flugwagen an einem Tag bewältigt haben.

Wäre der fliegende König nur an 12 von 24 Stunden in der Luft gewesen, hätte sein Gefährt eine Geschwindigkeit von 150 Stundenkilometern gehabt. Nimmt man an, er wäre nur acht Stunden täglich geflogen, dann hätte sein Himmelswagen immer noch eine Durch-

* Die Geschichte des Himmelsfahrzeugs ist ausführlich in *Prophet der Vergangenheit* dargestellt

schnittsgeschwindigkeit von 225 Stundenkilometern gehabt – nicht gerade das Tempo eines Düsen-Jets, doch aber schnell genug, um mehrmals im Monat zwischen Jerusalem und Srinagar zu pendeln.

Unterstellt, König Salomo hätte ungefähr auf der Hälfte der Strecke Kaschmir–Israel eine Zwischenlandung gemacht, dann müßte es – vielleicht – auch im heutigen Iran Hinweise auf eine solche Landung geben. Himmelsfahrzeuge – damals ja nicht gerade eine Alltäglichkeit – landeten und starteten nicht, ohne von den Einwohnern bemerkt zu werden.

Tatsächlich liegt im nordwestlichen Iran in 2200 Metern Höhe der Bergkegel ›*Takht-i-Suleiman*‹, Thron des Salomon – wie bei Srinagar. Auf dem *iranischen* ›Thron des Salomo‹ gab es einen sassanidischen Feuertempel, in dem Feuer und Wasser verehrt wurden. Feuer und Wasser? Sie mögen sich nicht. Wo sie sich begegnen, entsteht Dampf. Wurde Salomos Flugzeug mit Dampf angetrieben? War die Technik der Dampfmaschine bekannt, wie sie erstmals der französische Naturforscher Denis Papin (1647–1712) erfand? Verehrte man dieses Wunderwerks wegen Feuer und Wasser? – Lustigerweise heißt der benachbarte Berg *Zendan-i-Suleiman*, und das bedeutet ›Gefängnis des Salomo‹. Vielleicht verfranzte sich der Pilot und setzte zu einer Notlandung an.

Neben aller kühnen Phantasie bleibt festzuhalten, daß es im Iran und bei Srinagar zwei Salomo-Berge gibt. Auf beiden standen Salomo geweihte Tempel. Das Bauwerk im Iran steht nicht mehr, der Tempel bei Srinagar ist heute noch – mehrfach umgebaut – in Betrieb. Ganz nebenbei erklärt meine Annahme, weshalb Salomo für den Tempelbau in Jerusalem Architekten und Baumeister aus dem Libanon anheuern mußte: Seine eigenen Leute arbeiteten im Hochtal von Kaschmir.

Hypothesen und ein paar Fakten

Daß diese für manchen Leser atemberaubenden Hypothesen mit meinen Außerirdischen zu tun haben, ist klar. Nicht klar ist, was das mit Jesus zu tun haben kann, der 1000 Jahre später lebte. Ehe ich Tatsachen zum Anfassen vor mir hatte, nahm ich Überlegungen aufs Spinnrad.

Die dem mosaischen Gesetz verschworene Essener-Sekte vom Toten Meer wußte, daß mindestens ein israelitischer Stamm im fernen

Kaschmir lebte. (3) Sie kannte alte Schriften aus Salomos Regentschaft und seine asiatischen Verbindungen, möglicherweise bestand auch zu Jesus' Zeiten zwischen den Essenern und dem nach Kaschmir verschleppten Stamm der Landsleute noch Kontakt. Und dies sind meine Annahmen, wie und weshalb Jesus nach Kaschmir gekommen sein kann:

– An einem Freitag wurde Jesus zur Mittagszeit ans Kreuz geschlagen. Freitag um Mitternacht beginnt der Sabbat, der 7. Wochentag. Tag der Arbeitsruhe, der Heiligung und geistigen Erneuerung. Die römischen Besatzer waren klug genug, dieses religiöse Gesetz zu achten. Deshalb durfte am Sabbat kein Bestrafter mehr am Kreuz hängen. – Entgegen allgemeiner Annahme, so stellten Historiker fest, war die römische Kreuzigungsstrafe nicht unbedingt ein Todesurteil, vielmehr eine barbarische Marter, die starke und gesunde Körper, von zähem Willen beherrscht, zu überleben vermochten.

– Die Bibel berichtet, daß ein römischer Legionär mit der Lanze Jesus in die Seite stach und daß Blut und Wasser aus der Wunde floß. Demnach war Jesus nicht tot. – Joseph und Nikodemus wurde im Beisein einiger Frauen, darunter der Mutter Jesu, gestattet, den Meister vom Kreuz abzunehmen. Die Männer beließen die römische Soldateska in der Überzeugung, der Herr wäre tot, bedeckten den geschundenen Körper mit Tüchern, pflegten die Wunden mit Salben und Kräutern – an geheimem Ort, vielleicht im Kloster der Essener, die vorzügliche Mediziner unter sich hatten. Nur so wird der Bibeltext verständlich: Zwei Jünglinge fragten die Frauen am Grab: *»Was sucht Ihr den Lebenden unter den Toten?«* Lukas 24,1

– Der Evangelist Johannes weiß nichts von einer Himmelfahrt, und die Aussagen des Matthäus, Markus und Lukas sind widersprüchlich. Überliefert ist im biblischen Bericht, daß sich Jesus nach der Kreuzabnahme seinen Jüngern zeigte und dem ungläubigen Thomas sogar erlaubte, die Wunden an Händen und Füßen zu betasten.

– Die Römer bekamen Kunde, daß Jesus lebte; sie begannen, ihn zu suchen. Jesus durfte sich als stadtbekannter Mann nicht mehr in der Öffentlichkeit zeigen – schwierig, denn alles Gebiet um das heutige Israel war Territorium der römischen Besatzer: im Süden Ägypten, im Norden Libanon, die Türkei, im Westen Europa. Es gab füglich nur einen Fluchtweg – Richtung Osten! Waren neuerlich die Essener mit ihrer fünften Kolonne in Aktion? Rieten sie zur Flucht in Richtung Kaschmir, weil sie Jesus versichern konnten, daß er dort Landsleute antreffen würde?

– Die Römer setzten Saulus als Häscher ein, von dem sie wußten, daß er als geschulter Offizier die Christen verfolgte. Saulus, ein schlauer Fuchs, begriff, daß Jesus sich via Damaskus in Richtung Osten der Verfolgung entziehen mußte. – Vor Damaskus ließ Saulus Jesus in eine Falle tappen: »Saul, Saul, warum verfolgst Du mich?« (Apostelgeschichte 9,4). – Im Gespräch vermochte Jesus den Römer offenbar zu überzeugen, daß seine Person keine Gefahr mehr bedeutete, man ihn seines Weges ziehen lassen könnte.

– Ab dieser Begegnung nannte sich Saulus fortan Paulus, er bekehrte sich zum Heidenmissionar, war also der erste, von Jesus selbst dem Christentum gewonnene Andersgläubige. Paulus vertrat nun die Lehre Jesu, wonach vor Gott alle gleich sind, also – weil mißdeutbar – ein politisches Programm von höchster Brisanz. Die missionarischen Reisen des Paulus waren von Sklavenaufständen begleitet – Grund für die ersten nachchristlichen Imperatoren, die junge Christengemeinde blutrünstig zu verfolgen. – Der Römer Saulus/Paulus wurde schließlich mit dem Kopf nach unten gekreuzigt – in den Augen der Römer Buße für seinen Verrat.

– Hielt Mutter Maria die Reisestrapazen nicht aus? Starb sie wenige Kilometer westlich des heutigen Rawalpindi in Pakistan? Mindestens gibt es dort heute noch die Kapelle *Mai Mari* – »letzte Ruhe der Mutter Maria«.

– Folgt man indischen Meinungen, dann wanderte Jesus weiter nach Kaschmir hinein, er war den römischen Häschern entkommen! Er wurde sicher von der im Exil lebenden, nach den strengen Sitten der Essener lebenden Gemeinde freundlich in Kaschmir aufgenommen, heiratete und starb in hohem Alter – vom einfachen Mann wie von mächtigen Herrschern verehrt.

Diese Gedanken aus Lektüre und Indizien zusammengereimt, mit vielen Fragezeichen gespickt, bewegten mich, bis ich sichtbaren Spuren folgen durfte.

Theorie . . .

Auf der Terrasse des *Oberoi*-Hotels, einem ehemaligen Maharadscha-Palast, erwartete mich Professor Dr. F. M. Hassnain, mit dem ich mehrere Briefe gewechselt hatte, in denen ich ihm auch meinen Besuch ankündigte. Er ist im Staatsdienst und ordnet als ›Chef der Archive‹ nicht nur heutige Staatsakten, sondern hütet auch Dokumente der vergangenen Zeit. Von ihm erhoffte ich mir Klarheit in meinen verwegenen Kombinationen. Nun saß er neben mir unterm Sonnenschirm. Um uns Ruhe. Vor uns der Blick in den paradiesischen Park und auf die im Sonnenlicht glitzernden Wasser Srinagars machten das Dekor für ein ruhiges Gespräch. Im Verlauf der Tage sollte mir erst bewußt werden, welches Ansehen dieser freundliche, mittelgroße Gelehrte mit der hohen Stirnglatze in der Stadt genießt. Der Zufall führte mich zum richtig informierten Mann.

Als ich von einem mutmaßlichen Aufenthalt Jesu in Kaschmir zu sprechen begann und andeutete, daß die Nachricht von der Existenz des Jesus-Grabes zu einer wirklichen Überzeugung nicht genüge, empfand Professor Hassnain meine Skepsis spürbar als Zumutung.

»Die Beweiskette ist lückenlos. Sie kann vor jedem Gericht bestehen!«

»Bitte, Herr Professor, ich bin begierig zuzuhören . . .«

»Ich nehme an«, dozierte Hassnain, »daß Sie während Ihrer Autofahrten durch unser Land beobachtet haben, wie ähnlich die Bevölkerung Kaschmirs der Bevölkerung des historischen Palästina ist. Die Ähnlichkeiten erschöpfen sich nicht in Aussehen und Sprache, nicht nur in religiösen Ritualen, Sie können sie auch in alten Tempelbauten erkennen, die allesamt wie Miniaturen des Tempels von Jerusalem wirken. Sie sahen den Berg ›Thron des Salomo‹ und die kaum 15 Kilometer von hier entfernten ›Gärten des Salomo‹. Hier bei uns in Kaschmir gibt es die im 5. Buch Mose erwähnten Berge, die Sie in Palästina vergeblich suchen und, verehrter Herr, hier bei uns liegt auch das Grab Mose. Nein, glauben Sie mir, als Jesus hierher wanderte, suchte er kein ungefähres Ziel, er wollte ins *Land seiner Väter*!«

»Woher wußte Jesus von diesem Land?«

Professor Hassnain sah mich an, nahm einen Schluck eisgekühlten Tee mit Zitrone:

»Da gibt es mehrere Möglichkeiten. Vielleicht wußte er aus alten Schriften im Essener-Kloster davon. Gab es keine schriftlichen Hinweise, gab es mündliche Überlieferungen, man war ja dem Exodus noch ziemlich nahe. Und es gibt eine unterschätzte Möglichkeit: Sie wissen, daß westliche Christus-Forscher im Leben Jesu die Lücke zwischen seinem zwölften und dreißigsten Lebensjahr nicht schließen können, eine unbestrittene Vakanz in seinem Lebenslauf. Muß man doch fragen, war Jesus bereits in seinen Jugendjahren, in seiner frühen Manneszeit hier in unserm Land?«

Da der Professor für Genauigkeit plädierte, fragte ich:

»Jerusalem und Srinagar, dazwischen liegt eine gewaltige Strecke von 4000 Kilometern Luftlinie. Wie bewältigte Jesus diese Distanz?«

Der Professor schmunzelte und antwortete, nachdem er sich eine seiner überlangen Zigaretten anzündete:

»Mein Lieber, denken Sie doch an die kanadischen Siedler unseres Jahrhunderts! Die haben es doch auch ohne Eisenbahn, Flugzeuge und Autos von der Ost- zur Westküste geschafft – 7000 Kilometer! Zu Fuß, mit Familien und Hausstand, in einfachsten Planwagen. Bei Tagesmärschen von nur 15 Kilometern ist die Strecke Palästina–Kaschmir in einem Jahr zu packen, und in biblischen Zeiten waren die Leute bestimmt besser zu Fuß, als wir es heute sind . . .«

Argumentiert geschickt, dieser Professor, dachte ich, hakte aber nach:

»Gibt es Handfestes, was zum Anfassen, zum Messen, zum Fotografieren?«

Die Frage gab Hassnain einen sichtbaren Ruck, er setzte sich steil in den Sessel:

»Wir haben hier das Grab Jesu, seit über 1900 Jahren in Dokumenten erwähnt! Die Grabinschrift sagt: ›Hier ruht der berühmte Prophet *Yuz-Asaf*, genannt *Yusu*, Prophet der Kinder Israels.‹ Sie müssen wissen: *Yuz-Asaf* und *Yusu* sind identisch mit dem Namen Jesus, es sind die hiesigen Schreibweisen.«

. . . und Praxis!

Tags darauf führte Professor Hassnain uns in eine enge Gasse, die immer in trübem Dämmerlicht liegt. *Ein Prophet wird kommen* heißt sie. *Rauzabal Khanyar* ist unser Ziel, ein Gebäude mit Elementen von Kirche und Moschee. Unbefugte, die wir sind, wären wir ohne Professor Hassnains Dabeisein nicht eingelassen worden. Man kennt ihn, man achtet ihn, wer in seiner Begleitung ist, profitiert von seiner Autorität.

Wie alle zogen wir die Schuhe aus und verrichteten mit dem Grabhüter und seiner Familie ein Gebet. Ich gebe zu: Mir war mulmig zumute. Ungeheuerlich der Gedanke, hier vielleicht den Gebeinen des wirklichen Jesus nahe zu sein.

Der Raum ist ziemlich dunkel. Auf Balken ruht ein Kreuz mit brennenden Kerzen. Im Zentrum steht ein feingeschnitztes Getäfel, ein Schrein, von einsichtigen Gittern aus verzierten schmalen Holzrosten geschützt. Im Schrein glimmen Räucherkerzen in einer Bodenschale.

Hierher pilgern nicht nur Christen, auch Hindus und Moslems verehren die Grabstätte. Ist für sie auch Mohammed der höchste Prophet Gottes, gilt ihnen Jesus als redemächtiger Prophet und vorbildlich guter Mensch auch sehr viel.

Im Stein des Fußbodens sah ich an einer Stelle, die nicht betreten werden darf, Fußabdrücke. »Was ist das?« flüsterte ich.

»Das sind Fußspuren von Jesus«, sagte der Grabhüter, murmelte ein Gebet, senkte den Kopf und faltete die Hände vor der Brust, wie es Wallfahrer an heiligen christlichen Stätten tun.

»Darf ich den Stein anfassen?« fragte ich. Ohne sein Gebet zu unterbrechen, nickte der Grabhüter mit mönchischer Sanftmut. Ich legte Handspannen an und schätzte die Abdrücke auf Schuhgröße 45. In den Abdrücken fühlte ich Vertiefungen, rauhe Unebenheiten. Wundmale? Hier behauptet man es.

Leise raunte ich Professor Hassnain meine Frage zu, ob ich wohl in die Gruft steigen dürfte. Meine Bitte wäre vermutlich auch von ihm abschlägig beschieden worden, wenn nicht eben Dr. Aziz Kaschmiri, Autor des Buches *Jesus in Kaschmir*, verabredungsgemäß zu unserer Gruppe getreten wäre. Er befürwortete meine Bitte.

Der Schrein wurde geöffnet, ich verrichtete zum Wohlgefallen derer, die mich beobachteten, ein kurzes Gebet. Dann machte ich die Kamera schußbereit und stieg durch ein kleines Gittertor ins Innere. Zurückdenkend kann ich nicht leugnen, daß ich auf unerklärliche Weise irritiert war. Damals, erinnere ich mich, zwang mich die Enge zur Konzentration auf komplizierte Aufnahmen. Das Blitzlicht grellte auf. Ein Sakrileg? Mir fiel der Jesus meiner Schulzeit ein, der, wie man uns lehrte, Verständnis für jedwedes menschliche Verhalten aufbrachte, er würde, dachte ich, auch für mein neugieriges Anliegen Verständnis haben. Ich angelte den Kompaß aus der Brusttasche meines Buschhemds: Die Grabplatten waren in west-östlicher Richtung ausgelegt.

Ich machte Aufnahmen mit unterschiedlichen Objektiven, ich beschäftigte mich, weil ich enttäuscht war. Gibt denn diese Gruft, diese steinbedeckte Begräbnisstätte, Aufschluß darüber, was in ihr verborgen ist? Ist nicht alles, was behauptet wird, nur eine Schimäre? Diese Steinplatten müßten gehoben, das wirkliche Grab geöffnet werden. Erst wenn Gebeine mit Wundmalen an Händen und Füßen zum Vorschein kämen, wäre das ein wirklicher Beweis. Vielleicht gäben auch Grabbeigaben Auskünfte.

Es ließe sich sogar vorstellen, daß einer so berühmten Gestalt wie Jesus Daten seines Lebens auf einer Schriftrolle mit in die Stätte seiner letzten Ruhe gelegt wurden. Schon an einem winzigen Stück gefundenen Knochens ließe sich die Zeit des Todes genau datieren.

»Herr Professor, warum wird das Grab nicht untersucht, um aus Annahmen Tatsachen zu machen?«

Seit Jahren, erklärte Hassnain, bemühe er sich erfolglos darum. Höchste Stellen fürchteten, die religiösen Gefühle der Christen, Moslems und Hindus zu verletzen. Er zwinkerte mir zu:

»Schreiben Sie darüber! Ihre Bücher werden überall gelesen und diskutiert. Vielleicht hilft das. Übrigens wäre es ein großer Erfolg, wenn endlich Gelehrte aus aller Welt bei den obersten indischen Behörden eine Graböffnung erreichen könnten!«

»Schon eine Röntgenstrahldurchleuchtung des Grabes könnte wichtige Indizien liefern«, sagte ich. »Und das, ohne die Gebeine oder die Mumie oder was immer da unten verborgen ist, zu berühren.«

»Vielleicht«, resignierte Hassnain.

Auf der Rückfahrt zum *Oberoi*-Hotel machte ich dem Professor behutsam klar, daß dieses Grab niemanden von der Richtigkeit der Annahme, Jesus sei in Kaschmir gewesen und hier alt geworden und in Srinagar beigesetzt, überzeugen könne.

Hassnain schaute auf das Menschengewühl in der Straße, sagte:

»Das gebe ich gern zu, aber denken Sie auch an die Dokumente!«

»Was für Dokumente?«

»Morgen zeige ich Ihnen auf dem Berg Thron des Salomo zwei Inschriften. Eine sagt: *In dieser Zeit predigte der Prophet Yusu.* Das auf den Gregorianischen Kalender umgerechnete Datum gibt das Jahr 54 nach Christus an. Die zweite Inschrift sagt: *Er ist Jesus, der Prophet der Kinder Israels.*«

»Kann nicht anno 54 ein Jünger Jesu nach Kaschmir gekommen sein, der die Inschriften veranlaßte? Dazu war die Anwesenheit von Jesus unnötig.«

»Kommen Sie morgen in die Bibliothek! Dort zeige ich Ihnen das Sanskrit-Buch *Bhavishya Maha Purana.* Es wurde 115 nach Christus verfaßt. Auf den Seiten 465 und 466 mit den Versen 17 bis 32 ist eine Begegnung Jesu mit dem seinerzeitigen Herrscher von Kaschmir beschrieben. Ich werde von westlichen Besuchern so oft danach gefragt, daß ich eine Abschrift stets in meiner Tasche bei mir trage. Ich kann Ihnen den Text auf Ihr Tonband sprechen, wenn Sie wollen . . .«

Und ob ich wollte! So habe ich denn ein in Englisch besprochenes Tonband in meinem Schallarchiv. Ich habe es übersetzt, und dies las Professor Hassnain mir vor:

»In der Regierungszeit Raya Shalewahin – das war 78 nach Christus! – ließ sich der Herrscher über die kühlen Hügel Kaschmirs tragen. Da sah der König eine glückliche Person in weißem Linnen im Gras sitzen und um sie mehrere Zuhörer. Shalewahin fragte den Fremden, wer er sei. Der Mann im weißen Gewand antwortete mit ruhiger und glücklicher Stimme: ›Ich bin geboren aus einer jungen Frau. Ich bin der Prediger der Mlachha-Religion der wahren Prinzipien.‹

Der König fragte weiter:

›Was ist das für eine Religion?‹

Der Fremde antwortete:

›Omaharay (= großer Herrscher), ich wandelte und predigte im Mlachha-Land (geographisch: Palästina) und lehrte die Wahrheit und lehrte gegen die Zerstörung der Traditionen. Ich erschien dort, und sie nannten mich Masih *(= Messias). Sie liebten meine Lehre nicht, verwarfen die Traditionen und verurteilten mich. Ich litt sehr in ihren Händen.‹*

Als der König mehr über die ihm fremde Religion erfahren wollte, antwortete der Mann im weißen Linnen:

›Die Religion heißt Liebe, Wahrheit und Reinheit des Herzens, und deshalb werde ich Masih genannt.‹«

Das war ein aufregender Text!

Nachdem wir uns vorm *Oberoi* verabschiedet hatten, setzte ich mich im Dämmer der hereinbrechenden Nacht noch eine Stunde im Schein eines Windlichts auf den Balkon. Wie ein überwältigendes Breitwandbild sah ich den Fluß Jhelum, der Srinagar durchfließt, an den Hängen die Tempel der Hinduzeit, die Paläste und Moscheen aus dem 14. und 15. Jahrhundert. Ich finde nach dem erregenden Tag meine Ruhe wieder, denke über das Gehörte nach, spule immer wieder das Tonband vor und zurück.

Dieser Sanskrit-Überlieferung aus dem Jahre 115 n. Chr. zufolge antwortete Jesus-Masih dem König: »Ich bin geboren aus einer *jungen Frau*, ich lehrte die Wahrheit und lehrte gegen die Zerstörung der Traditionen . . . *sie verwarfen die Traditionen und verurteilten mich* . . .«

Daß Jesus von einer Jungfrau – einer jungen Frau – geboren wurde, überliefern auch die Evangelisten. Daß Jesus die unverfälschten

Lehren der Tradition verkündete, wissen wir, seit 1947 in den Höhlen bei Qumran die ›Schriftrollen vom Toten Meer‹ (4) gefunden wurden. Sie berichten Entscheidendes über die Zeitenwende, die ab der Geburt Jesu datiert. Anno 66 n. Chr. verbargen die Essener Mönche ihre wertvollsten Schriften in Tonkrügen und versteckten sie in den Höhlen über Qumran. Zufällig gefunden, begann in der Höhle am Toten Meer ein Krimi (5): Einige Schriftrollen wanderten auf schwarzen bis grauen Wegen um die halbe Welt, wurden in Universitäten und Klöstern unter die Lupe genommen, auch Geld spielte bei dem sensationellen Fund eine Rolle . . . bis die einmaligen Dokumente, die die theologische Weltvorstellung veränderten, bei den Professoren André Dupont-Sommer und Millar Burrows in gute Hände kamen.

Diese Funde belegen definitiv, daß Jesus seine Lehren überwiegend und in der Substanz von den Essenern übernahm – wie die Bergpredigt, den Kern seiner Lehre, wie die Kämpfe der ›Söhne des Lichts‹ gegen die ›Söhne der Finsternis‹. Beispielsweise.

Schon Philon von Alexandria, der an der Zeitenwende von etwa 25 v. Chr. bis 50 n. Chr. lebte, berichtete in seinem Aufsatz *Quod omnia probus liber sit* (6) über die Essener:

»Das palästinensische Syrien, welches ein wesentlicher Teil des sehr zahlreichen Volkes der Juden bewohnt, ist auch nicht unfruchtbar im Hervorbringen von Tugenden gewesen. Gewisse unter ihnen, an der Zahl mehr als 4000, bezeichnet man mit dem Namen Essener; dieser Name ist meiner Ansicht nach . . . mit dem Wort ›Heiligkeit‹ zusammengebracht worden; tatsächlich sind dies Menschen, die ganz besonders dem Gottesdienst obliegen . . .

Sie horten weder Silber noch Gold, und sie erwerben keine großen Landgüter . . . sondern sorgen nur für den nötigen Lebensbedarf . . . sie verwerfen alles, was in ihnen Habsucht erwecken könnte . . . Sie haben unter sich nicht einen einzigen Sklaven, vielmehr sind sie alle frei und helfen sich gegenseitig . . . ihre Liebe zu Gott zeigen tausend Beispiele . . .«

Der jüdische Historiker und Feldherr Flavius Josephus (37–97 n. Chr.) schrieb in seiner ›Geschichte des jüdischen Krieges‹ (7) im Jahre 77 über die Essener-Gemeinde:

»Es gibt nämlich bei den Juden drei Arten von philosophischen Schulen; die einen bilden die Pharisäer, die anderen die Sadduzäer, die dritte, welche nach besonders strengen Regeln lebt, die sogenannten Essener . . . Über die Ehe denken sie gering, dagegen nehmen sie fremde Kinder auf, solange dieselben noch im zarten Alter stehen und

bildungsfähig sind, halten sie wie ihre Angehörigen und prägen ihnen ihre Sitten ein . . . In ihrem Anzug und ihrer ganzen äußeren Erscheinung machen sie den Eindruck von Knaben . . . Ehe das Mahl beginnt, spricht der Priester ein Gebet . . . nach dem Mahle betet er wiederum . . . mit Vorliebe widmen sie sich dem Studium von Schriften der Alten . . . Schmerzen überwinden sie durch Seelenstärke . . . sie hegen nämlich den festen Glauben, daß der Körper zwar der Verwesung anheim falle und vergänglich sei, die Seele dagegen in Ewigkeit fortlebe . . .«

Dieses Psychogramm einer Gemeinschaft paßt auf den Einzelgänger Jesus. Wurde er, von einer jungen Frau geboren, als Knabe der Erziehung durch die Essener anvertraut? Wurde ihm im Kloster nahe Qumran das mosaische Gesetz – es gibt nur einen Gott! – eingeimpft, das Jesus als Mann die römische Vielgötterei verachten ließ und zum Widerständler machte? Lernte er bei den Essenern, die Pein und Marter am Kreuz durch Seelenstärke zu ertragen und zu überwinden? Darf man es noch als Zufall abtun, wenn alte Sanskrit-Texte verbriefen, der Masih-Messias habe dem König berichtet, er wäre von einer jungen Frau geboren worden und habe die ›Wahrheit gegen die Zerstörung der Traditionen gepredigt‹ . . . wie es das Programm der Essener war?

Ich sah die Spur, die von Srinagar aus 2000 Jahre zurück in die Zeit Jesu führte und noch weiter zurück in die Zeit der Götter und der Meuterer. Wenn ich mich seit diesen Tagen überzeugt wähne, daß das Grab Jesu in Srinagar zu finden sein könnte, weiß ich, daß westliche Theologen für asiatische Legenden nur ein mildes Lächeln aufzubringen vermögen. Sollen sie sich doch zusammentun, um die indische Jesus-Legende aufzuklären! Ist das eine unziemliche Aufforderung, Häresie? Begeht man eine Gotteslästerung? Darf man das Jesus-Grab in Kaschmir nicht untersuchen, weil es der Himmelfahrt wegen kein Jesus-Grab geben darf?

Um der letzten christlichen Wahrheit wegen sollte die Frage geklärt werden. Befinden sich in der Wallfahrtsstätte *Rauzabal Khanyar* wirklich die Gebeine Jesu, ändert sich an seiner erhabenen Lehre nichts. Man muß nicht so schwarz sehen wie es im 1. Korinther-Brief des heiligen Paulus im Kapitel 15, Verse 16 und 17 verlautbart wird:

»Denn wenn Tote nicht auferweckt werden, so ist auch Christus nicht auferweckt worden. Ist aber Christus nicht auferweckt worden, so ist Euer Glaube nichtig.«

Atomexplosion vor 4000 Jahren?

Professor Hassnain zeigte uns die Ruinen der Tempel von Parhaspur, im Umkreis von mehreren Kilometern ein Feld totaler Zerstörung.

Terrassenstufen der einstigen Anlage sind deutlich erkennbar, sie erinnern mich sofort an die Bearbeitungs- und Baumethoden der über- und ineinandergefügten Blöcke an Inka-Tempeln in Südamerika etwa oberhalb Cuzco in Peru. Wie dort sind die Gesteinsmassen wie mühelos aus dem Fels gesägt, hier wie dort scheint es keine Transportprobleme gegeben zu haben, hier wie dort drängt sich der Eindruck einer explosionsartigen Vernichtung auf, eine Zerstörung, die nicht den Jahrtausenden, die darüber hinweggingen, zuzumuten ist. Man kann sich beim Anblick der Wüstenei – Bilder, wie sie das Fernsehen leider täglich nach Bombardements von Kriegsschauplätzen zeigen muß – nicht vorstellen, daß solche Trümmerstätten wie in Hiroshima ohne Explosion entstanden. Sieht man vom Zentrum der einstigen Anlage aus in die Runde, bemerkt man, daß die Abertausende Steinbrocken in etwa demselben Abstand vom Mittelpunkt aus liegen.

Mir sind die Legenden von ›Göttern‹ und ihren furchtbaren Waffen geläufig wie das kleine Einmaleins. Drum hat der Gedanke einer Zerstörung aus der Luft nichts Absurdes für mich.

Fliegende Apparate in altindischen Sanskrittexten

Unter dem Titel dieser Zwischenzeile hielt Professor Dr. Dileep Kumar Kanjilal einen brillanten Vortrag auf dem 6. Weltkongreß der *Ancient Astronaut Society* 1979 in München (8). Kanjilal ist Professor am ›Calcutta Sanskrit College‹, einer der führenden Sanskrit-Gelehrten also.

Kanjilals Ausführungen, die ich mit seiner freundlichen Erlaubnis zitieren darf, erhärten meine Hypothese, daß die von Henoch in Aktion beschriebenen ›Meuterer‹ noch im Besitz von technischen Gerätschaften und einfachen Flugapparaten gewesen sind, als das Mutterraumschiff schon wieder gestartet war. Die ›abtrünnigen Engel‹, die ›vom Himmel gekommenen Wesen‹ ließen sich mit Menschentöchtern ein, zeugten Kinder. Man nannte sie ›Gottessöhne‹, und sicherlich verfügten sie nicht mehr über das *ursprüngliche* Wissen der Meuterer, die zur ersten Raumfahrercrew gehört hatten und auf einem fernen Planeten aufwuchsen. Die technischen Geräte der

Im Zentrum von Parhaspur stehen Reste der Pyramide, die an die Maya-Pyramiden im Dschungel von Zentralamerika erinnert. Waren es dieselben Baumeister?

Extraterrestrier verfielen, verrosteten, gingen in den ersten Jahrhunderten nach der Landung verloren. Die von den ›Meuterern‹ gezeugten Kinder und Kindeskinder wuchsen auf der Erde auf, niemand mehr verfügte über Kenntnisse, wie defekte Apparate wieder zu reparieren wären. Dank der technischen Überlieferung der Vorfahren, dem Know-how der Vorväter, waren sie dennoch in der Lage, einfache Flugapparate zu konstruieren, die sie den anderen Zeitgenossen turmhoch überlegen machten.

Ich halte meine Ohren auf für jede andere Erklärung der Vorgänge, die alte Sanskrit-Texte vermitteln. Es handelt sich um keine obskuren Geheimschriften. Die von Professor Kanjilal zitierten Dokumente sind in jeder größeren Sanskritbibliothek einsichtig – und lesbar, sofern man Sanskrit versteht. Was unser Sanskritgelehrter aus Kalkutta mitteilt, ist so ›gefährlich‹ für die in alten Geleisen laufende einschlägige Wissenschaft, daß sie – ohne Waffen zur Verteidigung alter Standpunkte – nur weghören oder spötteln kann. Argumente

gegen die Überlieferungen hat sie nicht. Ich zitiere wortwörtlich aus dem Vortrag von Professor Kanjilal:

»Man ist geneigt, die extraterrestrische Ankunft der Götter sowie ihren geschlechtlichen Verkehr mit irdischen Frauen, der vielfach nicht ohne Folgen blieb, als Erfindung der vedischen Texte (älteste religiöse Literatur der arischen Inder) und des Mahâbhârata (Nationalepos der Inder) hinzustellen.

Verfolgt man aber die Geschichte der Bilderanbetung in Indien, so stößt man auf zwei wichtige Werke, auf das Kausitaki *und das* Satapatha Brahmana *– etwa 500 vor Christus, die von den Abbildern der Götter berichten. Texte und Bilder belegen eindringlich, daß die Götter ursprünglich körperliche Wesen waren. Wie aber, und diese Frage muß unweigerlich auftauchen, gelangten diese Götter durch die Atmosphäre auf die Erde?*

Die Yajurveda *berichtet klipp und klar von einer fliegenden Maschine, die von den Asvins (zwei göttlichen Zwillingen) benutzt wurde. Das Wort* Vimana *ist nichts anderes als ein Synonym für Flugmaschine. Es taucht in der* Yajurveda, *im* Ramayana, *im* Mahâbhârata, *im* Bhagavata Purana *sowie in der klassischen indischen Literatur auf. Das Wort Yantra bedeutet genau übersetzt ›mechanischer Apparat‹, und es ist in der Sanskrit-Literatur weit verbreitet. (9)*

Mindestens 20 Passagen der Rigveda *(1028 Hymnen an die Götter) beziehen sich ausschließlich auf das fliegende Gefährt der Asvins, wobei dieser Flugapparat als dreistöckig, dreieckig und mit drei Rädern dargestellt wird, der mindestens drei Passagiere aufnehmen konnte. Die Apparatur wurde nach den Überlieferungen aus den Metallen Gold, Silber und Eisen hergestellt und verfügte über zwei Flügel. Mit diesem Fluggerät retteten die Asvins auch den König Bhujyu, der in Seenot geraten war.*

Jeder Sanskritgelehrte kennt das Vaimânika Sastra, *eine Sammlung von Aufzeichnungen, deren Kern dem weisen Bharadvajy – etwa 4. Jahrhundert vor Christus – zugeschrieben wird. Diese Schriften des Vaimânika Sastra sind 1875 in Indien wiederentdeckt worden. In den*

Linke Seite oben: Das Trümmerfeld von Parhaspur ist zu weitläufig für den Standort eines Tempels. Indische Überlieferungen wissen von einer Zerstörung aus der Luft

Linke Seite unten: 18 000 km Luftlinie liegen zwischen Kaschmir und Bolivien, und doch ist diese Platte bearbeitet wie jene Platten, die in Puma-Punku liegen

Texten geht es um die Größe und die wichtigsten Teile der verschiedenen Fluggeräte. Man erfährt, wie sie zu steuern sind, welche Besonderheiten bei langen Flügen zu beachten waren, wie man die Apparaturen vor schweren Stürmen und Blitzen schützen konnte, wie man notlandete, ja, selbst wie man die Antriebskraft auf Sonnenenergie umstellt, um den Treibstoff zu strecken. Der weise Bharadvajy verweist auf nicht weniger als 70 Autoritäten und zehn Experten der vorgeschichtlichen indischen Luftfahrt!

Die Beschreibungen dieser Apparate in altindischen Texten sind erstaunlich präzise. Die Schwierigkeit, vor der wir heute stehen, liegt eigentlich nur darin, daß verschiedene Metalle und Metall-Legierungen erwähnt werden, die wir nicht übersetzen können. Wir wissen nicht, was die Vorfahren darunter verstanden. Im Samaranganasutradhara *sind ursprünglich fünf Flugapparate für die Götter Brahma, Vischnu, Yama, Kuvera und Indra gebaut worden. Später kamen noch einige dazu. Es werden vier Haupttypen dieser fliegenden Vimanas beschrieben: Rukma, Sundara, Tripura und Sakuna. Dabei waren die Rukma von konischer Form und golden gefärbt, die Sundara hingegen raketenähnlich und silberglänzend, die Tripura dreistöckig und die Sakuna vogelähnlich. Von diesen vier Haupttypen gibt es 113 verschiedene Untergliederungen, die sich teilweise nur geringfügig voneinander unterscheiden.*

Im Vaimânika Sastra *wird der Standort und die Funktionsweise der Sonnenenergie-Kollektoren beschrieben. Da heißt es, acht Rohre aus einem bestimmten, die Sonnenstrahlen absorbierenden Glas müßten hergestellt werden. Eine ganze Reihe von Details, die wir teilweise nicht verstehen, werden aufgezählt. Im* Amaranganasutradhara *wird sogar der Auftrieb, die Kontrolle und der Treibstoff des Flugapparates erläutert. Dort heißt es, Quecksilber und ›Rasa‹ seien verwendet worden. Leider wissen wir heute noch nicht, was ›Rasa‹ sein soll.«*

In der sich anbietenden Kombination von Henoch-Bericht und altindischen Überlieferungen kann Erklärung finden, was heute noch als rätselhaft betrachtet wird. Das Trümmerfeld von Parhaspur, auf dem ich stand, kann eine Ruinenstätte ›göttlicher‹ Luftschlachten sein.

An vielen Orten in Kaschmir stößt man auf rätselhaft bearbeitete Felsbrocken – wie in Sacsayhuaman oberhalb Cuzco! Niemand weiß, wie solche Übereinstimmungen vor Jahrtausenden zu erklären sind

Indizien mehren sich

Im Jahre 1979 erschien in Italien das Buch des in Indien geborenen Engländers David W. Davenport: *2000 A. C. Distruzione Atomica* – Atomare Zerstörung 2000 Jahre vor Christus (9).

Davenport will Beweise dafür haben, daß eine der ältesten Stätten menschlicher Zivilisationsgeschichte – Mohenjo-Daro, eins meiner Reiseziele – durch eine Atomexplosion vernichtet wurde. Mohenjo-Daro liegt 350 Kilometer nördlich von Karatschi im heutigen Pakistan, westlich von Sukkur am Indus. Davenport belegt, daß das von den Archäologen ›Todesstätte‹ genannte Ruinenfeld nicht durch allmählichen Zerfall entstanden ist.

Ursprünglich lag das über 4000 Jahre alte Mohenjo-Daro auf zwei Inseln im Indus. Im Radius von eineinhalb Kilometern weist Davenport drei verschiedene Grade der Verwüstung nach, die vom Zentrum her nach außen verlaufen. Im Zentrum setzte die totale Zerstörung große Hitze frei: Tausende von Klumpen verschiedener Größen, von den Archäologen ›schwarze Steine‹ getauft, erwiesen sich als Fragmente von Tongefäßen, die in extremer Hitze zusammenschmolzen. Die Möglichkeit eines Vulkanausbruchs scheidet aus, weil es in und bei Mohenjo-Daro weder erstarrte Lava noch Vulkanasche gibt. Davenport nimmt an, daß die kurzzeitige, intensive Hitze bei 2000 Grad Celsius gelegen hat: Sie ließ die Keramikgefäße schmelzen.

In den Außenbezirken von Mohenjo-Daro wurden, so David W. Davenport, Skelette von Menschen gefunden, die platt am Boden lagen, oft Hand in Hand, als wären die Lebenden von einer unerwarteten Katastrophe plötzlich überrascht worden.

Die Archäologie arbeitet auch in Mohenjo-Daro trotz interdisziplinärer Möglichkeiten lediglich nach traditionellen Methoden – soll sie tun, denn sie hatte Erfolge damit. Schließt man aber Flugapparate und Kernexplosion als Ursachen für das Ruinenfeld von vornherein aus, kann es keine Untersuchungen in erweiterten Teams mit Physikern, Chemikern, Metallurgen usw. geben. Da dieser eiserne Vorhang so oft an wichtigen Orten der Menschheitsgeschichte niedergeht, werde ich den Verdacht nicht los, daß Überraschendes, das derzeitige Denkgebäude Gefährdende nicht entdeckt werden darf und soll. Paßt eine Kernexplosion vor 4000 Jahren nicht ins Schema? Nach dem Davenport-Bericht reizte mich Mohenjo-Daro nur noch mehr, zumal mir das bisher Ermittelte nur die halbe Wahrheit zu sein scheint.

O Calcutta!

Vor der Weiterfahrt ins Indus-Tal hatte ich meinen Verleger Ajitt Dutt in Kalkutta zu besuchen.

Er erwartete mich mit seiner ganzen Familie auf dem Flughafen. Seine Freude über die Reiseschreibmaschine schlug mit den Wellen seines Berichts über mir zusammen, daß man mich schon vor zwei Tagen erwartet hätte und einige tausend Menschen, die zum Vortrag kamen, habe heimschicken müssen. Dutt, schien mir, ging mit verlegerisch-hohen ›Menschenauflagen‹ um.

Wie gern hätte ich mir Kalkutta, mit über 3,5 Millionen Einwohnern Indiens größte Stadt, auf 425 km^2 eine der stärksten Menschenansammlungen überhaupt, angesehen, aber ich kam kaum einen Schritt aus meinem Hotelzimmer heraus. Journalisten gaben sich die Türklinke in die Hand, Radioreporter hielten mir Mikrophone vor den Mund. Einen Besuch beim Fernsehen lehnte ich ab, als ich hörte, daß erst 2000 Geräte in der Stadt betrieben wurden. Das Fernsehzeitalter hat hier gerade erst begonnen.

Der zweite Tag verging wie der erste. Was ich gestern verlautbarte, steht – ich erkenne es an den Fotos – neben aktuellen politischen Berichten und Fotos von Indira Gandhi auf den Frontseiten der Zeitungen. Was mag man über mich schreiben? Ich kann bengalische Schrift nicht lesen, aber hier muß ein Boden sein, auf dem mein Weizen üppig gedeiht.

Mittags erscheint ein ›EvD-Empfangskomitee‹ mit zwei Archäologen, einem Museumsdirektor, dazu mehrere Universitätsassistenten. Wie ich es inzwischen gelernt habe, legte ich meine Hände in Gebetspose über die Brust und verbeugte mich. Man teilte mir mit, daß alles bestens vorbereitet wäre.

Was ich in Kalkutta an diesem Abend erlebte, übertraf an Turbulenz alles, was man sich nur in Angstträumen vorstellen kann. Als wir gegen sechs Uhr mit dem Auto des Empfangskomitees auf das Museum zufuhren, sah ich Menschenmengen, die von der Polizei in Reihen getrieben wurden. Galt der Auftrieb mir? Die Polizei bugsierte mich in den Innenhof. Ein Kordon machte eine Gasse frei, durch die ich in den Saal gequetscht wurde . . . eine weitläufige Halle mit Treppen, Galerien und breiten Fenstersimsen. Jedes Fleckchen, kann man sagen, mit Menschen bepflastert. Heiß, schwül und feucht steht die Luft. Vor einer Leinwand vier mächtige Stühle, in einen werde ich niedergedrückt. Eine Anthropologin, ein Archäologe und der Museumsdirektor rühmten mich in Ansprachen derart, daß es mir schrecklich peinlich wurde. Die Armbanduhr links auf dem Rednerpult, stehe ich minutenlang da, ohne durch den Lärm hindurch sprechen zu können. Irgendwo in der Menge steht Willi im knallroten Hemd, damit mein Blick ihn finden kann, wenn neue Dias in den Projektor zu schieben sind. Sofort ist mir klar, daß ich an diesem Abend eine Kurzfassung meines Vortrags halten werde. Trotzdem versagten dreimal die Stimmbänder. Das war mir noch nie passiert, es mußte an der lähmenden Luft liegen.

Am Schluß brach wilder Tumult aus. Tausende drängten auf mich zu. Bis zu diesem Augenblick wußte ich nicht, daß man solche Angst vor Menschen haben kann. Ich wurde an die Wand gedrückt, man wollte Autogramme, aber meine Hände waren eingeklemmt. In einiger Entfernung sah ich Willi, der sich zu mir durchkämpfen wollte.

Vergeblich. Das Gewicht der Drängenden ließ mich auf dem Boden landen. Mit letzter Kraft kroch ich in eine Ecke, um in den Schutz von zwei Wänden zu gelangen. Plötzlich sah ich die Polizei Schlagstöcke schwingen. Sie schlug kräftig zu, aber es machte den Entfesselten nichts aus. Es war mir unangenehm, das mit ansehen zu müssen. Gab es denn kein Fenster, durch das ich fliehen konnte? Alle waren vergittert. Dann schlug die Polizei eine Schneise bis zum Auto. Da saßen wir. Erschöpft, schweißgebadet, ramponiert . . . und doch ein bißchen glücklich.

Während des ganzen nächsten Tages wurde ich eine gewisse Angst vor dem zweiten abendlichen Vortrag an der Universität nicht los. Kalkutta hat mit 240000 (!) Studenten die größte und älteste Universität Asiens. Man sagte mir, der Vortrag fände im Auditorium für nukleare Physik statt, das wäre das größte auf dem Campus und das Publikum überwiegend akademisch.

Es ging nicht akademisch zu. Es fing damit an, daß ich nicht aus dem Wagen rauskonnte, er war im Nu von Studenten belagert. Wieder bahnte die Polizei auf unfreundliche Art eine Gasse. Den Studenten machte es nichts aus, sie riefen in Sprechchören: *Long live Däniken!* – Gibt's denn so was?

Das Auditorium war über-überfüllt. Ich sprach zwei Stunden. Man hätte eine Stecknadel fallen hören können. Die lautstarke Zustimmung am Schluß war unbeschreiblich.

Im Kreis der Fakultätsleiter spürte ich eine Welle von Sympathie. Professoren waren bereit, mir mit ihrem Fachwissen zu helfen. Sanskritforscher sagten, sie könnten mir aus dem indischen Raum eine Fülle Material andienen. Sie hielten Wort. Ein Sanskritgelehrter versicherte, daß die Theorien meiner Bücher für die Hindu Realitäten wären, die er seit eh und je erwarte, was ich schriebe, sei für den einfachen Mann eine Bestätigung seines Denkens.

Ein scheuer, hagerer Student reichte mir ein rosarotgebundenes Buch: »Das ist für Sie!« – Ich las schnell den Titel: *Vymaanikashaastra aeronatics by Maharshi Bharadwaaja* (10). Höflich erkundigte ich mich, worum es in dem Buch ginge. Der Student in armem, weißem Leibchen lächelte: »Es ist eine uralte Sammlung von Texten, die Sie interessieren werden.« Er verschwand in der Menge.

Im Hotel nahm ich das liebenswürdige Geschenk vor Augen und fürchtete schon, wieder auf die Schulbank gehen zu müssen, um Sanskrit zu lernen, als ich zu meiner Freude ab der Mitte des Buches englische Übersetzungen der Texte fand. Um die Nachtruhe war es geschehen.

In zehn Abteilungen wurden gespenstisch aktuelle Themen abgehandelt wie Training der Piloten, Luftfahrtwege, die einzelnen Teile des Flugapparates, sogar von der Kleidung des Piloten und der Passagiere wurde gesprochen, von empfehlenswerter Nahrung für lange Flüge. Technisch ging es bis in die Details: benutzte Metalle, Hitze absorbierende Metalle bis zu deren Schmelzpunkt, der Antrieb und die diversen Typen von Flugapparaten.

Wäre ich mir nicht dauernd bewußt gewesen, daß es sich um jahrtausendealte Sanskrittexte handelte, hätte ich das Buch als ein Lehrbuch für Pilotenanwärter genommen. Für die Piloten gibt es eine Checkliste mit 32 Anweisungen, über die der Lenker eines Luftfahrzeugs informiert sein muß, bevor er die Maschine fliegen darf. Darunter finden sich Geheimnisse, wie mit dem Luftfahrzeug zu ›springen‹ ist, wie im Zickzack eine Schlange zu fahren, wie der Pilot nach allen Seiten sehen, entfernte Geräusche hören kann. Es fehlt nicht an Hinweisen auf kämpferische Einsätze der Maschinen: wie feindliche Manöver rechtzeitig erkannt werden, wie die Stoßrichtung gegnerischer Angriffe erspäht und dann verhindert werden können.

Die Informationen über zum Bau verwendete Metalle nennen drei Sorten, die *somala, soundaalika* und *mourthwika* heißen. Werden sie in rechter Dosierung gemischt, entstehen 16 Sorten von Hitze absorbierenden Metallen mit Namen wie *ushnambhara, ushnapaa, raajaamlatrit* und so weiter, die ich nicht begreife, die aber auch die Übersetzer vermutlich noch nicht identifizierten, denn sonst stände in der Übersetzung der englische Begriff dafür.

Erklärt wird auch, wie die Metalle zu reinigen sind, welche Säuren – etwa Zitronen- oder Apfelsäuren – in der richtigen Mischung anzuwenden sind, mit welchen Ölen und bei welchen Temperaturen sie zu bearbeiten empfohlen werden.

Sieben Motorentypen werden beschrieben und zu welchen besonderen Funktionen sie geeignet sind, in welchen Höhenlagen sie sich bewähren. Im Katalog fehlen Angaben über die Größe der Flugapparate nicht, die über Stockwerke reichten, und auch nicht ihr zweckmäßiger Einsatz für unterschiedliche Anlässe.

Zweiflern an der Tatsache, ob es in der Vorzeit flugtaugliche Apparate gegeben hat, empfehle ich die hier erwähnten Sanskrit-Texte. Das unqualifizierte Geschrei: das gibt es alles nicht! wird dann beschämt verstummen müssen.

Was mir durch den Studenten zufällig in die Hand kam, sollte für

Luft- und Raumfahrtingenieure – und Konstrukteure eine Pflichtlektüre sein. Vielleicht entdecken sie in den Sanskritüberlieferungen Lösungen für Projekte, an denen sie im Schweiße ihres Angesichts arbeiten. Vielleicht kommen sie zu schnellen Patentlösungen! Urheberrechte an jahrtausendealten Techniken bestehen nicht mehr. Zuvor aber müssen sich unsere Neunmalklugen entschließen, alte Texte endlich als das zu begreifen, was sie sind: Schilderungen einstiger Realitäten.

Als ich nach Srinagar zurückflog, hatte ich von Kalkutta nur mein Hotelzimmer, das Museum, die Universität und von Menschen überquellende Straßen gesehen. Aber mein Verleger Ajitt Dutt war sehr zufrieden.

Ziel: Mohenjo-Daro

Wir nutzten unsere bisherigen Erfahrungen aus und brachen darum um vier Uhr früh in Srinagar auf: Um diese Zeit kampieren die Karawanen der Marschierer noch am Straßenrand. 100 Kilometer schnurrten wir dahin, dann erwachten die Eingeborenen und die nächtlichen Schläfer, die Kühe, Kamele, Hunde und Ziegen, rasten – rücksichtslos wie Panzer in der Schlacht – Busse und Laster. Vom großen Erwachen an schafften wir nur noch 40 Kilometer in der Stunde, brauchten für die 350 Kilometer nach Jammu volle acht Stunden.

Jammu, Hauptstadt des Staates Jammu-Kaschmir, war einst die Winterresidenz der nordindischen Maharadschas, heute überwintern im angenehmen Klima – 403 Meter ü. M. – die Beamten aus Srinagar. Es fällt schwer, sich indische Städte mit besonderen Charakteristika zu merken: alle quellen sie über von Menschen, alle ersticken im ungeregelten Straßenverkehr, alle erstarren im gleichen Schmutz, alle werden von dürren Kühen beherrscht.

Auf der nach Amritsar plan verlaufenden Route wollten wir durch zügiges Fahren Zeitverlust aufholen, um in Amritsar den berühmten ›Goldenen Tempel‹, das höchste Heiligtum der Sikhs, eine Religionsgemeinschaft mit acht Millionen Anhängern, anzusehen. Von Gurus im 16. Jahrhundert gegründet, liegt hier auch der ›Teich der Unsterblichkeit‹ – die wörtliche Übersetzung von Amritsar. Wie kann eine Stadt den Anspruch auf Unsterblichkeit in ihrem Namen tragen? Hier muß Unergründliches stattgefunden haben, denn hier existiert unter der goldbeschlagenen Kuppel eines Bauwerks auch ein ›Thron der Unsterblichkeit‹. Heute residieren unter der Kuppel die Religionshüter der Sikhs.

Unser robuster Range Rover bewies just in diesem Moment, daß er nicht unsterblich ist: Sein linkes Hinterrad gab die Luft auf. Pünktlich um Mittag. High noon. Die Straße glühte. Kein Schatten, keine Wolke am Himmel. Unter Gepäckbergen gruben wir ein Reserverad hervor, wir wollten die Sache schnell erledigen. Als ich den Wagenheber herunterließ, senkte sich das ausgewechselte Rad in erschreckender Breite. Wir hatten vergessen, die für den Lufttransport abgelassene Luft aufzufüllen. Die Fußpumpe, die wir abwechselnd keuchend und schwitzend traten, prallte den Reifen nicht auf, sie mußte wohl auf dem Flughafen Karatschi überstrapaziert worden sein. Defekt. Kriechend, daß eine Schnecke hätte folgen können, rollten wir vor die nächste Tankstelle. *›Do you have air?‹* fragte ich, aber Englisch wird nur von der Oberschicht verstanden. In solchen Momenten flieht man zu pantomimischen Zeichengebungen wie die ersten Menschen. Ich demonstrierte Pumpbewegungen, plusterte die Backen auf und blies zischend Luft durch gespitzte Lippen. Nein, Luft gäbe es hier nicht, machte der Tankwart in auch nicht unkomischen Gesten verständlich. Generell gehört Luft nicht zum indischen Tankstellenservice. Es dämmerte schon in den Abend. In einer Werkstatt füllte ein Neunjähriger das Reserverad mit Luft und flickte blitzschnell den lädierten Schlauch. Auf der Karte zeigt die Straße nach Lahore über Multan nach Sukkur eine rot markierte Linie, darf demnach als asphaltiert angenommen werden. Von Lahore bis Multan hielt die rote Linie, was sie versprach, danach wurde es furchtbar. Von einem Polizisten erbat ich Rat um den kürzesten Weg nach Sukkur.

Asiaten sind teilnahmsvoll. Können sie eine betrübliche Nachricht nicht in höflichen Worten kaschieren, senkt sich über ihre Mienen ein Trauerflor. Was der Polizist mitteilte, entsprach seinem traurigen Gesichtsausdruck: Nur 32 Kilometer von Multan entfernt, fließt beim Dörfchen Muzaffargarh der Indus vorbei. Entgegen jahreszeitlicher Üblichkeit öffnete der Himmel seine Schleusen, das Wetter spielte verrückt. Während wir uns in Srinagar sonnten, ging hier unten bereits Wasser in unvorstellbaren Güssen nieder. Weiter südlich auf der anderen Indus-Seite war Mohenjo-Daro bereits unerreichbar. Nachdem sich der leidlich Englisch sprechende Polizist mit Einheimischen besprochen hatte, riet er uns, weiter südlich über den Damm von Alipur zu fahren.

Die Wasserfluten sind schneller als wir

Naturgewalten kann man nur demütig hinnehmen, nicht über sie zürnen. Fahren wir also unserer Zielrichtung entgegen Richtung Alipur! – Der Damm liegt schon unter Wasser, die Fluten überspülen die Brücken des zweiten Indusarms, doch man rät uns, 320 Kilometer in den Norden zu fahren, der Damm bei Dera Ismail Khan sei benutzbar. Ein Riesenumweg zwar, doch was sollten wir tun?

Das Tachometer zählte längst über die angesagten 320 Kilometer hinaus. Die Straße wurde enger, endete schließlich in einem matschigen Feldweg. Vom Staudamm war keine Spur auszumachen. In einem namenlosen Dörfchen erfahren wir, auch der Staudamm von Dera Ismail Khan wäre seit Stunden vom Indus vereinnahmt, doch sollten wir uns sputen: nur 140 Kilometer zurück, im Süden, wäre der Taunsa-Damm nach letzten Nachrichten noch intakt und befahrbar.

Der Taunsa-Damm ist ein großes Bauwerk mit Betonfahrbahnen, Panzer können darüber rollen, doch wurde leider vergessen, Zufahrtstraßen anzulegen.

Sechs Uhr abends. Sechzehn Stunden sind wir jetzt auf der Achse und hoffen, daß es nun zügig nach Sukkur weitergeht. ›Hoffnung ist oft ein Jagdhund ohne Spur‹, meinte der kluge Shakespeare. Stimmt. Nachdem ich noch einen Stau von Lastern und Bussen überholt hatte, standen wir mit dem Range Rover vor einem Fluß. Die abgesackte Straße endete irgendwo im Schlick. Wozu haben wir einen Geländewagen mit Vierradantrieb und Seilwinde? Jetzt will ich wissen, was Technik kann.

In kniehohen Gummistiefeln stieg Willi aus und watete breitbeinig wie ein Matrose auf schwankendem Deck vor dem Auto her im Scheinwerferlicht durch die brodelnde, gelbe Suppe, damit ich an seinen langen Beinen den Wasserstand prüfen konnte. Im Geländegang und mit eingeschaltetem Differential fuhr ich ihm im Schrittempo nach, spürte unter den Rädern seifig-glitschigen Schlamm. Nur nicht anhalten! dachte ich. Nach Minuten, die zäh wie Stunden vergingen, war ich mit dem Wagen durch den Fluß. Heureka! Ich hab's gefunden, das rettende Ufer. Was fand Archimedes noch, als er Heureka rief? Ich glaube, er begrüßte mit dem Freudenruf die Entdeckung des Gesetzes vom spezifischen Gewicht. Hier hätte er zweimal, dreimal Heureka gerufen.

Trotz der Nacht wollten wir weiter. An der ersten Kreuzung wurden wir angehalten und beschieden, daß alle Straßen nach Sukkur ge-

sperrt, die Brücken überflutet wären. Mit dieser Information floh unsere Energie aus Hirn und Körper, wir waren fix und fertig, rollten langsam in das Nest Dera Ghazi Khan. – Um Feuerchen an den Straßenborden boten Händler Früchte und Gemüse im Schein von Ölfunzeln an, aber gegen jedweden kaufmännischen Geschäftssinn starrten sie uns höchst unfreundlich, fast feindlich an und gaben nur unwillig Auskunft.

Ein junger Mann von wenig vertrauenerweckendem Aussehen empfahl uns im Stakkato seiner englischen Wortfetzen das *Shezan*-Hotel als erstes Haus am Platze. Das *Shezan* war dreckig, verlaust und verwanzt, mit einer unappetitlichen Kaffeebar und einem Innenhof mit einem Brunnen, der seit Ewigkeiten keinen Tropfen Wasser von sich gegeben hatte. Ein Pakistani, der fließend Englisch sprach und sich seitab von den anderen Männern aufhielt, raunte uns zu, wir sollten vorsichtig sein, hier wären schon manche Reisende ausgeplündert worden, die Behörden seien machtlos, weil die Leute hier wie die Mafia zusammenhielten. – Ich bat, den Range Rover im Innenhof abstellen zu dürfen. In unseren dreckigen Klamotten fielen wir hundemüde auf die schmutzigen Bettgestelle.

Wir erwachten aus unruhigem Schlaf. Vom Hof her klirrte Rasseln von Ketten, rief eine Stimme. Im Schein ihrer grellen Karbidlampe beobachteten wir vier Männer, die unser Auto – sicher nicht aus Neugier an westlicher Technik – inspizierten.

Wir stiegen in den Hof hinab, postierten uns mutiger als wir waren, an die Wand, sahen die Dunkelmänner herausfordernd an. In meiner leichten Jacke beulte ich die Taschenlampe, so daß sie den Anschein vermittelte, ich wäre bereit, einen Revolver zu zücken. Mit verschränkten Armen lehnte Willi neben mir, zeigte in der rechten Hand die blinkende Düse einer Sprühdose mit Tränengas, die wir in einer seherischen Anwandlung mitgenommen hatten. Aus der Finsternis traten Gestalten, die wir bisher nicht wahrgenommen hatten. Sie redeten auf die Vierergruppe ein, deuteten mit scheelen Blicken auf die Erhebung unter meiner Jacke und auf Willis Sprühdose. Die Bande retirierte. Wir brachen sofort auf, weil wir vermuteten, daß Verstärkung herbeigeholt würde. Es war eine kurze Nacht.

Daß die Straße nach Sukkur unbefahrbar war, nahm nicht wunder. Straßen werden wie zu Olims Zeiten gebaut. Ochsenkarren schaffen Steinbrocken heran, die Pakistanis zu Splittern zerklopfen. Nach Gutdünken verteilen sie das Kleinzeug ohne Bindung zum Untergrund. Der Teer, den sie in dünnen Rinnsalen darübergießen, verhindert natürlich nicht, daß der Indus alle Jahre wieder den Belag wegschwemmt. Mit Straßenbauunterricht – nicht mit modernen Straßenbaumaschinen, die würden die armen Leute nur arbeitslos machen – könnte hier Entwicklungshilfe im echten Wortsinne nützlich sein.

Christopherus, der Patron der Kraftfahrer, versagte uns seinen Segen: Die zweite Reifenpanne traf uns wie ein Schicksalsschlag mitten im Wasser. Bis zur Radnabe stand die braune Indus-Brühe. Da Christopherus allenfalls segnet, aber nicht hilft, planschten wir mit dem Wagenheber in den träge dahinwälzenden Schlamm. Warum gibt es im Wasser keinen Knopf, um eine hydraulische Pumpe in Gang zu setzen? In jedem Flugzeug blähen sich Rettungswesten nach Zug an einem Ventil automatisch auf. ›Man muß den Nippel durch die Lasche ziehn . . .‹ Warum hebt jeder Wagenheber das Gefährt zu wenig hoch? Warum unterstellen Autobauer, daß Reifenpannen stets auf festem Untergrund passieren? Weil sie mit ihren Wagen nur auf Versuchsstrecken kurven, haben sie keine Ahnung, wo überall Reifen die Luft ausgeht. Wäre ich Techniker, ich wüßte, wie man – nach dem Reißverschluß – noch ein letztes bombensicheres Millionengeschäft machen könnte: mit einem in jeder Lage brauchbaren Wagenheber.

In Sukkur, das wir nach vielen Irrfahrten erreichten, teilte uns ein Offizier der pakistanischen Armee mit, daß eine Weiterfahrt in südlicher Richtung unmöglich sei, das ganze Gebiet wäre überflutet, es würde Wochen dauern, bis das Wasser abgelaufen sei, die Straßen repariert wären. Mohenjo-Daro, die ›Todesstätte‹ wollte uns nicht haben. Wir ließen den sinistren, unerreichbaren Ort links liegen.

Auf unserer Ziellinie lag noch die Ausgrabungsstätte Tepe Yahya, lag noch die kreisrunde Sassanidenstadt Ardaschir Khurreh, lagen noch die Höhlen bei Kermanasha. Weiter nach Persien also . . .

Der Offizier, den ich um Auskunft bat, ob die Straße von Sukkur nach Quetta befahrbar und von dort aus Richtung Persien passierbar wäre, sah mich verständnislos an:

»Wohin wollen Sie?«

»Nach Persien!«

»Lesen Sie keine Zeitung?«

Nein, fiel mir ein, seit der Ankunft in Karatschi hatte ich keine Zeitung in der Hand. Unser Programm belegte jede Stunde und Minute.

»Haben Sie keine Nachrichten gehört?«

Der Offizier begriff die Fremden nicht: Wie sollten wir Nachrichten in uns unverständlicher Sprache hören?

Militärisch knapp sagte der Offizier:

»Alle Grenzübergänge nach Persien sind geschlossen. Im Lande herrscht Revolution! Bitte, kommen Sie mit!«

Wir folgten ihm in sein einfaches Büro an der Straße. Früher in britischen Diensten, las er immer noch die *Times*. Er griff in ein Regal und reichte uns ein Bündel zerlesener Blätter:

»Da! Informieren Sie sich!«

Schahfeindliche Demonstrationen in Schiras
Schwere Zusammenstöße nach der Abreise des Schahs
Ayatollah Khomeiny kündigt Rückkehr an
Truppen besetzen Teheraner Flughafen
Feuer der Militärs auf Demonstranten
Triumphaler Empfang für Khomeiny in Teheran
Bürgerkrieg in Iran – Hauptstadt in Gewalt der Aufständischen
Überfall auf US-Botschaft
Revolution in Iran – Alle Grenzen geschlossen

Schlagzeilen aus der *Times*. Der Inhalt des jüngsten Blattes enthielt die Mitteilung, die der Offizier uns machte, und die war vom 20. Februar.

Nach Naturgewalten die höhere Gewalt der Politik! Wir mußten aufgeben. Zurück also in den Hafen von Karatschi, den wir nur zu gut kannten. Der Glatzköpfige grinste uns entgegen. Schadenfroh, wie mir schien.

»Weißt du, was uns fehlt?« fragte Willi, nachdem wir Stunden wie gelähmt geschwiegen hatten.

Ich überlegte. »Glück!« sagte ich.

»Nein, die vier Tage bei der Ankunft in Karatschi und drei Tage Irrfahrt durch den Regen . . .«

Eine Woche mehr Zeit, und wir wären in der Tat in Persien gewesen, aber wir wären in die Revolution hineingefahren, die sich – wir lasen es – in Ausländerfeindlichkeit austobte.

»Nein«, sagte ich, »wir haben doch Glück gehabt . . . und wir werden wieder herkommen!«

Dank doppelt genähter höherer Gewalt nunmehr ohne Eile, verfrachteten wir unseren Range Rover im Hafen von Karatschi an Bord eines Schiffes. Mit Hilfe des uns wohlbekannten Glatzköpfigen ging das reibungslos und preiswert. Ende April traf bei uns in der Schweiz ein Brief ein: Wir konnten das brave Auto im Zollhafen von Venedig abholen.

6 GÖTTERDÄMMERUNG

»Lassen Sie Ihr Gehirn nicht von
der herrschenden Lehrmeinung
verkleistern!«
Alexander Fleming (1881–1955)
zu seinen Studenten

Mit zwei alten Fotos fing es in Chikago an · Luftwaffenoberst Chioino hilft · Umweg über Guatemala · Sintflut auf dem Weg nach El Baul · Vor dem ›Monument Nr. 27‹ · Gedanken nach anderswo: Monte Alban/Mexiko, Copan/Honduras · ›El astronauta!‹ · Irrtum in Lima, Peru · Zwischenstation La Paz · Ziel Puma-Punku · Vorzeitliche Bauwerke · Die lange Nacht der Götter · Streit um Sacsayhuaman · Hinter Humay im Piscotal · Deformierte Schädel im Museum von Ica · Dem ungelösten Rätsel der Anden auf der Spur

Es ist eine schreckliche Sache. Unterwegs auf Reisen sprechen mich so viele nette, liebenswürdige Menschen an, die mir – wie in diesem Fall wenigstens – hilfreiche Hinweise geben, oft auch ihre Visitenkarte zustecken. Wenn ich zu Hause nach der Rückkehr die Reiserelikte sortiere, muß ich oft Verlustanzeige machen. Es ist mir peinlich, weil ich ein ordnungsliebender Mensch bin, der sich gern mit ein paar Zeilen bedanken möchte.

Diesmal hege ich die Hoffnung, daß der etwa fünfzigjährige Herr im dunkelblauen Gabardineanzug, der mich in Chikago ansprach, dieses Buch lesen wird und – mit meinem Dank – erfährt, daß er mich auf eine wichtige Spur setzte.

Im Foyer des Hotels, in dem 1978 der 5. Weltkongreß der *Ancient Astronaut Society** stattfand, trat der Herr auf mich zu und gab mir zwei Luftaufnahmen, die er einer Ausgabe aus den dreißiger Jahren dem *National Geographic Magazine* entnahm, das seit 1888 monatlich als Publikationsorgan von Forschungen der ›National Geographic Society‹, Washington DC, erscheint.

Ich sah auf dem mit Weitwinkel fotografierten Erdpanorama eine

* Die *Ancient Astronaut Society* ist eine gemeinnützige Gesellschaft, die sich mit meinem Themenkreis auseinandersetzt. Adresse der deutschsprachigen Sektion: AAS, CH-4532 Feldbrunnen.

hügelige, von Furchen durchzogene, fast urzeitliche Landschaft. Vermutlich lag sie in einem Vorgebirge, weil der Boden Narben trug, die geröllreiche Gebirgsbäche einkerbten, und sie lag – was unschwer festzustellen war – in einer heißen Erdzone: Der Raum war ohne Vegetation, ohne Baum und Strauch. Sofort erinnerte mich die Aufnahme an Vor-Andengebiete der südamerikanischen Kordilleren, die Gebirgskette im Westen von Südamerika, die bis nach Feuerland reicht.

»Kennen Sie das?« fragte der Herr, der mich aufmerksam beobachtete.

»Nie gesehen!« antwortete ich.

»Was halten Sie von dieser Spur?« deutete er mit dem Zeigefinger auf das dunkle Band, das sich über Höhen und Tiefen hinzog. Freilich sah ich die schattierte Schraffierung, die aus der unendlichen Tiefe des Bildes über Hügel und Schluchten in den Vordergrund drängte – sauber abgetrennt von den natürlichen, abfallenden Hängen.

Mein Chikagoer Gesprächspartner hielt eine Überraschung bereit: Er schob ein zweites Foto in meine Hände – eine Vergrößerung aus der Totale: dieselbe Spur, doch in die waren Aberhunderte kleiner Löcher gestanzt – adrett und gleichmäßig wie von einem gemusterten Nudelholz in den Bodenteig gedrückt. Ich nahm die übliche Breite von Bergbächen als Anhalt und schätzte das irritierende Band auf eine Breite von etwa 15 Metern. Die Luftaufnahmen elektrisierten mich nun.

»Was ist das?« fragte ich den soignierten Herrn.

»Da sind Götter mit einem Fahrzeug entlanggefahren«, antwortete er, als wüßte er es genau. »Sehen Sie hin: das muß ein phantastisches Vehikel gewesen sein. Kennen Sie ein modernes Fortbewegungsmittel, das solche Spuren im Gestein hinterläßt, das überhaupt in diese Höhen fährt? Sehen Sie doch nur, wie die Spur die Berge hinaufklettert und die Schluchten überwindet! Das ist kein Produkt der Moderne . . .«

»Wissen Sie, wo das ist?«

Genau könne er es leider nicht sagen, meinte der Herr, es wären Aufnahmen aus einer Serie über Peru gewesen, doch habe der Text zu den Fotos den Ort nicht genannt. Der Herr beließ mir die beiden Aufnahmen und entschwand mit einem *›God bless you‹* im Gewühl

Rechte Seite: Dieses Foto erschien in den dreißiger Jahren in dem renommierten *National Geographic Magazine*

der Gäste, die jedes Foyer eines amerikanischen Hotels zum Bahnhof machen.

Daheim in meinem Studio durchwühlte ich an die hundert Peru-Bücher, anfänglich mit dem sicheren Gefühl, den sensationellen Fotos zu begegnen. Aber die Fotos tauchten nicht auf. In vielfachen Aufsichten und Ansichten fand ich Abbildungen der berühmten großen Inka-Mauer, die vom Küstenland bei Paramonga her ins peruanische Hochgebirge führt – 60 Kilometer lang, links und rechts von vierzehn Befestigungsanlagen flankiert. Mit dem dunklen Band auf den beiden Luftaufnahmen hat die Inka-Mauer nur gemeinsam, daß sich beide wie urweltliche Kriechtiere über Hügel und Täler schlängeln.

Was ich suchte, das war diese Inka-Mauer nicht. Was aber konnte es sein, dieses dunkle Band? Waren es Reihen alter Gräber? Oder war es eine Laune der Natur, die Erdwellungen mit einem exakten aparten Muster versah? War es ein raffinierter Schutzwall mit einer Stolperstrecke? Waren es Überbleibsel von uralten Plantagen? Die Fragen ließen mich nicht mehr los. Ich mußte hin. Wohin aber?

Mit seinen 1285216 km^2 ist Peru doch sehr groß, wenn man noch dazu in unwegsamem Gelände einen relativ kleinen Punkt sucht. Aus meinem Retiro in der Schweiz flogen Briefe an peruanische Freunde. In jedem Brief steckten die beiden Luftaufnahmen, in jedem bibberte die Bitte: Sagt mir, wo das ist! Die Antworten waren wochenlang deprimierend, ich mochte die Briefe schon nicht mehr öffnen. Als ich schon resignierte, legte mir mein Sekretär einen erfreulichen Brief – geöffnet! – auf den Schreibtisch.

Der Luftwaffenoberst Omar Chioino Carranza antwortete. Von diesem Freund wußte ich, daß er als ausgezeichneter Flieger wie als Hobby-Archäologe anerkannt war. Seit einigen Jahren beschäftigt er sich im Auftrag des Luftwaffenministeriums mit dem Aufbau eines Luftfahrt-Museums in der Hauptstadt Lima. Oberst Chioino ließ meine Fotos im Kreis seiner Kameraden und peruanischer Archäologen zirkulieren. Nun schrieb er, ein befreundeter Archäologe kenne die Lage des löchrigen Bandes, es läge im Norden von Peru in den Anden-Ausläufern – nordöstlich der Stadt Trujillo, dem Zentrum der

Rechte Seite: Das merkwürdige Band mit den vielen Löchern fand ich in keinem Werk über Peru. So ungefähr sehen heute Lochkartenstreifen aus. Was war das? Wer legte es an?

Überreste alter Indianerkulturen; ich solle kommen, gern würde er die Reise dorthin organisieren, ich solle lediglich zeitig den Tag meines Eintreffens in Lima avisieren. Den 15. August 1980 schlug ich für den Beginn der Expedition vor.

Da schon »in der Gegend«, wollte ich vorher in Guatemala in Zentralamerika den kleinen Ort El Baul aufsuchen, auf den mich mein Freund Dr. Gene Phillips aufmerksam machte. Dort gibt es hochinteressante, völlig unbeachtete Götterstatuen. Mit dem Düsen-Jet ist es von Guatemala-City nach Lima nur ein Katzensprung.

Am Schreibtisch mit dem Flugplan in der Hand bestens geplant, ahnte ich nicht, was mir bei der Suche des dunklen Bandes in Peru bevorstand.

Umweg über Guatemala

Aus Erfahrung klug, wollte ich am Flughafen Guatemala-City ein Geländefahrzeug mieten. Warum man bei den Mietwagen-Unternehmen nur pompöse, asphaltgeeignete Schlitten chartern kann, ist mir schleierhaft. In zentral- und südamerikanischen Ländern sind geländegängige Autos die einzig brauchbaren Fortbewegungsmittel – aber: Es gibt sie nicht. Wo denn El Baul läge, fragte mich die hübsche Guatemaltekin am Schalter.

»In der Nähe von Likkin, und das liegt bei San José am Pazifischen Ozean«, sagte ich, denn ich war gut vorbereitet.

Die reizvolle Dame zeigte ihre Zahnpasta-Reklame-Zähne:

»Da brauchen Sie keinen Geländewagen! Die Straßen sind in tadellosem Zustand.«

Hätte mir ein Mann mit braunen Zähnen dieses Versprechen gemacht, ich wäre nicht drauf reingefallen. Aus dem hübschen Mund empfohlen, akzeptierte ich einen Straßenkreuzer, einen Dodge, für 28 Quetzal am Tag plus 11 Cents pro Kilometer. – Quetzal ist die Landeswährung, sie wird mit einem Quetzal gleich einem US-Dollar bewertet.

Außerhalb der City führt eine vierspurige Autobahn in vielen Windungen in die tiefer gelegene Region Richtung Escuintla. Aus den schönen Zähnen schien keine Lüge gefallen zu sein. Es begann wie ein Touristentrip, doch schon nach 20 Kilometern, vor Escuintla, endete das Fahrvergnügen. Beiderseitig der Fahrbahn dampfte schweißtreibender Dschungel. Busse und Lastwagen klebten aneinander und sonderten Fußfahnen mit miefenden Abgasen ab. An Überholen war nicht zu denken, soweit das Auge reichte: stinkende Ungetüme in endloser Reihe, die im Schneckentempo die Serpentinen herunterkrochen. – Von Escuintla, einem armseligen Nest, prägten sich mir nur Schlaglöcher von der Tiefe einer Prüfstrecke ein: Was halten Autoachsen und Federungen unter ärgster Belastung aus? Auf das herausfordernde Lächeln, das mir außer dem Dodge nichts brachte, hätte ich nicht reinfallen sollen.

Die Straße gabelte sich. Die Hauptstrecke führte Richtung Westen zur mexikanischen Grenze, meine Route südlich über die CA 9 nach San José. Nur teilweise geteert, krachte der Dodge in und über badewannentiefe Mulden, ächzte scheppernd über Steinbrocken, wenn sie zu dicht beieinander lagen, als daß man sie hätte umfahren können. Rechts begleitete mich ein etwa zwei Meter breiter Bach, der bei einem Regenguß fraglos die Straße überschwemmt. Aber es regnete nicht, heute nicht.

Das Tachometer zeigte 49 Kilometer für die Fahrt von Escuintla nach San José – in der Rekordzeit von drei Stunden bewältigt! O dieses Lächeln!

Gerüttelt und geschüttelt, die Zeitdifferenz des Fluges mit fünf Stunden noch lähmend in den Knochen, fuhr ich zehn Kilometer von San José weg in den modernen Ferienort Likkin, um mich auszuschlafen. Am nächsten Tag wollte ich topfit für die Weiterfahrt nach El Baul sein. Noch im Einschlafen lächelte mich die Madonna vom Flughafen an.

Über Nacht kann eine Menge passieren. Angenehmes und Unangenehmes. Als ich morgens vor den Hotelfenstern die Vorhänge zurückzog, hing der Himmel voll von schweren Wolken. Durchaus erfreulich, dachte ich, die Sonne wird den Dodge heute nicht zum Bratofen erhitzen. Wolken dieser massiven Art dräuen im Dschungel manchmal, ohne daß sie sich ausweinen, man kann ihnen auch – mit einem flotten, geländegängigen Wagen – entwischen.

Eben hatte ich die Route erreicht, als der Himmel seine Schleusen mit einer Sintflut öffnete, als wollte er sich just an diesem Tag zehn Zeilen in Guinness' Buch der Rekorde erregnen. Das war keine Premiere für mich, ich erlebte tropische Regen in üppigsten Ausschüttungen, doch was sich an diesem 12. August ereignete, übertraf alle bisherigen Erlebnisse.

Der Bach, der mich gestern rechts begleitete, grollte nun, rückfahrend, an der linken Seite vorbei, und er stieg – man sah es minütlich –

drohender an, bis er die Straße überspülte, Steine, umgeknickte Bäume und Kleintiere anschwemmte. Nur Selbstmörder oder dschungelunkundige Greenhorns wären hier weitergefahren. Ich hielt an, zerrte – schon bis zu den Knien im Wasser watend – das Schleppseil aus dem Kofferraum, legte es mit einer Schlinge um den Stamm eines mächtigen Mahagonibaums.

Bei dem unerquicklichen Panschen in der gelbbraunen Brühe sah ich das Lächeln der zahnbewehrten verführerischen Guatemaltekin wie ein Menetekel auf dem dunklen Wasserspiegel. Hätte ich doch einen Geländewagen! Dessen Achsen liegen höher, sie erlauben einen ungehemmteren Wasserdurchfluß zwischen den Rädern, die Motoren liegen besser geschützt gegen Wasser und Staub. Vor dem Dodge schäumte die braune Brühe wie vor einem Schiffsbug. In einem zirkusreifen equilibristischen Entkleidungsakt zog ich Schuhe und Jeans aus, türmte das Gepäck so hoch wie möglich auf die Rücksitze und unter die Ablage unter dem Rückfenster, denn das muntere Bächlein drang längst neugierig ins Wageninnere.

Stets habe ich – ein Geschenk aus Houston – eine NASA-Isolationsdecke für Notfälle jedweder Art bei mir. Heute benutzte ich sie, um den Motor so gut wie möglich einzupacken. – Ungemütlich war es in dem reißenden Bach, der sich wie ein Fluß aufführte: Er spülte die hochgiftige Barbamarilla, eine hier domestizierte Schlange, an. Ich mag sie sehr ungern – trotz mehrfacher, glimpflich verlaufener Begegnungen. – Der Dodge zerrte am Seil wie ein bockiger Esel, der partout in sein Verderben galoppieren will.

Ich hockte auf dem Dach, dachte flüchtig darüber nach, weshalb ich mich immer wieder solchen Abenteuern aussetzte, schickte ein paar herzliche Gedanken an meine Frau, meine Tochter ins traute Heim in der Schweizer Idylle. Ich wartete.

Nach zwei Stunden endete die Sintflut so plötzlich wie sie begann. Vermutlich hatten die Engel inzwischen alle himmlischen Swimmingpools geleert und knipsten die Sonne wieder an. Über dem Dschungel stiegen stickige Schwaden wie in einer mittelalterlichen Waschküche auf. Die Vögel zwitscherten und krächten stolz, als hätten sie die Wasserschleuse geschlossen.

Ein Cowboy in filmreich silberbeschlagenem Dreß mit schwarzem Sombrero ritt mein vor Anker liegendes Fahrzeug ab, um tröstlich mitzuteilen, daß die Böschungen des Baches an vielen Stellen zusammengebrochen wären, die Straße ramponiert sei. Vorsicht bei der Weiterfahrt empfohlen würde. Das hatte ich mir auch ohne diesen Service vom hohen Roß herunter schon gedacht.

Drei Stunden vergingen, bis sich die Wassermassen einigermaßen verlaufen hatten. Immer noch lagen die Straßen unter einem trüben, die Gefahren zudeckenden Wasserspiegel. Ich zog die Schutzhülle vom Motor, brachte ihn nach einigen Fehlstarts zum Anspringen, ein Glück, das ich durch rasende Fahrt durch die Gischt zu bewahren trachtete: Von unten her wurde der Motor unablässig getauft. – Die Absicht, schnell vom Ort des Schreckens wegzukommen, den Scharen der Moskitos, die in einer Simultanverständigung meinen Leib zum Futterplatz deklarierten, zu enteilen, mißlang. Sintflutopfer, schob und zog ich, oft mit Hilfe von Bauern, meinen Wagen aus dem Schlamm. 38 Kilometer hinter San José hob sich das Straßenniveau über das Bett des anmaßenden Baches. Vor eine Begegnung in El Baul hatten die Götter eine harte Prüfung gesetzt, sie wissen, daß sie eine Attraktion zu bieten haben, die viele Mühen wert ist.

El Baul reizt zu Vergleichen

Wenige Kilometer von Santa Lucia Cotzumalguapa entfernt liegt El Baul, ein kleines Dörfchen. Seine Attraktion findet man in einem offenen, Wind und Wetter ausgesetzten Bretterverschlag neben einer Zuckerrohrfabrik. Die Steinskulpturen, mein Ziel, wurden in den letzten Jahrzehnten zufällig bei Rodungen im Urwald gefunden . . . und hier abgestellt.

Das Prunkstück klassifizierten Archäologen als ›El Baul Monument Nr. 27‹. Wenigstens hat es eine Katalognummer bekommen. Sehen wir uns an, was da im Laufe der Zeit vergammelt.

›Monument Nr. 27‹ ist eine Stele von 2,54 Metern Höhe und von 1,47 Metern Breite. Die Steinplastik wird von einer Gestalt dominiert, die keß die Arme anwinkelt, die Hände in die Hüften stützt – ziemlich selbstbewußt, wie mir scheint. Sie trägt eine Art von Boxhandschuhen an den Händen, die tennisballgroße Kugeln umschließen. Durchaus modern wie ihr Gehabe stecken die Füße der Gestalt in Stiefeln, die bis zu den Knien reichen und in knickerbockerähnliche Hosen überge-

Im Dörfchen El Baul findet man unter einem Bretterverschlag das ›Monument No. 27‹

hen. Ein breiter Gurt trennt die Hose vom enganliegenden Oberteil. So weit könnte – wenn auch erstaunlich – die Figur à la mode ihrer Zeit gekleidet sein. Verblüffend ist jedoch der Helm, der den Kopf umgreift: Einem heutigen Taucheranzug gleich schließt er, wie ein Rollkragen, mit breiten Wülsten auf dem Schulterrücken ab. Rückwärtig führt vom Helm aus ein Schlauch in einen kleinen, tankähnlichen Kasten, einen Behälter. – Für die Augen läßt der Helm ein Guckloch frei, geschützt wie mit einer Klarsichtscheibe; dahinter sind ein Auge mit Augenbraue, Nasenansatz und ein Teil der Nase erkennbar.

Nun wird das steinerne Objekt noch merkwürdiger: In direkter Verlängerung der Nase, doch außerhalb des Helms, hat der Steinmetz eine Tierschnauze, vielleicht die eines Jaguars, modelliert. Aus dem zähnefletschenden Rachen weht – wie ausgepreßt – die Atemfahne des Helmträgers. Weiter zu beachten: Er trägt um den Hals zwei Bänder, von denen eins auf der Brust in einem kleinen, quadratischen

Die 2,54 Meter hohe Gestalt stemmt die Arme in die Hüften, trägt eine Art von Boxerhandschuhen, hält so etwas wie Tennisbälle in den Fäusten

Kästchen, das andere in einem runden Etwas, vielleicht einem Amulette, endet.

Er muß schon wer gewesen sein, dieser Helmträger, denn am Boden, zu seinen Füßen, kauert ängstlich eine kleine Figur; auch sie trägt – à la mode – Boxhandschuhe und einen Tennisball, den sie dem Mächtigen darreicht. Um das Relief zu komplettieren: Am Fuß der Stele nimmt ein breites Rechteck sechs undefinierbare Wichtelmännchen auf.

Nach Archäologen-Ansicht soll das Relief eine Szene aus dem überlieferten, tödlich-gefährlichen Ballspiel der Maya darstellen, und der Sieger trüge die Maske eines Affen, Jaguars, mutmaßlich aber die eines Opossums, drum sei der ›Schlauch‹ vom Helm zum Tank nichts anderes als der Schwanz der kleinen Beutelratte und die ›Luft‹ aus dem Mund nur symbolisiertes Wasser. Das Opossum ist ein Wassertier (1).

Wozu gehört denn eigentlich mehr Phantasie – in der Stele ein gummibewegliches Opossum auszumachen oder Teile einer klar erkennbaren Technik festzustellen? Wie blind muß man schon durch einschlägiges Studium geworden sein, um daran zu ›glauben‹, daß ein Opossum, Affe oder Jaguar den Schwanz über die Schulter in einen Behälter auf dem Rücken taucht?

Leider läßt sich der erste kühne ›Erfinder‹ nicht habhaft machen, der erkennbar stilisierte Atemluft zum Symbol des Wassers erklärt. Er muß tüchtig gewesen sein, dieser Bilddeuter, denn sein Spintisieren fand akklamierten Eingang in Lehrbücher, und was in denen einmal steht, steht fortan unter dem Tabu gelehrter Meinung. Was der Tank bedeutet, darüber findet sich kein erklärendes Wort. Tierisches Zubehör? Wissenschaftsglaube braucht keine Erklärung. Man hat zu glauben. Basta.

Das mit dem Maya-Ballspiel wäre der Ansatz einer Erklärung, wenn da nicht – außer den Bällen – noch die Requisiten wären, die beim Ballspiel unnötig sind und nur hinderlich. Auch spielten die Maya wohl kaum in Hosen und Stiefeln, in enganliegenden Overalls.

Ich halte es mit Sir Alexander Fleming und lasse mein Gehirn nicht von der herrschenden Lehrmeinung verkleistern. Ich interpretiere so:

Zwei außerirdische Wesen, ›Götter‹, stritten gegeneinander, der Besiegte reicht dem Sieger seine Waffe und bittet um Gnade. Oder: Nur die große Figur stellt eine Gottheit dar, ein Herrscher oder Priester bittet kniend um die Gunst des mächtigen Fremden. Die dominierende Gestalt ist der Sieger, sie ist anders gewandet als die irdischen – mit einem hermetisch geschlossenen Kleidungssystem schützt sie sich vor Bakterien und Viren auf dem für sie fremden Planeten. Erdgeborene brauchten diesen Schutz nicht, sie waren immun gegen die heimischen Spaltpilze und Erreger von Infektionskrankheiten. So erklärt sich auch der geschlossene Atmungskreislauf: Der Fremde bezieht filtrierte Atemluft mittels Schlauch aus dem Tank in den Helm.

Die Indios um El Baul verehren diese Stele heute noch als die Darstellung eines großen, fremden Gottes. Noch bis vor wenigen Jahren entzündeten sie zu Füßen der Figur Kerzen. Die Indios von Guatemala sind Maya, Nachfahren jener Maya, die die grandiosen Tempel und Pyramiden schufen. Nach uraltem Mayaglauben war Materie beseelt – wie die Stele von El Baul, die *Mana* in sich hat.

Irritierend ist die tierhafte Schnauze außerhalb des Helms. Meine Kritiker werden lauthals monieren. Außerirdische hätten keine Tiermäuler und außerdem würden sie keine Skulpturen meißeln und deponieren.

Zum xten Male notiere ich, daß hier kein Außerirdischer handwerkte! Der Steinmetz, der einen ›Gott‹ mit Helm, Overall und technischen Requisiten verewigte, wußte nicht, was er darstellte. Er sah diese seltsame Gestalt, diese Erscheinung aus dem All, die ihn beeindruckte, und gestaltete sie in völlig technischer Unkenntnis nach dem Eindruck, den er wahrnahm. Alle alten Bildhauer verfuhren meiner Überzeugung nach so: Das Flugzeug wurde vom Vogel – der Raupenbagger zum urweltlichen Fabeltier – die Laserwaffe zum Blitz in der Hand eines Gottes – der Helm zur absurd scheinenden Maske.

Gedanken nach anderswo

Von einer Tempelwand auf dem Monte Alban in Mexiko grüßt ein Wesen mit Elefantenkopf auf einem Menschenkörper, Hosen flattern über beschuhten Füßen, Hände bedienen ein Gerät. Nie trug, darf ich annehmen, ein Mensch einen Elefantenkopf, um den auch noch ein Strahlenkranz flackerte.

Monte Alban, Hauptstadt und Kultzentrum der Zapoteken, wird mit seinen Anlagen auf etwa 600–100 v. Chr. datiert. Woher kannten Zapoteken um diese Zeit Elefanten? Die gab es, die hl. Wissenschaft sagt es, allemal nur in Afrika oder Asien. Wenn man mir sagt – und nichts ist zu töricht, um nicht vorgebracht zu werden – wenn man mir sagt, Elefanten oder Mammuts wären vor 12000 bis 15000 Jahren über die Beringstraße nach Amerika gewandert, dann muß man, bitteschön, Monte Alban synchron nach 12000 v. Chr. datieren. Beides – 100 v. Chr. *und* Elefanten – kann man nicht haben! – Gemach: Es gab keine Elefanten. Da dennoch Elefantenkonterfeis an Wänden in Monte Alban prangen, haben Steinmetzen etwas gezeigt, was sie nicht kannten.

Habe ich doch gelesen, ich schwöre es, Ägyptens Pharao Ramses III. (1195–1164) habe eine Flotte nach Mexiko entsandt, und so wären Elefantendarstellungen übers große Wasser gelangt. Potztausend – die Elefanten des Ramses in Mexiko! – Es gibt sogar Archäologen, die in den zentralamerikanischen Rüsseldarstellungen überhaupt keine Elefanten zu erkennen vermögen – sie sehen eine ausgestorbene Vogelart (2). Vögel mit Rüsseln – auch nicht schlecht! Brillen sollten sich die Herren kaufen!

Ich hege den Verdacht, daß es sich bei den Rüsselwesen weder um

Oben: Von einer Tempelwand auf dem Monte Alban in Mexiko grüßt ein Wesen mit Elefantenkopf auf einem Menschenkörper

Rechte Seite: Im Anthropologischen Museum von Mexiko City steht diese kniende Figur mit breitem, flachem Schädel. Ein Elefant? Daß ich nicht lache!

Elefanten noch Vögel handelte. Im Anthropologischen Museum von Mexico-City stand ich vor einer massiven, knienden Figur mit breitem, flachem Schädel und weit auseinanderliegenden großen Augen. Aus der Mitte des Schädels dringt ein Rüssel, der in einer sonderbaren Geschwulst über der Brust verschwindet. Wer dieses Unwesen als einen Elefanten definiert, muß einen außerirdischen Import akzeptieren. Elefanten auf unserer Erde sehen anders aus.

In Tikal, Guatemala, hockt zwischen den Pyramiden ein Steinklumpen im Gras, an dem Jahrtausende nagten. Die ehemals exakten Konturen wurden von Wind und Wetter abgeschliffen, radiert. Sieht man aber genau hin, sind doch die Umrisse einer Gestalt verifizierbar: Auch sie trug einen Kasten auf dem Rücken oder auf der Brust. Immer noch erkennbar ist ein Zahnrad, von dem ein Rüssel – wohl ein Schlauch – zum Haupt des Torsos führt. Seltsam?

In Tikal, Guatemala, hockt zwischen Pyramiden ein Steinklumpen. Trotz aller Verwitterung ist in der Mitte die Andeutung eines Zahnrads und von dort aus eine schlauchartige Ableitung zu erkennen. Der Stein selbst beweist, wie uralt er ist

Es heißt, die Maya hätten das Rad nicht gekannt. Die unbewiesene Annahme resultiert aus der Beobachtung, daß Maya-Tempel und Maya-Stelen keine Wagendarstellungen vorweisen. Überträgt man dieses Denkmuster auf alle Überlieferungen, dann gab es nur das, was dargestellt ist – eine verdammt schlichte Methode, Völker, Kulturen und Zivilisationen zu verkennen und zu unterschätzen. Entgegen gelehrter Meinung wage ich zu vermuten, daß es keine Abbildungen von Karren oder Wagen zu entdecken gibt, weil deren Darstellung tabu war.

Mein emsiger Freund Dr. Gene Phillips fotografierte in den Maya-Ruinen von Copan, Honduras, zwei perfekte, in Stein verewigte Zahnräder: Von der Radnabe führen in gleichmäßigen Abständen Speichen zur Felge, deren Außenseite mit breiten Zähnen eines Zahnrades gespickt ist.

Da diese in der Tat sensationelle Entdeckung nie und nimmer als Zahnrad angenommen werden darf, warte ich mit genüßlichem Schmunzeln auf den Abend, an dem ein ungeheuer kluger TV-Professor über den geduldigen Bildschirm hustet, es handle sich um das Gebiß des Regengottes, die steilen Zähne des Schutzpatrons der Maisbauern oder um das Bündel Schnürsenkel eines Oberpriesters. »Die Grenzen zwischen Arroganz und Ignoranz sind fließend«, sagte Alfred Polgar.

Copans restaurierte Ruinen sind Fundgruben für den, der die Augen offenthält. Der Hobby-Archäologe Dr. Gene Phillips, seines Zeichens Rechtsanwalt in Chikago, hat berufsmäßig wache Augen. Die fixierten – und die Kamera bannte seinen Aufblick – zwischen Brocken einer Tempelmauer zwei Büsten, die in kein Schema passen, darum auch fanden sie kein Dach eines Museums. – Die Büsten ohne Unterleib tragen einen breiten Latz, den der Träger einst durch das Loch in der Mitte über den Kopf streifte und über die Schultern fallen ließ. An diesem Latz baumelt ein 50 Zentimeter langes, 20 Zentimeter breites Rechteck. Wieder sind es Umrisse eines Kastens. Mit angewinkelten Armen und fast zur Faust gekrümmten Händen bediente die ramponierte Figur irgendwelche, nicht mehr vorhandene Hebel, die offenbar in der Höhe des Kastens lagen.

Die vielfach zu belegenden Beobachtungen dargestellter Technik sind nicht wegzudiskutieren. Offen bleibt lediglich die Frage, welcher Art die in Stein überlieferte Technik gewesen ist.

Ein paar hundert Meter von den Büsten entfernt, steht im kleinen Museum inmitten der Copan-Ruinen eine Steinbüste mit tadellos

erhaltenem Kopf – nicht so reizvoll wie der der Venus von Milo, doch – wie sie – mit abgebrochenen Armen. An Hosenträgern hängt eine Art von kleiner Ziehharmonika – mit einem bulligen Auge in der Mitte, in dem sich zwei Balken kreuzen. – Die Maya-Archäologie weiß, daß es sich um Glyphen, Schriftzeichen also, handle. Entziffert ist die Sache nicht. Mit gleichem Recht darf man füglich in dem Gegenstand auch einen Lichtzeichengeber, eine Morselampe, wie sie auf Schiffen benutzt wird, vermuten – oder sogar einen kleinen Motor! Tatsächlich konstruierte der österreichische Physiker Friedrich Egger, angeregt durch diese ›Glyphe‹, einen sehr praktischen, kleinen Rotationskolbenmotor, dem ein Patent erteilt wurde. Man darf sich wirklich die Augen nicht durch Lehrmeinungen verkleistern lassen.

»El astronauta!«

Ich wandte mich an Indiobuben, die sich schon lange um mich geschart hatten, die Kameras bestaunten und auch mich, der da so lange und so nachdenklich vor der rätselhaften Stelle aushielt. Ich fragte sie:

»Was ist das hier?« Ich deutete auf Helm und Tank.

»El astronauta!« antwortete der älteste meiner jungen Beobachter, als wäre das eine für ihn selbstverständliche Erklärung. Ich schmunzelte.

»Und warum trägt der Astronaut solche Boxhandschuhe und Kugeln in den Händen?«

»Sehen Sie denn nicht, daß das ein Gott ist?« sah mich der Knabe erstaunt an, und seine dunkelbraunen Augen wurden noch dunkler. »Das ist ein Gott, und Gott ist immer *un mysterio*!« – Ja, er ist ein Rätsel, das stimmt.

Von Herzen wünschte ich mir, daß diesen Kindern die unbefangene Art ihrer Betrachtung erhalten bleibt – auch dann, wenn westliche Entwicklungsdienste der irrigen Meinung sind, Indios durch Studien

Linke Seite oben: In den Maya-Ruinen von Copan stehen diese Skulpturen, die zwei perfekte Zahnräder vorweisen. Von der Radnabe führen Speichen zur Felge, deren Außenseite mit den Zähnen des Zahnrads gespickt ist

Linke Seite unten: Auch in Copan! Die Büste ohne Unterleib trägt einen Latz, der über den Kopf gestreift wurde. Mit gekrümmten Fingern bediente die ramponierte Gestalt eine Apparatur

an fremden Universitäten oder Hochschulen im eigenen Land glücklicher machen zu können. Sie verlieren ihre Identität, sobald man sie aus der Welt ihres Denkens herausnimmt. Vielleicht revoluzzen sie, aber ihr Glück des einfachen Daseins ist unwiederbringlich zerstört.

Irrtum in Lima

Wie vereinbart, saß ich am 15. August zur verabredeten Zeit in der Halle des *Sheraton* in Lima und erwartete Oberst Omar Chioini. Pünktlich, wie es einem Offizier zukommt, drehte er sich Schlag zwölf durch die Flügeltür – unverändert, wie ich ihn vor Jahren kennenlernte, ein Gentleman von vielleicht 60 Jahren, groß, mit meliertem Haar und pfleglich gestutztem Schnurrbart, unter kräftigen dunklen Brauen Lachfalten um die Augen. Wie er da vor mir stand im dezenten dunkelgrauen Mohair, weißem Hemd mit dunkelblauer Krawatte, hätte man in ihm eher einen Banker aus Wallstreet oder der City von London vermutet als einen vertiblen Offizier der Luftwaffe.

Die Begrüßung war stürmisch, mit obligatem südamerikanischem Klopfen auf den Rücken, Umarmung, doch Gott sei Dank ohne die widerwärtige Männerküsserei, das Ritual der Kreml-Herren.

Wir setzten uns an ein Marmortischchen und bestellten das landesübliche Getränk: *Pisco-sour.* Pisco ist ein Branntweinschnaps, der vorzugsweise um das Städtchen Pisco an der Pazifikküste hergestellt wird. Es wird Zitrone, Zucker und etwas Eiweiß zugefügt, im Mixer geschüttelt. Ein milchig-grünes Getränk mit säuerlichem Geschmack wird durch einige Spritzer Angostura-Bitter endgültig zum bevorzugten herben Getränk.

»Ich habe alles vorbereitet«, sagte der Oberst nach dem Austausch privater Informationen. »Schon morgen früh um sechs Uhr steht ein Landrover bereit, wenn alles gutgeht, kannst du in vier Tagen zurück sein. Mein Freund Frederico Falconi, ein versierter Archäologe, begleitet dich. Er kennt *la Muralla* sehr genau . . .«

». . . *la Muralla*, das heißt Mauer, nicht wahr?« Mir dämmerte der Irrtum, ich ahnte den kleinen, großen Unterschied.

Linke Seite: Im kleinen Museum zu Copan steht diese Figur: In den Händen hält sie ein merkwürdiges Gebilde – einer Ziehharmonika ähnlich, vermutlich ein Produkt einstiger Technik

»Selbstverständlich!« sagte Chioini. »Die willst du doch sehen.«

An Kummer gewöhnt, traf mich der Irrtum zwar, aber er warf mich nicht um, zu oft schon mußte ich in wildfremden Ländern auch nach sorgfältigsten Reisevorbereitungen vor Ort in Ausführlichkeit erläutern, worum es mir ging. Oberst und Archäologe vermuteten, ich sehne mich nach dem Anblick der großen, allseits bekannten peruanischen Mauer. Ruhe bewahren, Erich! rede ich mir in Momenten wie diesem friedfertig zu. Aus meiner praktischen *Swissair*-Umhängetasche kramte ich die beiden *National Geographic*-Fotos, wies auf das löchrige dunkle Band über Höhen und Täler:

»Amigo, *das* möcht ich sehen! Die Mauer ist mir bekannt.«

Eine Sekunde zwirbelte der Oberst den Schnurrbart, biß verwirrt in seine Lippe, bat um Vergebung für den Irrtum, stand auf und schritt zu den Telefonkabinen neben der Rezeption. Nach einer Weile kam er mit dieser Botschaft zurück: Den Landrover samt Archäologen hatte er abbestellt und versucht, den Architekten Carlos Milla zu erreichen, konnte aber von dessen Frau nur erfahren, daß Carlos übers Weekend unerreichbar und erst am Montag wieder zu sprechen sei. Tröstlich hörte ich das Statement: Milla kenne in Peru jede archäologische Besonderheit, sagte der Oberst, er wäre nicht nur mit den offiziellen Archäologen bekannt, auch die inoffiziellen, die Grabräuber und Hehler, seien seine Bekannten, wenn überhaupt jemand Auskunft geben könne, dann sei es dieser Carlos Milla. Gott soll ihn schützen.

Ich verspürte nicht die geringste Lust, in Lima zu warten. Die Stadt mit ihren bedeutenden Museen kenne ich von früheren Besuchen her. Ich war in der 350 Jahre alten Kathedrale mit dem kostbar geschnitzten Chorgestühl, das als das schönste Amerikas gilt. Franzisco Pizarro, der spanische Eroberer Perus, legte den Grundstein – 1624 wurde der Bau eingeweiht. Zahlreiche Erdbeben und der sich bei jedem Wiederaufbau wandelnde Geschmack machten die Kathedrale zu einem kunstgeschichtlichen Kalender, aus dem sich gotische, barocke und klassizistische Elemente ablesen lassen. – Ich bewunderte die prächtigen Häuser aus der Kolonialzeit mit ihren weitläufigen Innenhöfen, ihren Kunstschätzen – aus Urwaldholz geschnitzt, aus gegossenem Eisen gehämmert und ziseliert. – Im Zentrum kenne ich die Plaza de Armas, wo Franzisco Pizarro im Jahre des Herrn 1535 mit dem Schwert den Plan der Stadt in den Boden zeichnete. Nein, die quirlige Anderthalb-Millionen-Stadt würde mir, mit nichts als Warten beschäftigt, auf die Nerven gehen. Oberst Chioini hatte Sinn dafür und erbot sich, mich durch reizvolle Landschaften seiner Heimat zu kutschieren.

»Ich fliege nach La Paz!« sagte ich trocken.

»Das kennst du so gut wie Lima. Was willst du in La Paz?«

»Ich will das Ruinenfeld Puma-Punku ansehen«, erklärte ich und beobachtete in Chioinis Gesicht, daß ihm Puma-Punku ein böhmisches Dorf war.

»Aha«, meinte er nur. »Und wann treffen wir uns wieder?«

»In einer Woche, schlage ich vor, am 22sten, um die gleiche Zeit am selben Ort. Einverstanden?«

Der Oberst trank mir den Rest seines Pisco-sour zu:

»Okay, Erich!«

Lohnendes Ziel: Puma-Punku

Am nächsten Morgen flog ich mit einer Maschine der *Lloyd Boliviana* um 7.30 Uhr ab Lima und landete um 10.30 Uhr in La Paz.

Wieder begann das Gerangel um einen geländegängigen Wagen. Auch hier sind im Angebot der Leihfirmen lediglich europäische Kleinwagen oder benzinfressende amerikanische Straßenkreuzer; alle sind verbeult, zahllose Male repariert, auseinandergenommen, Wracks, die verschrottet werden müßten.

In Bolivien ist ein funktionierendes Auto ein unerschwinglicher Schatz, selten wie ein eigenes Häuschen. Sieht man in La Paz – mit fast 400000 Einwohnern Boliviens weitaus größte Stadt – einen blinkenden Wagen geräuschlos vorbeirollen, kann man sicher sein, daß ein Diplomat aus der Hauptstadt Sucre auf Sightseeing ist.

Ich wählte einen VW aus – Baujahr 1969 mit 264000 Kilometern auf dem Tacho, der vermutlich schon einige Male ›justiert‹ wurde. Aus früheren Jahren war mir die schnurgerade, nicht asphaltierte Straße auf der baumlosen Hochebene – 4000 Meter über dem Meer – vertraut. Für Schweizer Verhältnisse ist nur ein Hügel zu überwinden, die Bolivianer nennen ihn Paß. An der steilsten Strecke fing mein VW an zu bocken. In der dünnen, sauerstoffarmen Luft wackelten die Kolben in ihren Lagern und übertrugen ihre Explosionskraft nicht mehr voll auf die Antriebswelle. Ein bewährter Trick half mir weiter: Ich wendete um 180° und legte den Rückwärtsgang ein. So schaffte der brave VW die wenigen hundert Meter Höhendifferenz, doch es war eine höllische Fahrerei, stets am Abgrund bedrängt von heranbrausenden, in Staubwolken getarnten Bussen. Beidseitig der Fahrbahn

Auf einem Hügel nahe bei Tiahuanaco steht, von Gittern umzäunt, dieses Relief, das als ›Schreibtisch‹ in der archäologischen Literatur geführt wird. 155×162×52 cm in Stein – ein seltsamer Schreibtisch!

lungerten Rudel von herrenlosen Hunden, wolfsartigen Hunden gesammelter Rassen. Die Einheimischen nennen sie *los perdidos*, die Verlorenen. Abgemagert, räudig drehen sie jedem Tierfreund den Magen um. Die *perdidos* rotten sich zusammen, jagen, heulen markerschütternd, nachts werden sie auch Menschen gefährlich.

Arm wie die Hunde sind auch die Indios der Hochebene. Auf langen Wanderungen treiben sie einige Ziegen oder Schafe mageren Futterplätzen zu, hocken mit glasigen Augen am Straßenrand. Hier wie in den Straßen von La Paz, in überfüllten Omnibussen kauen sie Blätter vom Cocastrauch, der auf der Andenkette heimisch ist; in Plantagen werden die Sträucher mit ihren zarten Blättern und gelblichen Blütenbüscheln angebaut. – Cocain ist das Hauptalkaloid der Cocablätter, die bitter schmecken und vorübergehend die Zungennerven betäuben. Erste Reisende in den Anden berichteten, Cocagenuß verleihe den Eingeborenen Kraft. Tatsächlich aber weiß die Medizin,

Maßgenaue Rechtecke, rechtwinklige Leisten, scharf gezogene Gesimse lassen auf eine technische Stanze schließen, zu der es ein Pendant gab

daß größere Mengen Cocain, dauernd geschluckt, gekaut oder geschnupft, über das Zentralnervensystem nach anfänglich gesteigertem Wohlbefinden zu geistiger Zerrüttung führen. Auf dem winzigsten Markt in Hülle und Fülle zu niedrigstem Preis angeboten, läßt dieses Narkotikum die Indios ihre ausweglos scheinende Armut ertragen. Spricht man mit einem Indio, muß er sich aus seiner Traumwelt in die Wirklichkeit zurückrufen, um antworten zu können.

Nach zweieinhalb Stunden passierte ich das Dörfchen Tiahuanaco mit seinen umstrittenen Ruinen, über die so viel – auch von mir – geschrieben wurde. Links von der Hauptstraße führt ein schmaler Feldweg nach Südosten – über die verlassene, stillgelegte und überwucherte Bahnlinie, die von La Paz zum Titicacasee führt. – Da erhebt sich ein grasbewachsener Hügel, der von einem Drahtgitter umzäunt ist. In der Fachliteratur wird das Hügelchen als ›Pyramide‹ bezeichnet, obwohl nichts Pyramidales zu entdecken ist.

Am Fuß des Hügels liegt, wie von einem Riesenarm fortgeschleudert, ein Monolith. Der Schweizer Reiseschriftsteller Johann Jakob von Tschudi (3) sah ihn 1869 und schrieb darüber:

»Auf dem Weg nach Puma-Punku trafen wir in einem Felde einen sonderbaren Monolithen von 155 cm Höhe und 162 cm Breite, an der Basis ist er 52, an der Spitze 45 cm dick. Er enthält zwei Reihen von Fächern. Die unteren sind zwei große, seitliche, längliche Fächer, in der Mitte zwei kleinere, viereckige übereinander, in den oberen, durch einfache Gesimse von den unteren getrennt, vier viereckige. Der Monolith ist unter dem Namen El Escritorio, *der Schreibtisch, bekannt.«*

Die Namenstaufe dieses raffiniert bearbeiteten Andesit-Brockens nahm vermutlich ein Gelehrter vor, der sich an seinen heimatlichen Schreibtisch mit Fächern und Schüben erinnert fühlte. In der Literatur findet sich bis heute kein Vorschlag, was von dieser kunstvollen Arbeit zu halten ist, welchem Zweck sie diente. Ganz gewiß war sie kein Schreibtisch.

Daß nach Plan gearbeitet wurde, ist unstrittig: maßgenaue Rechtecke verschiedener Größe, mit rechtwinkligen Leisten versehen, die spitz auslaufen, mit scharf gezogenen Gesimsen, mit fehlerlos herausgearbeiteten Abstufungen. Sicher gab es zu dieser Stanze ein Pendant, in das sie genau paßte – millimetergenau, fugenlos, rüttelfest. Ohne Plan tut sich solche Arbeit nicht. Plan aber bedeutet Maßnehmen, setzt Kenntnis einer Schrift voraus.

Das Rätsel der Anden

Oberhalb des Hügels bietet sich dem Auge das Rätsel der Anden dar: Puma-Punku – ein steinernes Gebilde von unglaublicher Wucht, Vielfalt und Präzision. Was hier liegt, wurde nie begriffen, in keinem mir bekannten *modernen* Werk ausreichend gewürdigt. In dem jüngsten, großen Sammelband über Südamerika (4) wird Puma-Punku mit diesen wenigen Zeilen abgetan:

»In der Südwestecke von Tiahuanaco steht die große, Puma-Punku genannte Pyramide. Ihre obere Plattform bilden zwei verschieden hohe Flächen, die man über mehrere Treppen erreicht. Auf einer der Plattformen dürfte ein Tempel gestanden haben, dessen Eingang aus drei im Stil des Sonnentores ausgeführten Portalen bestand.«

Das ist dürftig – so, als würden die Berliner Philharmoniker von der

1651 schrieb der Bischof von La Paz, das Bauwerk müsse vor der Sintflut entstanden sein. Man mag dem ehrwürdigen Herrn nicht widersprchen!

›Eroica‹ die sechzehn Auftakte fürs ganze Werk spielen. Widmen wir dem Werk von Puma-Punku unsere ganze Aufmerksamkeit!

Erste Nachrichten brachten Nachkommen der spanischen Eroberer mit in die Alte Welt. Mitte des 16. Jahrhunderts bezeichnete Pedra de Cieça (5) Puma-Punku als einen einzigen Bauplatz mit »gigantischen Bildsäulen und einer riesigen Terrasse. Niemand hat den unheimlichen Ort je anders als in Ruinen gesehen«.

Sein Landsmann Antonio de Castro y del Castillo, der 1651 Bischof von La Paz war, schrieb (6):

»Und obwohl man früher annahm, daß die Ruinen das Werk der Inkas seien, als Festung für ihre Kriege, hat man jetzt erkannt, daß sie im Gegenteil ein Bauwerk von vor der Sintflut *sind . . . Wäre es nämlich ein Werk der Inkas in einer Ebene ohne Gewässer, und so tief gegraben, so hätten nicht einmal die Spanier ein so wunderbares Gebäude von solcher Schönheit herstellen können. Was ich bewundere sind diese so genau angepaßten Steine . . .«*

In der ersten Hälfte des 19. Jahrhunderts bereiste der französische Paläontologe Alcide Charles Victor d'Orbigny (1802–1857) Südamerika. Über Puma-Punku (7) berichtete er von monumentalen Toren, die auf horizontalen Steinplatten standen. Die Länge einer der lückenlosen Plattformen gab er mit 40 Metern an. Heute sieht man keine solchen zusammenhängenden Platten mehr, sie sind zerbrochen, zertrümmert, zerschlagen, von der Zeit angefressen. Doch was geblieben ist, ist monumental genug, um das Fürchten zu lehren.

Als »Sammler« frühzeitlicher Bauten kaum noch aus der Fassung zu bringen, hat Puma-Punku mir die Sprache verschlagen, dieses grandiose Panorama aus einer anderen Zeit. Da liegen in einem verwirrenden Chaos, das eine einstige Ordnung noch ahnen läßt, mächtige Brocken aus Granit, Andesit und Diorit, dem graugrünen Tiefengestein von enormer Härte und Widerstandsfähigkeit. Die Monolithen, man kann nur staunen, sind mit einer Präzision bearbeitet, geschliffen und poliert, als wären sie aus einem Werk mit modernsten Maschinen und Hartstahlfräsen und Bohrern vom Fließband angeliefert worden. Haarscharfe Rillen von sechs Millimetern Breite und 12 Millimetern Tiefe laufen – wie mit dem Lineal gezogen – über fünf Meter lange Dioritmonolithen hin. Durch Zapfenlöcher wurden die Ungetüme an ihr Gegenstück gepreßt. Metallklammern verbanden die Steinmonster zu einem Gebilde, das sich heute jeder rekonstruktiven Vorstellung entzieht.

Das Standardwerk über Puma-Punku

Der Dresdener Archäologe Max Uhle (1856–1944) gilt als »Vater der peruanischen Archäologie«, ja, man nennt ihn den »zweiten Entdekker Perus« (8). – Am Königlichen Zoologischen und Anthropologisch-Ethnographischen Museum lernte Uhle den Geologen und Forschungsreisenden Alphons Stübel (1835–1904) kennen, der bereits

Rechte Seite oben: Archäologe d'Orbigny gab in der ersten Hälfte des 19. Jahrhunderts die Steinplatten noch mit einer totalen Länge von 40 Metern an. Heute sind sie zertrümmert . . .

Rechte Seite unten: . . . doch auch eine Aufnahme aus dem Jahr 1980 läßt noch über die Wucht der Steinmassen und das Wunderwerk der Steinmetzkunst rätseln

ein dreibändiges Werk über archäologische Ausgrabungen in Peru herausgegeben hatte. Nach jahrelangen gemeinsamen Forschungen edierten Uhle und Stübel das Standardwerk ›Die Ruinenstätten von Tiahuanaco im Hochland des Alten Peru‹; es ist 58 Zentimeter hoch, 38 Zentimeter breit, wiegt zehn Kilo und enthält bis heute unübertroffen exakte Detailzeichnungen und millimetergenaue Angaben über Puma-Punku. Die Skizzen, die meinen Text begleiten, sind dem 1892 in Leipzig erschienenen Werk entnommen.

Die beiden Gelehrten waren von Puma-Punku fasziniert. Sie standen dem Unbegreiflichen gegenüber und beschlossen, genaue Maße und Skizzen von der Anlage mit nach Hause zu nehmen. Es ließe sich denken, daß sie dazu nicht nur wissenschaftlicher Eifer veranlaßte, sondern vielleicht auch Sorge, man würde ihnen ihre Berichte vom Rätsel der Anden sonst nicht abnehmen: zu gewaltig waren die Eindrücke an Ort und Stelle. – Stübel notierte:

»Den merkwürdigsten Teil der Ruinen von Puma-Punku bilden die noch an Ort und Stelle befindlichen ›Plattformen‹ und die zerstreut zwischen ihnen liegenden ganzen oder abgebrochenen Blöcke, welche nach Form, Größe und Bearbeitung eine außerordentliche Mannigfaltigkeit zeigen. Da gibt es plattenförmige Steine, gleichmäßig bearbeitete Lavaplatten, solche mit kleinen, torartigen Ausarbeitungen, Steine mit muldenartigen Vertiefungen, Steine mit kreuzartigen Ornamenten, mit kleinen Nischen und dick oder ganz dünn erhabenen Leisten, sowie ungezählte andere Formen. Der gegenwärtige Zustand der Ruinen zeigt – mit Ausnahme der drei großen Hauptplatten, die in gerader Linie verlaufen – eine große Regellosigkeit. Die drei sogenannten Hauptplatten verlaufen in Richtung Nord/Süd. Sie bedecken eine Fläche von 43 Metern Länge und etwa sieben Metern Breite.« (9)

Max Uhle mußte mit ansehen, wie eine Einheit der bolivianischen Armee Schießübungen auf Statuen veranstaltete. Hätten die Erbauer von Puma-Punku ihre Anlagen nicht für die Ewigkeit geplant, wäre nur ein Geröllfeld oder nicht mal das übriggeblieben.

Puma-Punku bedeutet: Löwentor. Von einem Tor ist nichts mehr wahrzunehmen. Kein Wunder, denn Spanier und nach ihnen die Indios machten Kleinsteinschlag und trugen fort, was sich tragen und schleppen ließ. Doch wenn sich auch Spanier, Indios samt bolivianischer Armee zu einem Gemeinschaftsraub zusammengetan hätten – sie hätten die Lage der gigantischen, bearbeiteten Platten nicht verändern können. Ob man das heute könnte?

Man hat zwar 1964 Abu Simbel in Teile zersägt, numeriert und 60

Meter über dem alten Standort oberhalb des Nils in einem Puzzle wieder zusammengesetzt – mit der geballten Technik westlicher Industrie, in Puma-Punku ist nichts derartiges versucht worden. Noch weiß man ja nicht, wie tief Andesit- und Dioritklötze und Platten im Boden stecken. Herangeschaffte Bagger vermochten bisher – den Göttern sei Dank! – nicht, die größten Klötze anzuheben. Wären sie transportabel, würden sie zersprengt und als dauerhaft-billiges Baumaterial in den Wänden pompöser Bürogebäude oder Kaufhäuser verschwinden – bestenfalls von beflissenen Archäologen in rekonstruierten Mauern genau dort integriert, wo sie nicht hingehören. Gleichwohl macht das Gelände, wie Siegfried Huber (10) beschreibt, den Eindruck einer verdächtig lebhaften Baustelle:

»Der Raum macht den Eindruck einer Steinmetzwerkstätte, die Meister und Gesellen eben zum Vesperbrot verlassen haben, um sofort wieder mit Meißel und Hammer an die Arbeit zurückzukehren. Eine unübersichtliche Menge von meisterhaft behauenem und geglättetem Material, Platten, Blöcke, Mühlsteine, Friesbruchstücke, Steinsitze, Tore, scheinen auf den Abtransport zu warten.«

Sieht man, was in Puma-Punku im Boden verankert ist, bleibt das Verfahren von An- und Abtransport ein Rätsel. Alcide d'Orbigny berichtet, er habe die heute dreigeteilten Hauptplatten noch in einem Stück von über 40 Metern Länge gesehen. Ein 40 Meter langer, sieben Meter breiter Steinklotz, in unbekannte Tiefe eingegraben, hatte etwa das Körpervolumen eines elfstöckigen Hauses. Die Rohmasse muß ungleich voluminöser gewesen sein, weil sie erst in Fasson gebracht, bearbeitet wurde. Wo gehobelt wird, fallen Späne. In Puma-Punku gibt es keinen Steinabfall. Resümee: Die viele tausend Tonnen schweren Steinmassen müssen auf die baumlose Hochebene transportiert worden sein – da moderne Tieflader und Kräne nicht zur Verfügung standen, mit menschlicher Muskelkraft. Wer leichthin sagt, alles sei machbar gewesen, möge bedenken, daß 1000 Tonnen = eine Million Kilogramm schwer sind und daß in Puma-Punku viele tausend Tonnen bewegt wurden! Schiebt man auch diesen Steinungetümen die berühmten Holzrollen unter? Das können nur Leute riskieren, die wie Blinde von der Farbe sprechen. Hier wären Holzrollen zerquetscht, zersplittert! Hätten sich von irgendwoher Transportkolonnen aufgemacht, die Last in die lichten Höhen zu ächzen, und es wäre nur eine einzig tropische Regenflut niedergegangen, die Steine wären wie Rosinen im Kuchen verschwunden, in den Morast gesunken. Irgendwie, so ist es, wurde der Transport geschafft, sonst gäbe es in Puma-Punku keine Steinplatten und Monolithen. Wie? das bleibt das Rätsel ohne überzeugende Lösung. Mysteriös wie der Transport mutet die Präzision der zu bestaunenden Arbeiten an.

Beispiel 1:

Da liegt ein rechteckiger Block: 2,78 Meter lang, 1,57 Meter breit mit einer mittleren Höhe von 88 Zentimetern. Der Block hat sechs Hauptflächen: oben – unten – vier Seiten. Die sechs Flächen sind in größere und kleinere Flächen unterteilt, wobei jede Fläche auf einer anderen Ebene liegt. Bedeutet: Auf der seitlichen Fläche B liegen die Flächen 1 bis 7 jeweils um einen Zentimeter höher oder tiefer als die Nachbarflächen. Die Flächen 6 und 7 sind durch ein Börtchen – 5 Zentimeter stark – getrennt, es verschmälert sich zu einer Leiste von vier Zentimetern Dicke. Die haarscharf-schmale Leiste 8 zwischen den Flächen C und D hat linealgerade nur zwei Zentimeter Breite. Der Block ist ein Keil: Hinten (in der Skizze oben) ist er dicker als vorn.

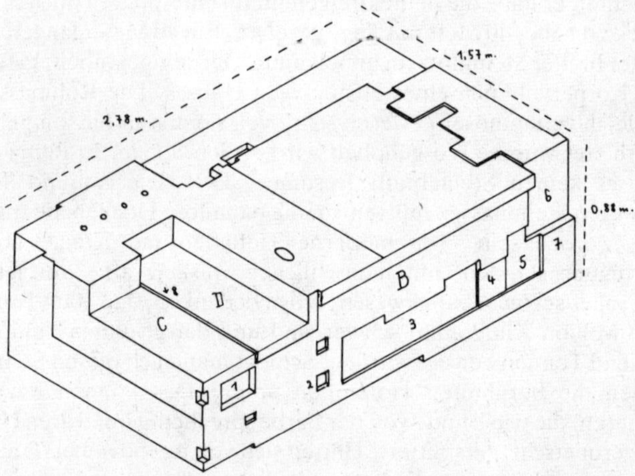

Es gibt keine bessere Bestandsaufnahme von Puma-Punku als das Werk von Uhle-Stübel. Diese Skizze zum Beispiel 1) zeigt die blendende Durchkonstruktion des Bauwerks

Heutzutage würde eine derartige Präzisionsarbeit – falls sie ein Steinmetz überhaupt annimmt – unter Zuhilfenahme von Fräsen und Bohrern mit irrwitziger Rotation – luft-, wasser- oder kunsteisgekühlt – bewerkstelligt. Fräsen und Bohrer würden in Stahlschablonen geführt. Was die Arbeit besonders erschwert: Sie muß an Diorit, einem Stein von Granithärte, getan werden. Preisfrage: Welche Werkzeuge benutzten die Puma-Punku-Steinmetze?

Beispiel 2:

Der Block besteht aus Andesit-Lava, ist einen Meter hoch, hat an seiner breitesten Stelle einen Meter im Durchmesser. Die sichtbaren Hauptflächen markierte ich mit A, B, C und D. – Zwischen den Flächen B und C sind – übereinander – zwei Nischen gemeißelt, in deren Rückwände kleine Rechtecke eingeschnitten sind – acht Millimeter tiefe, saubere, rechtwinklige Kader. Diese kleinen Aushebungen erinnern an Karabinerverschlüsse, die in ein Gegenstück einrasten.

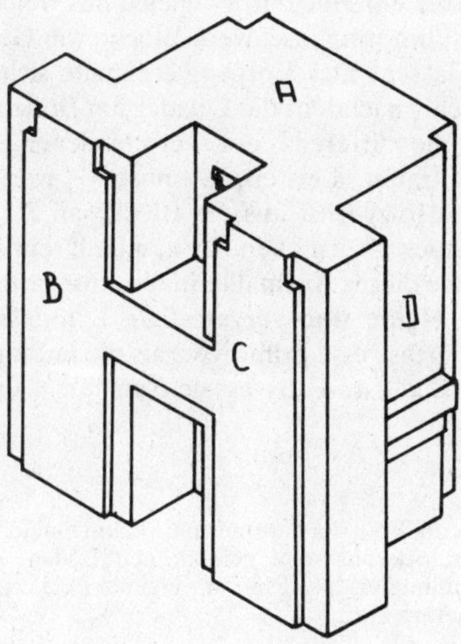

Diese Architektenzeichnung zeigt die Gliederung eines Blocks aus Andesit-Lava

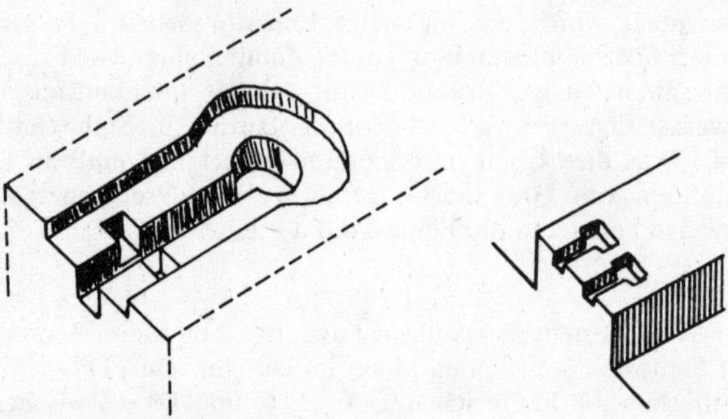

Die kleinen Aushebungen auf der Rückseite des Steins erinnern an durchaus moderne Karabinerverschlüsse

Einfach gesagt, schwer getan. Außer, daß die Fugen ineinander paßten, war noch eine Apparatur nötig, die die Paßformen einrasten ließen, ohne daß beim Schließen oder Öffnen die Steinleisten splitterten. Holzrollen oder ein Hebelarm – gleich aus welchem Material – reichten nicht aus, um tonnenschwere Blöcke wie Geldschranktüren einschnappen zu lassen. Der Vorgang ereignete sich mutmaßlich in lichter Höhe – nicht, nachdem die Quader am Boden lagen. Bei der komplizierten Höhendifferenz der verschiedenen Ebenen – mit Rechtecken, Quadraten, Leisten, Gesimsen – war es nicht damit getan, von einem Holzgerüst aus die Blöcke an Seilen auf das am Boden liegende Stück abzusenken. Es kamen Drehbewegungen hinzu, damit die Klötze dieses Ausmaßes in die Aussparungen eingeführt werden konnten. Heute sind vorgefertigte Betonelemente weniger kompliziert, vergleichsweise primitiver, als die in Puma-Punku angewandte Handwerkskunst. Falls es sich um eine solche gehandelt hat . . .

Rechte Seite oben: Vom Fraß der Jahrtausende kaum tangiert, ragt dieser 1,10 Meter hohe Dioritblock aus dem gelbbraunen Boden . . . durch dessen Vorderfront eine millimeterfeine Rille mit kleinen Löchern im Abstand von jeweils vier Zentimetern läuft

Rechte Seite unten: In diesen Andesitblock von 7,81×5,07 Metern ist ein großflächiges Rechteck 2,5 Zentimeter tief eingelassen – mit Einpassungen für ein Gegenstück

Beispiel 3:

Vom Fraß der Jahrtausende erstaunlicherweise kaum tangiert, ragt ein Dioritblock 1,10 Meter hoch aus dem gelbbraunen Boden. Achteinhalb Zentimeter vor der polierten Fläche läuft durch die Vorderfront von oben nach unten eine drei Millimeter breite, zweieinhalb Millimeter tiefe Rille, in die – wie von einem Diamantbohrer geschlitzt – im Abstand von jeweils vier Zentimetern feine, eineinhalb Millimeter kleine Löcher gebohrt sind. Mit steinernen oder hölzernen Werkzeugen oder einem Bohrer auch aus dem härtesten Tierknochen war solche Präzision nicht zu erreichen.

Beispiel 4:

In einen Andesitblock mit den Maßen 7,81×5,07 Metern ist ein großflächiges Rechteck von zweieinhalb Millimetern Tiefe eingelassen, ausgeschabt. Hier wurde nicht gepfuscht, es gab keine schadhaften Stellen, die mit Mörtel oder Zement zugeschmiert wurden. Es ist ein ausstellungsreifes Meisterstück der Steinmetzkunst. – Auch diese Vertiefung weist Einpassungen auf, die die Platten zusammenhielten.

Beispiel 5:

Die Erbauer von Puma-Punku verstanden sich nicht nur auf rechtwinklige Arbeiten – sie kannten außer dem Lineal auch den Zirkel. Ich sah und fotografierte aus dem Stein herausgefräste Kreise von 36 Zentimetern im Durchmesser.

Zwischenbilanz

Puma-Punku gilt mir als Beweis für einige meiner wichtigsten Behauptungen in punkto vorzeitlicher Bauten:

– die Aymara, ein präinkaischer Stamm, der hier auf der Hochebene gewirkt haben soll, können es nicht gewesen sein, denn:

– Die angewandte Technik geht über alles hinaus, was präinkaischen Stämmen an Kenntnissen und Fähigkeiten zugestanden wird

– hier wurde nach Plan gearbeitet! Die Gesamtplanung basierte auf Vermessungen geometrischer Art

– die Detailausführungen zeugen für eine fortgeschrittene Technik

– was den Transport der Steinmassen angeht, müssen die Erbauer deren Gewichte gekannt, Festigkeit und Sprödigkeit des Materials in ihre Berechnung eingesetzt haben

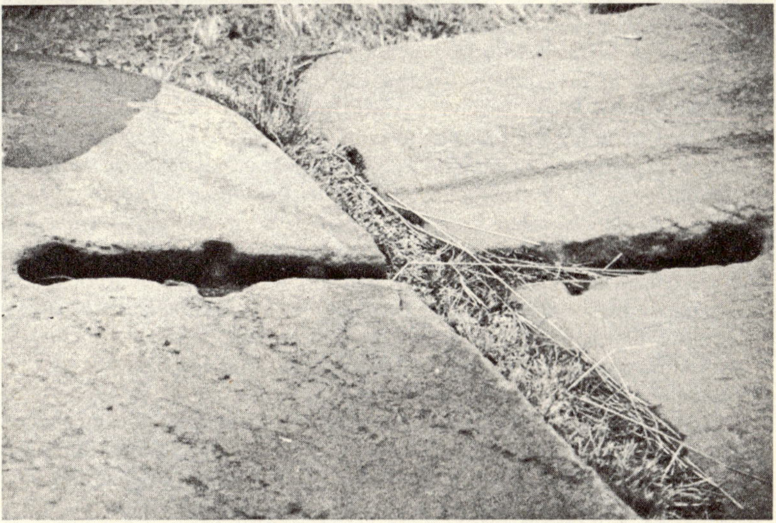

Archäologen sagen, die Blöcke seien mittels Kupferklammern zusammengehalten worden. Kupfer ist ein viel zu weiches Material für diese Steinmassen!

– Planung dieses Formats bedingt Kenntnis einer *Schrift*. Da waren Positionen in solcher Vielzahl zu bedenken, zu berechnen, zu fixieren, daß auch die phantasievoll erdachte »Gedächtniskultur« (Stonehenge!) hier nicht weiterhilft
– die zu bedenkende Möglichkeit, es hätte ein Genie, ein Jahrtausend-Architekt, seine Pranke gezeigt, fällt aus. Bei so vielen Baustellen mit den zugehörigen Transporten, Bearbeitungen, Mannschaftsanweisungen etc. wäre selbst ein Genie in die Knie gegangen, ganz abgesehen davon, daß – mit menschlicher Kraft geschaffen – das Richtfest innerhalb eines Menschenlebens, gar einiger Generationen, nicht hätte gefeiert werden können.

Resultat:

Mit offensichtlicher Planung muß den Erbauern die Kenntnis einer Schrift zugebilligt werden. Aber – und da sind sich Archäologen und Ethnologen wundersam einig – die Aymara hatten keine Schrift. Bedeutet: Sie scheiden als Erbauer aus!

Kein Bauplan ohne Detailzeichnungen! Es gab sie auch in Puma-Punku. – Sogar Archäologen sprechen von ›Kupferklammern‹, mit denen die Blöcke per ›Karabinerverschlüssen‹ zusammengehalten worden sein sollen. Kupfer ist ein weiches Material, es hat nur den Härtegrad 3 (nach Mohs) – gegenüber Eisen mit 4,5. – Kupfer vermochte keine tonnenschweren Platten aneinander zu ›fesseln‹. Schon Johann Jakob Tschudi (4) wunderte sich:

»Noch mehr als das Fortschaffen dieser gewaltigen Steinmassen setzt uns die vollendete, technische Ausführung der Steinmetzarbeiten in Erstaunen, wenn wir bedenken, daß die alten indianischen Handwerker durchaus keine eisernen Handwerkszeuge besaßen, und daß die ihnen bekannten Legierungen von Kupfer und Zinn viel zu weich waren, um erfolgreich den Granit zu behauen. Auf welche Weise sie es bewerkstelligten, ist noch rätselhaft, am meisten Wahrscheinlichkeit hat die Ansicht für sich, daß die letzte Politur der Steine durch Reiben mit feinem Steinmehl oder mit kieselerdehaltigen Pflanzen bewerkstelligt wurde.«

Tschudis Erstaunen verrät, daß schon im vergangenen Jahrhundert verzweifelt nach plausiblen Lösungen für das Rätsel Puma-Punku gesucht wurde. Mit Steinmehl und kieselerdehaltigen Pflanzen mag eine letzte Oberflächenpolitur möglich sein, doch millimeterbreite Rillen, kleine und große, exakt rechtwinklige Quadrate lassen sich damit nicht ins harte Gestein reiben!

Heute weiß man, daß mindestens der in Puma-Punku vorhandene

Weil die alten indianischen Handwerker keine schweren eisernen Werkzeuge besaßen, wunderte sich der Forscher Tschudi über Transport und Bearbeitung der Kolosse

Granit einstens in Cerro de Skapia bei Zepita im heutigen Peru gehauen wurde – reichlich 60 Kilometer von der Anlage entfernt. 60 Kilometer seien keine Entfernung? Nicht auf ebener, leidlich gepflegter Straße, doch hier ist es eine schier endlose Strecke, wenn sie über Berge und Flüsse führt.

Die Formel ist einfach:

Planung + Arithmetik + Geometrie + Transport + harte Metallwerkzeuge = eine Technik, die unserer mindestens ebenbürtig, wahrscheinlich überlegen war.

Lange Nacht der Götter

Indianische Überlieferungen berichten, Puma-Punku sei »in einer einzigen langen Nacht von den Göttern erbaut worden« (11), es wären keine Menschen daran beteiligt gewesen, und die Götter, die fliegen

Puma-Punku 1980! Man hat den Eindruck, als wäre das Durcheinander nach einem Erdbeben oder einer Explosion entstanden. Touristen haben ein Motiv!

konnten, hätten das eigene Bauwerk zerstört, nachdem sie es in die Luft hoben, umdrehten und fallen ließen.

Nach solchem Kraftakt sieht es heute noch aus. Darf die simple mythologische Überlieferung nicht ernstgenommen werden? Fällt uns ein Zacken aus der Krone, wenn wir zugeben, daß in der 4000 Meter hohen, grandiosen Landschaft in dünner Luft eine Leistung vollbracht wurde, deren Zustandekommen unerklärlich ist?

»Was ist der Mensch? Jedenfalls nicht das, wofür er sich hält – die Krone der Schöpfung!« schrieb der Dichter Wilhelm Raabe (1831 bis 1910).

Drei Tage stapfte ich durch die Ruinenlandschaft, vermaß einzelne Stücke, fotografierte, sprach Stichworte auf mein Diktiergerät. Zweimal täglich, gegen 11 und 14 Uhr, karrte ein Bus der *Crillon Tours* ein halbes Hundert kamerabehangener Touristen heran. Es waren viele Amerikaner darunter, manche tuschelten, erkannten mich, baten um Präsenz bei einem Gruppenfoto, um ein Autogramm. – Am letzten Tag, der Zwei-Uhr-Bus entlud eben seine Fracht in die Dorfkirche von Tiahuanaco, erschienen mit düsterem Blick zwei Indios in dunkelgrünen Ponchos, ihre *chullos*, wollene Zipfelmützen, tief über die Ohren gezogen.

»Hören Sie sofort mit dem Vermessen auf!« befahl ein Indio.

»Warum, Senores?« erkundigte ich mich.

»Es ist Fremden verboten, ohne schriftliche Erlaubnis der Universität von La Paz Ausgrabungen vorzunehmen!«

Das verstand ich. Einen Moment überlegte ich, ließ es dann aber, den Indios zu sagen, daß mir am 12. 2. 1975 die *Universidad Boliviana, Gral Jose Ballivian,* Trinidad, den Ehrendoktortitel verlieh. Seinerzeit, als mir die Urkunde übermittelt wurde, war ich mißtrauisch in diese Würde. Ehrendoktorhüte werden oft nach Stiftungen verliehen, ich hatte der Universität keinen müden Franken überwiesen. Erst nachdem mir das bolivianische Erziehungsministerium, das Außenministerium und die deutsche Botschaft die Echtheit bestätigten, bedankte ich mich für die Ehrung. Hier hätte ich erstmals daraus Nutzen ziehen können, aber ich tat es nicht. Mir gefiel die Aufmerksamkeit der Indios. Wo kämen wir hin, wenn jeder Tourist oder Hobby-Archäologe ein Andenken in den Rucksack packen würde? – Ich sagte:

»Ihr habt recht, aber ich grabe nicht, ich lasse alles unberührt, ich nehme nur einige Maße, ist das erlaubt?«

»No, Senor von Däniken! Wir sind beauftragt, Ihre Tätigkeit zu unterbinden.«

Sprach man mich beim Namen an? Wer kannte mich in dieser Ödlandschaft? Ich hatte keiner Zeitung ein Interview gegeben. Wer wußte von meiner Anwesenheit? Man nahm das Meßband in Verwahrung, ließ mich nicht mehr aus dem Blick, aber man gestattete mir, zu fotografieren. Wem mißfiel es, daß ich mir Puma-Punku vorknöpfte? Fürchtete man neue Besucherströme, die mein Bericht herlenken würde – wie es für Tiahuanaco aktenkundig ist?

Was Touristen in Sacsayhuaman nicht gezeigt wird

Abends, in der Bar des 25sten Stocks des *Sheraton*-Wolkenkratzers in La Paz, plauderte ich bei einem Drink mit einem jungen Münchner Ehepaar. Sie studiert Ethnologie, er ist fertiger Jurist. Sie kamen mit dem Tragflügelboot von Peru her über den Titicacasee, beide lasen mein Bücher, beide waren enttäuscht von dem, was sie tagsüber

»Sie müssen sofort mit dem Vermessen aufhören!« rief mir ein Indio zu. Weshalb?

gesehen hatten, zogen meine Beschreibungen in Zweifel. Die Studentin rügte mich:

»Wir sahen oberhalb von Cuzco die Ruinen von Sacsayhuaman, aber wir konnten beim besten Willen nichts Außerirdisches entdekken, wie Sie es beschreiben.« – Der Jurist ergänzte trocken: »Der Fremdenführer erklärte, wie die Steine bearbeitet wurden. Steinbearbeitungen dieser Art kann man ja sogar heute noch in den Gassen von Cuzco sehen!«

Das alte Lied, der ewige Irrtum! Nicht einmal die Crew, die in Sacsayhuaman Aufnahmen für meinen Film *Erinnerungen an die Zukunft* drehte, fand – sie gab sich wohl keine Mühe – *die* Ruinen, die ich beschreibe. Sehe ich mir die Stapel von verlockend offerierten Kreuzfahrten nach Südamerika an, darf ich vermuten, daß einige Teilnehmer dabei sind, die meine Bücher kennen und enttäuscht werden wie das Münchner Paar. Angesichts des Südamerika-Kreuzfahrt-Booms gebe ich hier eine Wegbeschreibung, die zu *meinen*

Links von der Straße sind an den Bergwänden seltsame Felsformationen zu entdecken. Überraschungen, wo man die Augen aufhält

Ruinen führt:

»Meine Damen und Herren, lassen Sie sich am Morgen – es muß nicht in aller Herrgottsfrühe sein! – mit dem Taxi zu den Ruinen von Sacsayhuaman fahren. Veranlassen Sie den Fahrer, auf der alten Straße nach Pisac noch 1,5 Kilometer weiter den Berg hinaufzufahren – bis kurz vor der ersten Linkskurve. Bezahlen Sie den Fahrer, auch wenn er Ihnen gestikulierend widerspricht. Er wird versuchen, Ihnen einzureden, daß er auf Sie warten wird. Das wird nur teuer und bringt nichts.

Jetzt schaun Sie den Berg hinunter Richtung Inka-Festung. Erklettern Sie gleich neben dem Straßenrand die kleine Anhöhe mit den zerklüfteten Felsen, die rechts von Ihnen 200 Meter über Ihnen liegt. Sie gelangen in ein Felslabyrinth, das die Bezeichnung ›Ruinen‹ im landläufigen Sinne nicht verdient. Da liegen undefinierbare Gesteinsmassen herum, kleinere und größere Quader, unkenntliche Überbleibsel irgendwelcher historischen Bauten. Bald gewinnen Sie den Eindruck, daß hier irgendwann ein mit letztem technischem Raffinement erstelltes

Oben: Winklige Kanten, höhlenartige Vertiefungen, Steinkeile – wie aus Wachs geformt

Rechte Seite: Treppen verlaufen von der Decke her zum Boden – Beweis dafür, daß hier alles irgendwann auf den Kopf gestellt wurde

Bauwerk total zerstört wurde.

Über Kluften und Felsgrotten klettern Sie auf Plattformen. Unerwartet, überraschend stehen Sie vor erstklassig zugeschnittenen Steinungetümen. Meine Damen und Herren, sehen Sie genau hin, fassen Sie sie an, diese polierten Betonwände, die erst gestern aus ihrer Holzschalung entlassen zu sein scheinen. Sie täuschen sich! Es ist kein Beton, es ist Granit!

Falls Sie es verlernt haben, zu staunen, hier wird Ihnen diese wichtige Begabung ohne Mühe wieder zukommen. Wie von einer Urkraft geschüttelt stehen Grotten auf dem Kopf, sind Tunneleingänge in ihrem ehemals geraden Verlauf unterbrochen, ineinandergeschoben. Nichts ist da, sehen Sie genau hin, mit Bindemitteln – Mörtel oder sonstwas – zusammengefügt, es ist alles aus einem Stück, es gibt auch nicht die Spur einer Andeutung für Metallklammern, wie sie in Puma-Punku zu

finden sind. Nein, hier oben, eben über der Festung Sacsayhuaman, dem Touristenziel, ist alles wie ›aus einem Guß‹. Kanten sind rechtwinklig, hinter jedem Koloß warten neue Überraschungen.

Falls Sie schon das Touristen-Sightseeing mitmachen, das Sie zur Inkafestung führte, werden Sie bemerken, daß die wirkliche Sensation von Cuzco, das echte prähistorische Rätsel, hier oben liegt, hinter und über den Bergwänden von Sacsayhuaman. Selten aufgesucht. Wenig beachtet.

Halten Sie die Augen auf! Diese Felsmassen sind nur ein Mosaikstein im unerklärlichen Puzzle. Entdecken Sie an den Bergwänden links von der Straße auch die kleinen und größeren Felsformationen. Marschieren Sie getrost, hier stört, hier warnt Sie niemand, über die holprigen Wiesen, trockenen Felder, steigen Sie getrost über Weidezäune hinweg. Mich hinderte noch kein Indio-Bauer. Jeder ist höflich und, wenn nötig, wirken einige Soles der Landeswährung Wunder.

Nach ein paar Stunden des Wanderns in der Vergangenheit ist Ihnen klar, daß fast alle Felsen bearbeitet worden sind. Kein archäologischer Wanderprediger wird Ihnen noch einreden können, die liebe Natur habe die rechtwinkligen Kanten in den Fels gezaubert, die Oberflächen so penibel poliert, die riesigen ›Steinsessel‹ aus lauter Spaß in die Landschaft gestellt, die Steinvitrinen gehämmert, die Stufen geschaffen, die von der Decke her zum Boden verlaufen. Daß Sie ›auf dem Kopf‹ stehen, ist der letzte Beweis, daß das riesige Labyrinth einstmals durcheinandergeschüttelt, um die Achse gedreht wurde. So, wie die Stufen heute *daliegen, sind sie unbegehbar. Dreht man sie um, ergeben sie erstklassige Stiegen ins Hochparterre und noch höher hinaus.*

Ein Blick hinter die Kulissen der Inka-Festung! Drehen Sie den vielfotografierten Mauern den Rücken zu: Auf gleicher Höhe liegen monolithische Felsbearbeitungen unbegreiflichen Zwecks. So, wie sie sich heute darbieten, ergeben sie keinen Sinn. Sie werden nichts, gar nichts sehen, was sich ins gängige Schema einordnen läßt: keine Ordnung, keine gefügten Mauern, keine gestapelten Monolithen. Blanke Felsflächen neigen sich einander zu, saubere Abwinklungen enden an verkehrten, an den Decken entlanglaufenden Stufen.

Wenn Sie das alles gesehen haben, und wenn Sie dann meine Beschreibungen und Fotografien zu Hause noch mal ansehen, sind Sie froh, nicht nur den ausgetretenen Touristenpfad gewandert zu sein!«

Was auch nach Rückkehr von der Reise in meinen Büchern nicht zu finden ist, will ich beim Thema Sacsayhuaman schnell nachtragen:

In einschlägiger Literatur wird behauptet, der *Lacco* oder *Kenko*

Felswände neigen sich aufeinander zu. Saubere Abwinklungen laufen am Sims entlang

Grande genannte Fels mit seinen Nischen, Kammern und Tunneleingängen sei ein heiliger Ort gewesen, die Nischen Throne der Toten, und alles habe zum magischen Reich der Unterirdischen gehört. Da wird keck unterstellt, die heute zu betrachtende Ordnung (Unordnung!) sei in dieser Form von den Erbauern präsentiert worden!

Garcilaso de la Vega (11) vermerkte schon 1720, der heute *Chingana Grande* – das große Labyrinth – genannte Felsbrocken wäre von 20000 Arbeitern Richtung Sacsayhuaman gezerrt worden, habe sich selbständig gemacht und stürzend 3000 Männer unter sich begraben. Archäologen (12) sehen das heute anders: »Der Stein ist wohl nie für Sacsayhuaman bestimmt gewesen. Er ist auch nie transportiert worden, sondern er hat da, wo er jetzt liegt, immer gelegen.«

Man macht die Erbauer zu Narren, unterstellt ihnen, so töricht oder verrückt gewesen zu sein, Stufen, die von oben nach unten führen, in den Fels gehauen zu haben, Stufen, die zu keiner Zeit begehbar gewesen wären. Sie schlugen, dieser kuriosen Deutung zufolge,

Nischen mit schrägen Flächen aus, auf die man nicht mal einen Blumenstrauß zu Ehren der Unterirdischen abstellen konnte, geschweige denn eine Statue zum Anbeten an heiligem Ort. Mühsam polierten die armen Irren Flächen, höhlten Vertiefungen aus, die in keiner Weise nutzbar waren.

Für den, der den Musikdampfer nach Südamerika verpaßt und darum meine Schilderungen nicht nachprüfen kann, lege ich drei Aufnahmen vor, die im Sommer 1980 einige hundert Meter von der Inka-Festung entfernt gemacht wurden. Für den, der Sacsayhuaman besuchen wird, mache ich mich wieder zum Reiseführer:

»Meine Damen und Herren, stellen Sie sich, bitte, im rechten Drittel vor die Festungswand mit Blick zur Festung. Genau hinter sich haben Sie Bodenspalten – klettern Sie hinein, es ist ungefährlich! Sie sind sofort in einer höchst geheimnisvollen, unterirdischen Felslandschaft: Vor Ihnen liegen dreieinhalb Meter hohe glatte Steindenkmäler mit überragendem Gesims. Gleich um die Ecke finden Sie tadellos aus dem Fels geschnittene breite, abgestufte Bänder. Der Fels ist leicht nach vorn geneigt, an einigen Stellen tangiert er nahebeistehende Wände. Bitte, prüfen Sie genau: Es handelt sich nicht um zusammengesetztes Bauwerk, es ist in sich geschlossener, kompakter Fels! – Erst oberhalb der bearbeiteten Flächen fängt der rauhe, unbearbeitete Naturfels an. So, wie Sie die Bearbeitungen sehen, war nie etwas mit ihnen anzufangen. Verharren Sie ein Weilchen in der Rätselkammer. Ich wette, daß Ihnen bald dämmert, daß die bearbeiteten Steine ehemals weiter oben am Berg standen und durch ein Naturereignis, ein Erdbeben, oder auf gewollte Weise, durch eine Sprengung, in die heutige vertrackte Position gerieten.«

Ein Fazit führt zu gleichen Schlüssen wie in Puma-Punku: Die hier oben, oberhalb der Inka-Festung, angewandte, überprüfbare Technik war fortschrittlicher, perfekter, gigantischer und großzügiger als die, mit der die zyklopische Inkamauer von Sacsayhuaman erstellt wurde. Weil die Inkamauer vorhanden war, als die Spanier das Land eroberten, seitdem nichts hinzugefügt wurde, sind die Felsbearbeitungen, von denen ich stets spreche, älter als die Inkafestung. Wie in Puma-Punku muß eine Planung existiert haben, ergo eine Schrift beherrscht worden sein. Das Monumentalgebäude war größer als alles, was die Inkas und ihre Vorfahren zu schaffen in der Lage waren.

Werkelten hier die gleichen Baumeister wie in Puma-Punku? Muß ich erwähnen, daß auch hier die Mythologie überliefert, die Götter selbst hätten ihr Werk zerstört, nachdem sie die Undankbarkeit der

Diese Aufnahmen stammen aus demselben Felskomplex, einige hundert Meter von der Touristenattraktion entfernt. 1980 fotografiert. Hier lernt man das Staunen wieder, spürt das Rätselhafte der frühen Vergangenheit auf der Erde

von ihnen erschaffenen Menschen erkannten?

Eine lustige Einfügung.

Nach Aufklärung des Irrtums versprach das Münchner Ehepaar, Cuzco noch mal zu besuchen. In den Tagen, als ich dieses Kapitel schrieb, traf eine Postkarte ein. »Das war niemals das Werk einfacher Indios! Warum spricht niemand darüber?« stand nach Gruß und Dank auf der Karte.

Ich spreche darüber. Immer wieder. Wie hier. Zur Nachprüfung anempfohlen.

Ans Ziel gelangt

Die Besprechung mit Oberst Chioini und dem Architekten Carlos Milla in Lima begann am 22. August, dem verabredeten Freitag, mit einem unangenehmen Kuhhandel. – Milla war ein höflicher Mann, sprach nur, wenn er angeredet wurde, hatte rauhe Hände, die darauf schließen ließen, daß er, wenn nötig, selbst zupackte.

»Sie wissen, was ich suche«, stieg ich ohne Schnörkel ins Gespräch ein. »Zeigen Sie mir, bitte, auf der Karte, wo ich das ›Lochstreifenband‹ finde!«

Carlos Milla wand sich unter meiner so direkten Frage:

»Si-si, Senor, ich weiß auf den Meter genau, wo es liegt, ich kann es auf den Punkt in eine peruanische Katasterkarte einzeichnen . . .«

»Bitte, tun Sie es!« ermunterte ich ihn.

Der Architekt schloß die Augen, öffnete sie und schickte einen hilfeheischenden Blick zum Oberst, der mit den Fingerspitzen nervös auf der Marmortischplatte trommelte. Englisch sagte er mir mit der Verlegenheit eines Gentleman: »I believe, he wants money!«

Daran sollte die Expedition nicht scheitern. Längst bin ich daran gewöhnt, für Informationen zu zahlen. So diskret wie möglich – es ist mir immer wieder unangenehm – schob ich einen grünen Fünfzigdollarschein neben sein Pisco-sour-Glas: »Bitte, wo ist es?«

Carlos Milla übersah den Schein, er wollte mehr. Um an die Informationen zu kommen, habe er selbst Auslagen gehabt, sagte er, und außerdem sei er bereit, uns zu begleiten, was ihn Leerlauf bei seiner Arbeit koste.

»Was kostet sie?« fragte ich.

»600 Dollars für drei Tage, dazu 225 Dollars für den Landrover, den ich stelle!« forderte der in Ziffern gar nicht zurückhaltende Architekt.

Ungern lasse ich mich melken, zudem schwante mir, daß dieser geschäftstüchtige Typ während der Reise aus dem Stand Extras nachfordern könnte. Nach der Information, daß es das mysteriöse Lochband gibt, wir es notfalls auch ohne Carlos Milla finden würden, pokerte ich.

»Sie brauchen uns nicht zu begleiten. Ich zahle Ihnen 200 Dollars!«

Wartend sah ich ihn an und packte bedächtig die Schriftstücke vom Tisch in meine Aktentasche. Er sollte wissen, daß dies mein äußerstes Angebot war. – Oberst Chioini redete ohne Punkt und Komma auf seinen Bekannten ein, ihm war der Handel peinlich wie mir. Carlos Milla schloß wieder die Augen – eine ausgezeichnete Masche, den Partner rätseln zu lassen –, öffnete sie, nachdem ihm klargeworden war, daß 200 Dollars in der Hand besser sind als nichts. Ein wenig leidend erklärte er:

»Ihr durchlöchertes Band zieht sich viel weiter über Berge und Täler, als es die alten *National-Geographic*-Aufnahmen zeigen. Die für Sie günstigste Stelle liegt zwei Kilometer hinter dem Dorf Humay im Pisco-Tal. Fahren Sie bis zur Hacienda Montesierpe. Hinter der Hacienda gibt es einen 300 Meter breiten Streifen Kulturland, und gleich oberhalb davon auf den kahlen Hügeln sehen Sie Ihren ›Lochstreifen‹!«

Das war, falls sie stimmte, eine gute Information. Auf der Straßenkarte verläuft das Pisco-Tal im rechten Winkel zur *Panamericana*, einer der Traumstraßen der Welt. Ich zahlte 200 Dollars und versprach Carlos Milla künftige Geschäfte, sofern ich andere rätselhafte Orte in Peru aufspüren wollte. Für Interessenten die Adresse des ortskundigen Mannes: Architekt Carlos Milla, Avenida Salaverry 674, Lima.

Gleich nach dem Gespräch telefonierte ich mit meinem Bekannten, Professor Dr. Janvier Cabrera in Ica, das nur 70 Kilometer von Pisco entfernt ist; vielleicht kannte er die Hacienda Montesierpe, vielleicht hatte er Lust, mitzufahren. Cabrera, ein unorthodoxer Anthropologe, war spontan bereit, dabeizusein. Wir verabredeten uns auf den nächsten Tag um 17 Uhr im Museum von Ica.

Die Fahrt nach dort in einem gemieteten Datsun brauchte gute vier Stunden. Außerhalb von Lima ist die *Panamericana* über 40 Kilometer als veritable Autobahn ausgebaut, dann verengt sie sich zu einem Band, das an der Küste entlang, meistens aber durch Wüste führt. Obwohl der Küstenstreifen bis nach Pisco hinunter am Pazifischen Ozean entlang in einer geographischen Zone liegt, die anderswo üppige Vegetation gedeihen läßt, ist das hier nicht so: Das kühle Wasser des Humboldt-Stroms kühlt die heiße, sonnenerhitzte Atmosphäre derart ab, daß man morgens und abends mit Nebel rechnen muß. Weil der Nebel aber in höheren, heißen Luftschichten getrocknet wird, gibt es kaum Niederschläge. Entsprechend trostlos bieten sich weite Strecken der Traumstraße dem Blick dar: Dünen – Geröllfelder – auf dem Wüstenboden ausgedörrte, entwurzelte distelähnliche Pflanzenstrünke, aus denen die Einheimischen an Hügelwänden Schriftzeichen zusammensetzen – wie riesige Werbeslogans.

Die Bilder ändern sich abrupt: üppige Täler mit Baumwollfeldern, beiderseits der Fahrbahn Obst- und Zuckerrohrplantagen. Am Straßenrand verkaufen Indios Früchte, Gemüse und freilich Pisco, den geliebten Schnaps, und Wein in dickbauchigen Flaschen. Kaum an den Anblick solcher Oasen voller Lieblichkeit gewöhnt, gibt es einen harten Schnitt im Landschaftsfilm, weiter geht es mit der atembeklemmenden Trostlosigkeit der Wüste, ein Kaleidoskop von Meer, Nebel, azurblauem Himmel, unbewohnter Wüste und Streifen fruchtbaren Landes.

Mit überhöhten Geschwindigkeiten rasen Busse entlang, in denen sich Touristen auf dem Weg nach Nasca einen Dauerschnupfen holen – in der Zugluft der Air-condition, der niemand entweichen kann. Ein bißchen Schwitzen wäre bekömmlicher, aber dieser verfluchte Komfort wird verlangt.

Im Museum von Ica starren mich merkwürdig deformierte Schädel an

Ich warte auf Professor Cabrera.

Aus Museumsvitrinen starren Totenschädel, die aus alten Gräbern um Ica herum geborgen wurden. Sie sind mißgestaltet. Die Deformationen beginnen an den Schläfen, wölben sich wie die Leiber von Hornissen ab den Stirnen nach oben. Die Hinterköpfe haben oft das dreifache Volumen eines normalen Schädels.

In klugen Büchern findet sich diese Erklärung für die Monster:

Inkapriester wählten Knaben in sehr jungen Jahren aus, legten ihre kleinen, noch nicht verfestigten Köpfe zwischen gepolsterte Bretter. Durch Scharniere wurden Schnüre gezogen, die langsam und stetig den Zwischenraum enger machten. Einige Kinder müssen unter unsäglichen Qualen die Prozedur überlebt haben, sonst gäbe es diese deformierten Schädel ausgewachsener Männer nicht.

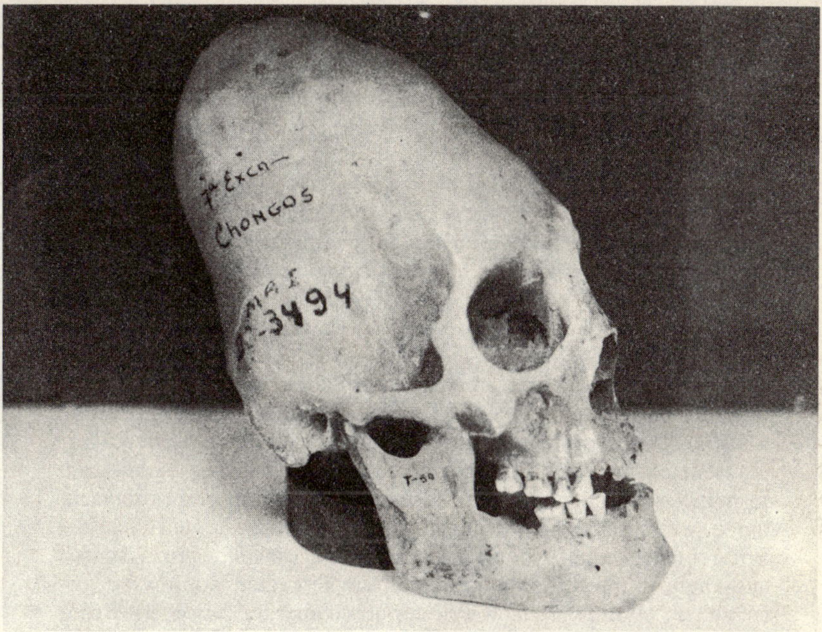

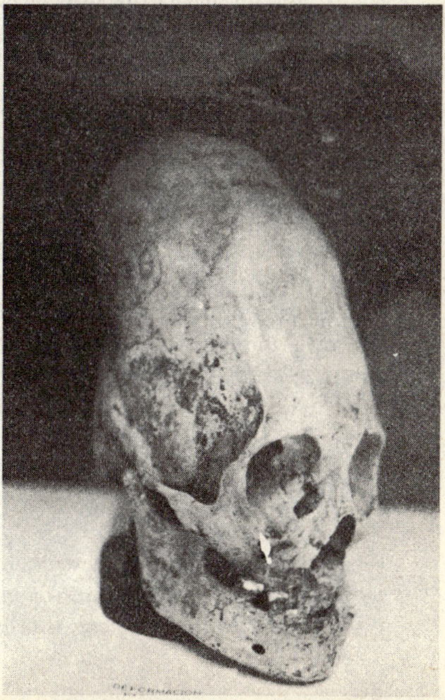

Im Museum von Ica fotografierte ich diese deformierten Schädel. Haben sie uns etwas zu sagen?

Der Anblick dieser Monsterköpfe wie aus dem Schauerroman ›Frankenstein‹ der Mary Shelley (1797–1851) reizte mich zu Fragestellungen.

Wozu und weshalb fanden diese qualvollen Rituale statt?

Wie kam man auf die perverse Idee, Kinderschädel zu deformieren? Schädel dieser Art sind keine peruanische, keine südamerikanische Spezialität, sie findet sich bei den Maya in Zentralamerika, im Nordwesten der USA bei den *flathead* (Flachkopf-)Indianern, auch im alten Ägypten (13). Die Völker scheinen etwas nachgeahmt, kopiert zu haben.

Ob die Version stimmt – niemand war dabei –, daß die Deformierten zu Priestern und Oberpriestern ausgewählt wurden? Warum? Mußten Kinder mißbildet werden, damit ihre ausgewachsenen Schädel vielleicht den alten Göttern gleich schienen? War man irgendwann respekteinflößenden, klugen Wesen begegnet und strebte danach, ihnen wenigstens äußerlich ähnlich zu sein? Bedienten sich die Priester eines barbarischen Tricks, um den entschwundenen Gestalten entliehene Allmacht mit einer gewaltsam geprägten Kopfmaske vorzugaukeln? Wollten sich die Priester durch überdimensionierte Schädel vom gemeinen Volk unterscheiden, Auserwählte sein? Möglich, denn die Verunstaltungen sollen im geheimen stattgefunden haben.

Gäbe es diese gemeinen Relikte einer brutalen Vergangenheit lediglich im Raum *eines* Volkes, ließen sich dafür womöglich spezielle, religiös bedingte Ursachen ermitteln, doch es gibt sie in weit voneinander entfernten Gebieten, auf anderen Kontinenten. Praktizierte man die Schädelformationen, um den Kopf von Wesen nachzuahmen, die man gesehen hatte, als sie unter den Menschen weilten? Sollten deformierte Schädel etwas von der Aura der mächtigen Gebieter in eine ferne Zukunft retten – wenigstens optisch? – Wäre nur eine dieser Fragen zustimmend zu beantworten, könnten diese Schädel signifikante Hinweise auf das Aussehen der Außerirdischen sein, die vor langer, langer Zeit unsere Vorväter mit ihrer Anwesenheit beglückten.

Marsch über den Lochstreifenbandwurm

Professor Cabrera beendete mein Grübeln mit einem Begrüßungsredeschwall besten südländischen Temperaments. Wir tranken eine Pisco-sour, und ich zeigte ihm die Steckbrieffotos vom löchrigen

Band, das durch seine Heimat führt. Er kannte es nicht und zweifelte erst recht, als ich ihm versicherte, daß es keine 100 Kilometer von Ica entfernt über Höhen und Tälern dahinzöge.

»Im Tal von Pisco? Ich kenne es genau, ich flog mehrmals drüberweg, ich kenne auch die Hacienda Montesierpe. Dieses merkwürdige Band habe ich nicht gesehen«, gestand Cabrera.

Er blieb auch skeptisch, als wir am nächsten Morgen über die Panamericana nach Pisco fuhren. Jedesmal, wenn ich durch Pisco fahre, wird mein Magen rebellisch. Pisco stinkt, ich kenne keine zweite Stadt, die solche Gerüche versendet. Im Hafen liegt eine stattliche Fischfangflotte. Fischfabriken nahebei stellen kein Rosenöl her, sondern nur stinkendes Fischmehl. Der ›Duft‹ von Pisco, eine Wolke von Tran, liegt abscheulich auch über der Küstenstraße, er erinnert mich an Kindertage, als mir meine Mutter mit großem Löffel Lebertran einflößte. Der Vitamine wegen, die Kinder zum Wachstum brauchen. Kinder haben es heute besser, sie lutschen wohlschmeckende Vitamintabletten. – Den Hühnern werden horrende Mengen Fischmehl verfüttert – mit dem Erfolg, daß Eier und Hühnerfleisch fischig schmecken. Verdirbt mir anderswo in unserer so humanen Welt der Gedanke an KZ-Hühner den Appetit auf einstmals so gern verspeiste Poulets, tut es hier der Fischhuhngeschmack.

Es war ein strahlendblauer Tag, er hißte Fähnchen der Hoffnung auf Erfolg. – Vier Kilometer nördlich von Pisco führt eine Schotterstraße ins Pisco-Tal nach Humay, dann weiter hinauf in die hohen Anden nach Castrovirreyna und Huancavelica. Wo Wasser durch Leitungen auf die Felder gesprengt wird, gedeihen Früchte und Gemüse. Immer wieder irritierend ist der jähe Übergang von Wüste in Kulturlandschaft und umgekehrt. Fels- und Sandhügel flankieren die kurvenreiche, schmale Straße.

Nach 31 Kilometern passieren wir das Städtchen Humay, nach fünf Minuten erreichen wir die Hacienda Montesierpe. Wir kurven in den Innenhof, der mal bessere Zeiten gesehen hat: An das ehemalige Herrschaftshaus wurden Katen angebaut, eine Kirche, deren Dach einstürzte, kleine Statuen, deren Köpfe im Dreck liegen, an den Mauern des Herrenhauses und der Kirche blättern Malereien ab. Seit der ersten Landreform unter der damals sozialistischen Militärregierung, als die Besitzer vertrieben wurden, verlottert alles, was wert wäre, erhalten zu bleiben. Repariert wird nur das Allernötigste. Den Indios geht es so schlecht wie vor der Revolution. Ein Unrechtsregime wurde gestürzt, das nächste von gleicher Qualität übernahm die

Macht, und Leidtragender bleibt der kleine Mann.

Braungebrannte Kinder mit großen, dunklen Augen scharten sich um uns, steckten in zu großen oder zu kleinen Kleidern und Hosen, zerfetzt, erbarmungswürdig schmutzig. Die Revolution versprach auch hier ein neues Paradies. Nichts hat sich geändert. Es ging wieder mal nur um einen Machtwechsel.

Professor Cabrera ging ins Haus, ich folgte ihm. Er zeigte meine Fotos einer dicklichen Matrone, die auf dem Spinnrad Schafswolle zwirnte. Neben ihr türmte sich eine Pyramide aus Orangen, über ihr trockneten an Schnüren löchrige, farbige Hemden.

Cabrera redete wie die Matrone Wortsalven, die zu verstehen meine schmalen Spanischkenntnisse nicht erlaubten. Er trat zu mir und berichtete, daß die Matrone Ähnliches nicht kenne, nie gesehen habe. Fiel mir der Architekt Carlos Milla mit seiner Behauptung ein, nur 300 Meter von eben dieser Hacienda entfernt würde ich mein Ziel finden. Das hätte die Matrone, die fraglos nie im Leben den Ort verließ, wissen müssen!

Das Wrack eines Traktors ratterte in den Hof. Sofort trabte Cabrera auf die beiden Männern zu und bat um Auskunft. Ich hielt mich in Distanz, las in den Gesichtern, was gesagt und gedacht wurde. Endlich, endlich nickte einer der beiden Traktorfahrer, er wußte also etwas. Mit unsäglich müder Armbewegung deutete er auf die Berge hinter der Hacienda. Ohne Cabreras Nachricht abzuwarten, schulterte ich meine Kameras.

Hinter der Hacienda ist das Kulturland nur ein Streifen von 250 Metern. Hintereinander erklettern wir auf engem Pfad den ersten Hügel, halten an, prüfen die Landschaft ringsumher, nichts vom löchrigen Band ist auszumachen. Wir keuchen weiter, die Sonne dörrt uns aus, die Luft ist stickig.

Wir legen eine Pause ein, setzen uns. Das Licht ist grell, die Sonne steht fast lotrecht über uns, es gibt so gut wie keine Schatten. Derzeit habe ich Probleme mit meinen Augen, sie schmerzen oft, vertragen kein helles Licht. Manchmal denke ich, das rührt von dieser Mittagsstunde her, als ich mich anstrengte, im gleißenden Licht Konturen zu finden, Anhaltspunkte, kleine Hinweise. Damals schmerzten mich meine Augen wie heute, da ich am Schreibtisch sitze und im hellen Licht der Lampe schreibe. Manchmal flirren, zittern die Zeilen wie auf dem Hügel die Hänge, die Ränder der Wüste.

Täuschten mich meine Augen? In der flimmernden, irisierenden Luft zeichneten sich auf der anderen Seite des Tals schwarze Streifen

Nördlich von Pisco führt eine Schotterstraße ins Pisco-Tal, dann weiter hinauf in die Hohen Anden

ab, eine schwarze Schlange, die sich in die Hügel schmiegte. Ich sagte nichts, nahm das Teleobjektiv, kontrollierte meine Beobachtung. Es bestätigte, was ich mit blankem Auge sah: Irgendwo aus dem Dunst der Ferne kroch das Band heran, über Hügel und Täler, und endete im Feld des Kulturlandes des Pisco-Tals. In meiner Überlegung konstruierte ich das Gebilde weiter. In Verlängerung seiner Linie mußte es in unsere Nähe führen. Cabrera reichte ich das Teleobjektiv, deutete auf den Punkt, an dem er seine Suche ansetzen mußte. Er sah, was ich sah, ich täuschte mich nicht.

Wir mußten hangaufwärts steigen, um einen genaueren Überblick zu gewinnen. Wir keuchten. Wir kletterten auf den Bergrücken zu, rechts und links von uns nur ausgedörrte Täler, Geröll, Flimmern über der Erde, und immer dieses Geröll, das verbot, die Augen anzuheben. Wir stolperten. Und ich stolperte in das erste Loch des dunklen Bandes . . .

Sofort wußte ich: Das ist es!

Professor Cabrera, der Skeptiker, kratzte sich im Haar seines verschwitzten Hinterkopfs, starrte auf den Boden, sah mich an: »Erich, wir sind da!«

Das Loch, vor dem ich stolperte, hatte einen Durchmesser von einem Meter und war genauso tief. Gleich daneben ein zweites, ein drittes, ein viertes Loch, wirklich ein Lochstreifenband, das sich von uns aus endlos in die Weite entrollte. Ich hob den Blick, verfolgte die Löcherroute und sah sie weit oben hinter den Bergen verschwinden.

500 Meter oberhalb der Hacienda standen wir in der vordersten Lochreihe. Alle Löcher waren leer, sie enthielten nichts als ein wenig abgebröseltes Geröll, waren einfach da – so, wie mein erster Eindruck von den alten Fotos war: wie von einer Nudelwalze mit exakten Mustern ins Erdreich gedrückt. Hangaufwärts folgten wir der Spur der Löcher, erklommen den Berg wie müde Krieger, doch innerlich glücklich, das Ziel erreicht zu haben.

Mit jedem Stück gewonnener Höhe änderten sich die Bodenlöcher. Auf ihrer Linie plaziert, waren sie immer öfter mit Steinen umrandet. Manchmal sahen wir kleine Mäuerchen, die um sie aufgeschichtet wurden. Auf dem Grat des Berges angelangt, war schließlich jedes Loch ummauert. In endloser Reihe schmiegten sich die Löcher wie die Haut eines Reptils an die Schräge einer Talwand. Es schien, als hätten sich hier Pioniere der Indios auf Befehl hin gleichzeitig in den Boden gegraben, einer neben dem andern auf einer Bandbreite von 24 Metern. In jedem Loch hätte ein Mann Platz gefunden.

War es denn überhaupt eine Verteidigungsanlage? Das ist die erste Frage, die sich aufdrängt. Es müßte eine riesige Armee gewesen sein – mit einer weiten, offenen Flanke über Täler und Höhen. Das spricht gegen jede vernünftige Strategie: eingegraben, hätten die Soldaten Angreifern nicht schaden können, sie waren in ein Bodenloch eingezwängt. Gegen diese Annahme einer Verteidigungsanlage spricht auch der Verlauf des Lochbandes. Würde es sich nur über Kuppen und Grate der Hügel und Berge erstrecken, könnte es einen Sinn erfüllen: Von oben her hätten sich – wenn denn hier irgendwas zu verteidigen war – die Angreifer, bergwärts kämpfend, zeigen müssen, sie wären im Blickfeld gewesen. Große Verteidigungsanlagen wie die Inka-Mauer in Peru, wie die berühmte große Chinesische Mauer beherrschen Bergrücken. Logischerweise. Mittelalterliche Rittersleute pflanzten ihre Burgen auf Bergkuppen, von denen aus jeder Feind im Tal sichtbar war. Hier gilt das alles nicht, weil das Lochstreifenband sich oft in eleganten, sanften Windungen in die Täler, an die Hänge

Bis ins Unendliche verfolgte unser Blick das Band. Ohne Grenze, wurde es vom Dunst verschluckt, aufgesogen

schmiegt. Wären die Löcher Einmannbunker von Verteidigern gewesen, hätten sie oftmals tiefer gelegen als die heranrückenden Heere.

Welchen Zweck erfüllten die Aberhunderte, Abertausende von Erdlöchern? Zu keiner Zeit gab es hier Lehmboden, der das Eingraben zum Kinderspiel gemacht hätte, hier war immer steiniger, harter, trockener Boden. Wozu aber gab man sich der mühevollen Arbeit hin?

Nebeneinander hockten wir uns in die Löcher. Wir spähten den Berg hinauf, sahen in die Täler hinunter, verfolgten das Band bis in die Ferne, wo es die grelle, glimmernde Hitze verschluckte.

War es eine Begräbnisstätte? Es wäre die einzige auf der Welt, über viele, viele Kilometer hin angelegt, deren Gräber nicht verdeckt worden wären. Grabstätten weisen immer irgend etwas vor, das auf ihre Bestimmung deutet – Erinnerungssteine, Reste von ausgebleichten Knochen, Grabbeigaben. Nichts gibt es hier oben, was darauf hindeutet.

Markierten die Löcher die Grenze eines Hoheitsgebietes? Auch bei primitivem Denken wäre der Aufwand des Löchergrabens ungeheuerlich gewesen. Nebeneinander gelegte Steine hätten den Zweck auch erfüllt. Hätte man Grenzmarkierungen auch an den Schrägseiten der

Talwände hinaufgeführt? Selbst ein diktatorischer Herrscher, der seine Untergebenen mit dieser Arbeit piesackte, hätte Flußläufe als Markierung akzeptiert. Das Lochstreifenband aber führt manchmal daran entlang, läuft gerade, macht eine Kurve, eine Infrastruktur sondergleichen. Eine Grenzmarkierung ist es sicher nicht gewesen. Was aber war es?

Wurden hier auf einer signalhaften Linie Zeichen gesetzt? Läßt sich's vorstellen, daß in dunklen Nächten – am Geburtstag eines Herrschers, eines Priesters – hunderttausend Indios in den Löchern kauerten und auf ein dröhnendes Kommando hin Fackeln entzündeten? Eine Lichterkette von der pompösen Pracht der Straßen von Las Vegas illuminierten? Ach, auch dazu brauchte man keine Erdlöcher, dazu mußten die Indios lediglich in Linie antreten.

Ging es hier wie auf der Ebene von Nazca – nur 180 Kilometer Luftlinie südlich – um Zeichen für die Götter? Hat das Band eine astronomisch bestimmte Ausrichtung? Das wurde bisher nicht untersucht. Die alten Aufnahmen aus *National Geographic* sind vergessen, das Lochstreifenband ist unbekannt, in keinem Werk erwähnt. Ich bin mir nicht sicher, ob die alten Fotos in Archiven schmoren. Wurden sie – mit Katalognummern versehen – abgelegt, so daß sie irgendeines Tages einen jungen, noch nicht betriebsblinden Archäologen animieren, dem Rätsel der Anden nachzugehen? Mir fehlen die Mittel, den nötigen Forschungsaufwand zu finanzieren. Mindestens habe ich dem Unbekannten den Weg vorbereitet. Er muß das Ziel nicht mehr im Irgendwo suchen, er kann der Strecke folgen, die ich beschrieb.

Kurz bevor ich Ica verließ, ermittelte Professor Cabrera, daß die Einheimischen das Band seit Jahrhunderten *la avenida misteriosa de las picaduras de viruelas*, die rätselhafte Straße der Pockennarben, nennen.

In der Tat, die Straße ist rätselhaft. Selbst unsicher, was da in Peru über Hügel und Täler als Zeichen der Vergangenheit mahnt, bitte ich um Lösungsvorschläge. Ich werde begierig jede Anregung lesen, die mich hier erreicht: CH-4532 Feldbrunnen SO, Baselstraße 10.

Götterdämmerung?

BILDQUELLENVERZEICHNIS

Fotos Erich von Däniken: Seite: 23, 46, 49 unten, 50, 53, 64, 71, 72, 84, 85, 86, 90, 91, 136, 140 oben, 162, 180, 183, 204, 205, 208, 218, 219, 221, 223, 229, 231, 233, 234, 237, 238, 239, 241, 243, 247, 251, 253
Farbteil: Bild Nr. 1, 2, 4, 11, 13, 14, 15, 16, 17, 19, 20, 21, 23, 24, 25, 29, 30, 31, 32, 33, 34, 35

Fotos Enrico Mercurio: Seite: 49 oben, 209
Farbteil: Bild Nr. 3, 6, 7, 8, 10, 18

Fotos Willi Dünnenberger: Seite: 40, 47, 179, 191
Farbteil: Bild Nr. 5, 9, 12, 22

Fotos Prof. de Aquilar: Seite: 140 Mitte und unten

Fotos Dr. Gene Philipps
ANCIENT ASTRONAUT SOCIETY: Seite: 210, 212, 214

Fotos W. Siebenhaar: Seite: 236

Fotos Andreas Faber-Kaiser: Farbteil: Bild Nr. 26, 27, 28

Fotos »Wide World«: Seite: 197, 199

BIBLIOGRAPHIE

1 Reise nach Kiribati

1 Grimble, Arthur: A Pattern of Islands, London 1970
2 Grimble, Rosemary: Migrations, Myth and Magic from the Gilbert Islands, London – Boston 1972
3 Tentoa Tewareka: This is Kiribati – Curriculum Development Unit Offset, Tarawa 1979
4 Kiribati – Aspects of History, Ministry of Education, Training and Culture, Tarawa 1979
5 Aitken, Robert T.: Ethnology of Tubuai, Bishop Museum, Bulletin Nr. 70, Honolulu 1930
6 Buck, Peter H.: Vikings of the Pacific, Chicago 1972
7 Handy Craighill, E. S.: The Native Culture in the Marquesas, Bernice P. Bishop-Museum, Bulletin Nr. 9, Honolulu 1923
8 Handy Craighill, E. S.: Polynesian Religion, Bernice P. Bishop-Museum, Bulletin Nr. 34, Honolulu 1927
9 Andersen, Johannes C.: Myths & Legends of the Polynesians, Vermont – Tokyo 1969
10 *Bild der Völker*, Band I: Die Bewohner der Gilbert- und Ellice-Inseln, Hrsg. Dr. John Clammer, Wiesbaden o. J.
11 Turbott, I. G.: The Footprints of Tarawa, Journal of the Polynesian Society, Extract from Vol. 58. No. 4, December 1949, Wellington, New Zealand

2 Aus irgendeinem Grunde

1 Geoffrey, B.: Faustkeil und Bronzeschwert, Hamburg 1957
2 Atkinson, R. J. C.: Was ist Stonehenge? Hrsg. Department of the Environment, Crown Copyright 1980
3 Hawkins, Gerald S.: Stonehenge Decoded, New York 1965
4 Atkinson, R. J. C.: Moonshine on Stonehenge, Antiquity, vol. XL, 1966
5 Hoyle, Fred: Speculations on Stonehenge, Antiquity, vol. XL, 1966
Hoyle, Fred: From Stonehenge to Modern Cosmology, San Francisco 1972
6 Thom, Alexander: Megalithic Sites in Britain, London 1967
Thom, Alexander: Megalithic Astronomy, The Journal of Navigation, vol. 30, No. 1, 1977
7 Paturi, Felix R.: Zeugen der Vorzeit, Düsseldorf 1976
8 Grimm, Rudolf: Geheimnisvolles Stonehenge, Prager Volkszeitung, 11. 4. 1980
Im Süden Englands steht ein ›Computer‹ der Steinzeit, Weser-Kurier, 4. 10. 1979
9 Krupp, Edwin C.: Astronomen, Priester, Pyramiden, München 1980

10 Stempel, Fritz: Das steinerne Rätsel von Stonehenge, PM-Magazin 2/1980
11 Sofaer/Zinser/Sinclair: A unique solar marking construct, *Science*, 19. 10. 1979, vol. 206
12 Myles-Chadwick: Die Kelten, Zürich 1966
13 Eliot, Alexander u. a.: Mythen der Welt, Zürich 1978
14 de Camp: Geheimnisvolle Stätten der Geschichte, Düsseldorf 1966
15 Robins, G. V.: The Dragon Stirs, *Alpha*, Juli/August 1979, London
16 Grinsell, L. V.: The Rollright Stones and their Folklore, Guernsey C. I., 1977
17 Archäometrie – Physiker schreiben die Geschichte neu, Bild der Wissenschaft, 7/1978
18 Topper, Uwe: Das Erbe der Giganten, Olten 1977
19 Homet, Marcel F.: Nabel der Welt – Wiege der Menschheit, Freiburg 1976
20 Buck, P. H.: The Rangi Hiroa, Ethnology of Tongareva, Honolulu 1932, Bernice P. Bishop-Museum, Bulletin 92
21 Warwick-Trump: Lexikon der Archäologie, Bd. 1 + 2, Hamburg 1975
22 Aubrey, Burl: Rings of Stone, London 1979
23 Our World of Mysteries, Radio Times London, August 1980
24 Charpentier, Louis: Das Geheimnis der Basken, Olten 1977
25 Wernick, Robert: Steinerne Zeugen früher Kulturen, Hamburg 1977

Allgemein:

Lübbes Enzyklopädie der Archäologie, Hrsg. Daniel-Rehork, Bergisch-Gladbach 1980
Zanot, Mario: Die Welt ging dreimal unter, Wien 1976
von Cles-Reden, Sybille: Die Spur der Zyklopen, Köln 1960
Bruce, Cathie: The Pulse of the Universe, Wellington 1977
Bord, Volin + Janet: Mysterious Britain, London 1974
Riesenfeld, A.: The megalithic culture of Melanesia, Leiden 1950

3 Geist – der Urgrund aller Materie

1 Arber, Werner: Wie die Schöpfung hier und jetzt weiterwirkt, Basler Zeitung, 21. 6. 1980
2 Illies, Joachim: König Wissenschaft, der neue Tyrann, *Die Welt*, 18. 6. 1980
3 Thürkauf, Max: Der Primat des Geistes, Esotera, Februar 1980
4 Chargaff, Erwin: Der Teufel steigt von der Wand, *Der Spiegel*, 39/1980
5 Charon, Jean E.: Der Geist der Materie, Wien – Hamburg 1979
6 Wilder-Smith, E. A.: Grundlage zu einer neuen Biologie, Stuttgart 1974
7 Charon, Jean E.: Theorie de la relativité complexe, Paris 1977
8 Taylor, John: Die Schwarzen Sonnen, Bern – München 1974
9 Breuer, Reinhard: Schwarzes Loch im Zentrum der Milchstraße, *Bild der Wissenschaft*, November 1977
10 Kippenhahn, Rudolf: 100 Milliarden Sonnen, München 1980
11 Garanger, José: Sacred stones & rites of ancient Tahiti, Paris 1979
12 Zier, Wilhelm: Hölle im Paradies, Düsseldorf 1980

13 Aitken, Robert T.: Ethnology of Tubuai, Bishop Museum, Bulletin No. 70, Honolulu 1930
14 Biedermann, Hans: Magnetische ›Dickbäuche‹ in Guatemala, Universum, 3/1980, Wien
15 Eckert, Michael: Magnetsinn des Menschen? *Süddeutsche Zeitung*, 23. 10. 1980
Allgemein:
Ford, Arthur: Bericht vom Leben nach dem Tode, Bern 1973
Dethlefsen, Thorwald: Das Leben nach dem Tode, München 1974
Bernstein, Morey: Protokoll einer Wiedergeburt, Bern 1973

4 Auf der Jagd nach Enten und grünen Männchen

1 Gris, Henry: Is there a dead ship from outer space? Rand Daily Mail, SWA, 20. 8. 1979
2 Scientists discover damaged alien spacecraft is in orbit around earth/ National Enquirer, Lantana, Florida, August 1979
3 Abschrift des Tonbandinterviews von Henry Gris mit Professor Bozhich und anderen, Archiv EvD
4 Bagby, John P.: Terrestrial Satellites: Some direct and indirect evidence, *Icarus*, No. 10/1969
5 Brief Professor Harry O. Ruppe an EvD, 10. 1. 1980
6 Brief Diplomingenieur Jesco von Puttkamer, NASA, an EvD, 28. 1. 1980
7 Brief Professor Frank D. Drake, Direktor des National Astronomy and Ionosphere Center, Arecibo, an EvD, 12. 1. 1980
8 Will, Wolfgang: Brachten ›Bomben‹ aus dem Weltall das Leben auf die Erde? *Die Welt*, 11. 11. 1980
9 Lahav, Ephraim: Kam Adam aus dem Weltall? *Die Welt*, 25. 6. 1980
10 Kalte Dusche für die grünen Männchen, *Weltwoche*-Magazin, Zürich 1980
11 Abarzua/Posselt: In Gräbern aus uralter Zeit: Tote von anderen Sternen, *Bild*, 29. 4. 1975
12 Chavez, Mauro: Seres de otro mundo en manta? *Vistazo*, Mexiko
13 Um psiqiatrano terreiro, *Gente*, 24. 12. 1979
14 El esqueleto de Panama, *Mundo Desconocido*, Mai 1979
15 Brief Schweizer Botschaft an EvD, 4. 3. 1980
16 Brief Schweizer Botschaft an EvD, 7. 5. 1980
17 Brief Schweizer Botschaft an EvD, 6. 6. 1980
18 Krassa, Peter: Phantome des Schreckens – Die Herren in Schwarz manipulieren die Welt, Wien 1980
19 Kannten die Inkas das Diamanten-Geheimnis? *Bremer Nachrichten*, 5. 6. 1980
20 Möller, Gerd + Elfriede: *Peru*, Pforzheim 1980
21 Archäologie um La Silla, *Sterne und Weltraum*, 1980/4

5 Im gelobten Land?

1 Kautzsch, Emil: Die Aprokryphen und Pseudepigraphen des Alten Testaments, Bd. II, Buch Henoch, Tübingen 1900

2 *Kebra Negest*, 23. Bd., 1. Abt., Die Herrlichkeit der Könige, Abhandlungen der Philosophisch-Philologischen Klasse der Königlich. Bayerischen Akademie der Wissenschaften
3 Stoll, Heinrich A.: Die Höhle am Toten Meer, Hanau-Main, 1962
4 Dupont-Sommer, André: Die Essenischen Schriften vom Toten Meer, Paris 1959
5 Burrows, Millar: Mehr Klarheit über die Schriftrollen, München 1959
6 Philo Judaeus Alexandrinus: Die Werke Philos . . . Deutsche Übersetzung von Leopold Cohn, Breslau 1909
7 Flavii Josephi: Altertümer wie auch der Krieg der Juden mit den Römern . . . Joh. Baptista Ott, Zürich MDCCXXXV, Phi Hebraei, Historio de bello Judaico
8 Neue Beweise der Prä-Astronautik – Die Vorträge vom Kongreß der *Ancient Astronaut Society*, München 1979, Rastatt 1979
9 Davenport, David W.: 2000 A. C. Distrizione Atomica, Milano 1979
10 Maharshi Bharadwaaja: Vymaanika-Shaastra Aeronautics, Translated into English and Edited, Printed and Published by G. R. Josyer, Mysore, India 1979

Allgemein:

Faber-Kaiser, Andreas: Jesus died in Kashmir – Jesus, Moses and the Ten Lost Tribes of Israel, London 1977

6 Götterdämmerung

1 Greene, Merle: Maya Sculpture, Berkeley 1972
2 Wuthenau, von, Alexander: Unexpected Faces in Ancient America
3 Tschudi, von, Johann Jakob: Reisen durch Südamerika, Leipzig 1869
4 Alcino, José: Die Kunst des alten Amerika, Freiburg 1979
5 Cieca de Leon, Pedro: La Chronica del Peru, Anvers 1554
6 de Castro/del Castillo: Teatro Eclesiastico de las Iglesias de Peru y Nueva Espana, Madrid 1651
7 d'Orbigny, Alcide: Voyage dans l'Amérique Méridionale, Paris 1844
8 Stingl, Miloslaw: Die Inkas, Düsseldorf 1978
9 Stübel, A., und Uhle, M.: Die Ruinenstätte von Tiahuanaco im Hochland des alten Peru, Leipzig 1892
10 Huber, Siegfried: Im Reich der Inka, Olten 1976
11 de la Vega, Garcilaso: Primera Parte de los Commentarios Reales, Madrid 1723 und Historia General del Peru, Segunda Parte, Madrid 1722
12 Ubbelohde-Döring, Heinrich: Kulturen Alt-Perus, Tübingen 1966
13 Dingwall, E. J.: Artificial Cranial Deformation, London 1931

Allgemein:

Möller, Gerd + Elfriede: Goldstadt-Reiseführer *Peru*, Pforzheim 1976
Tiahuanaco oder die Schweigenden Steine, aus: ›Die letzten Geheimnisse unserer Welt‹, Das Beste
Helfritz, Hans: Südamerika: Präkolumbianische Hochkulturen, Köln o. J.

Kennedy-Skipton, R.: Bild der Völker, Band 5, Südamerika, Wiesbaden o. J.
Kubler, George: The Art and Architecture of ancient America, Harmondsworth 1962

LEGENDEN ZUM FARBTEIL

1 Seit Urväterzeiten erledigen die Eingeborenen am Strand von Tarawa ihre Notdurft in Pfahlhütten weit im Meer, die über schwankende Palmstämme erreicht werden

2 Am Phosphat, dem einzigen Inselreichtum, wird Raubbau getrieben. Im Hafen von Nauru wird er auf großen Frachtschiffen nach Australien und Neuseeland verladen. – Wie lange noch?

3 Am Strand von Tarawa – einer der sechzehn paradiesischen Inseln im Stillen Ozean. Aber: auch im Paradies wird gestreikt!

4 Die Hütten der kleinen Siedlungen sind total aus dem Material der Palmbäume gebaut. Nach allen Seiten hin offen, haben die meisten nur einen Raum – Treffpunkt der ganzen Familie

5 Wo wir mit unserem kleinen Datsun-Laster auftauchten, waren die kleinen Insulaner unsere ständigen Begleiter, lustig, flink und immer hilfsbereit – soweit sie uns verstanden

6 Teeta, unser schwarzer Engel, öffnet mit der Schneide einer Machete eine Kokosnuß – ihr Saft ist gut gegen den Durst, ihr Fleisch stillt den Hunger, eine gesunde All-round-Nahrung

7 Die Witwe des Pfarrers Kamoriki lud uns zum Nachtmahl ein – mit Köstlichkeiten der Insel gespickt, von einem ›bunten Abend‹ eingerahmt

8 Neben wenigen Regierungs- und Verwaltungsgebäuden gehört das Haus der Kamorikis zu den wenigen Steinbauten auf der Insel – klein, aber randvoll mit Gastfreundschaft

9 Die Maneba, das Gemeindehaus, ist das Zentrum jeden Dorfes. Hier reden nur die Älteren, die Jungen, wenn sie gefragt werden, und Frauen haben keinen Zutritt. Sie plauschen in ihren Hütten

10 Der »Flughafen« auf Abaiang ist wie alle Flughäfen auf den Inseln eine in den Urwald geschlagene Bresche, die Landebahnen sind holprig, Tiere weiden auf ihnen, von schläfrigen Wächtern »bewacht«

11 Zwei von mehreren Kompaßsteinen auf der Insel Arorae. Tief im Boden verankert, weisen sie seit unbekannten Zeiten auf weit im Meer schwimmende ferne Inseln hin

12 Der Tabuort auf der Insel Nordtarawa, in dem nichts gedeiht, ist mit kleinen Steinen zu einem Rechteck markiert. Tatsächlich winden die Palmen ihre Kronen aus dem Kreis heraus

13 Stonehenge, wie man es kennt – die monumentalen Trilithen

14 Bei Rollright begannen die Untersuchungen, die zu ganz neuen Erkenntnissen führten. Links und rechts der Straße ziehen sich die Linien mit den ›sprechenden‹ Steinen hin

15 Von den Gezeiten über Jahrtausende angenagt und zerfressen, haben die Rollrightsteine doch Merkwürdiges zu berichten

16 Das Marae von Arahurahu auf Tahiti besteht aus mehreren Terrassen, die in kleinen Steinen geschichtet sind. Das Marae ist heute noch ein heiliger Ort der Polynesier

17 Auch auf das Marae von Raiatea in Französisch-Polynesien trug Gott Maui einen mit ›Mana‹ beseelten Monolithen

18 Zweimal wöchentlich landet eine Maschine der *Aero Peru* in den Staubwolken des primitiven Flugplatzes in 1800 Metern Höhe in Huanuco – für Touristen zweimal zu viel, denn das hinreißende Bergpanorama ist die einzige Sehenswürdigkeit

19 Kotosh, der ausgeplünderte archäologische Fundplatz am Rande von Huanuco aus vorinkaischer Zeit, wurde zur grünen Wiese und zum Spielplatz für Indiokinder, die ihre Mütter ebenso liebevoll wie streng hüten

20 Im Industal haben Kamele, Hunde und natürlich die heiligen Kühe allemal die unbestrittene Vorfahrt. Sie kennen leider keine Verkehrsregeln

21 Die Pakistani bemalen Laster und Busse in allen Regenbogenfarben und Mustern, um ihren ›Christophorus‹, den Schutzpatron der Straßen, zu becircen. Da die Fahrgäste der sardinenbüchsenvollen Busse lebend ans Ziel kommen, scheinen die farbenprächtigen Gefährte ihren Zweck zu erreichen

22 Auf 2180 Metern Höhe durchfährt man den Banihatunnel. Auf der anderen Seite, urplötzlich nach der Ausfahrt, bietet sich dieser überwältigende Ausblick ins Kaschmirtal dar

23 Immer wieder durchfährt man kleine Dörfchen mit tibetanischem Charakter. Ihre Straßen sind freundlich und sauber wie die zutraulichen Menschen, die in ihnen wohnen

24 Die Randsiedlungen von Srinagar durchfließen Bäche, die heute noch als offene Kanalisation dienen – schön fürs Auge, schlecht für die Nase

25 Auf den Kanälen von Srinagar ankern Hunderte von Hausbooten. Seiner vielen Kanäle wegen wird Srinagar das ›Venedig des Ostens‹ genannt

26 Rauzabal Khanyar heißt die Kirche, in der Jesus begraben sein soll. Es ist ein Wallfahrtsort für Christen, Muslims und Hindus

27 Durch ein kleines Gittertor stieg ich in die Gruft ein, die im allgemeinen nicht betreten werden darf

28 Unter diesem Steinsockel soll nach der Überlieferung der Sarkophag mit dem Leichnam des Jesus von Nazareth ruhen

29 Das Trümmerfeld von Parahaspur vermittelt den Eindruck einer gewaltsamen Zerstörung aus der Luft

30 Hier wie in Südamerika scheinen den Erbauern Maße und Gewichte der Steinkolosse weder für Transport noch Bearbeitung Probleme bereitet zu haben

31 Der Himmel öffnete seine Schleusen. Die Straße nach El Baul stand binnen kurzem unter Wasser, wurde zum reißenden Fluß

32 Das El-Baul-Monument No. 27

33 In Puma-Punku befindet sich dieser seltsame Monolith, der als ›Schreibtisch‹ durch die Literatur geistert

34 Die vorzeitlichen Baumeister von Puma-Punku kannten mit Sicherheit auch den Zirkel als zeichnerisch-technisches Hilfsmittel

35 Von irgendwo nach irgendwo verläuft im Piscotal, Peru, das mysteriöse Band der vielen tausend Erdlöcher, für das es keine Erklärung gibt

REGISTER

Abaiang, Insel 12, 30, 32, 38
Aguilar, Prof. Ramon de 134, 136 f.
Air Nauru 16 f., 19, 63
Air Tungaru 25, 32, 43
Aitken, Robert 55
Almaranganasutradhara 182
Ancient Astronaut Society 14, 178, 195
Antebuka, Dorf 60
Aomata 11
Äquator 17, 25 f.
Arahurahu auf Tahiti 111
Arber, Prof. Werner 101
Archäo-Astronomie 77 ff.
Archäologisches Departement der Universität Cardiff 74
Ardaschir Khurreh, Stadt 149
Arorae, Insel 44 f., 55
Artus, König 81
Artus-Tafelrunde 81
Astronauten 34
Astronomen, steinzeitliche 75
Atkinson, Prof. 74 ff.
Atoll 21, 38
Atu Ona, Insel 52
Aubrey, Burl 96
Aubrey, John 73
Aubrey-Löcher 73, 75 f.
Auckland 16 f.
Auriaria (Licht) 34 f.
Aveni, Anthony 77
Avinski, Dr. Wladimir Iwanowitsch 76, 99
Azhazha, Dr. Vladimir Georgeyvich 119

Baanaba, Insel 21, 62
Bagby, John P. 120 f., 123
Bai-matoa 52
Bairiki, Dorf 32 f.
Baker, Robert R. 115
Bibliothek von Baiiri 38
Biedermann, Dr. Hans 113
Blaustein-Vorkommen 74
Botosha, Dr. Kamil 148
Bozhich, Prof. Sergej Petrovich 117 ff.
Braun, Wernher von 111, 125
Breuer, Reinhard 106
Brownlee, Don E. 129
Burrows, Prof. Millar 176
Butler, Gil 32, 42, 45, 63
Bwere 24–32, 65

Cabrera, Prof. Dr. Janvier 245, 248, 250
Carranza, Oberst Omar C. 198
Chang, Sheerwood 128
Chargoff, Prof. Erwin 101
Charon, Jean E. 102–105, 107 f., 115
Charpentier, Louis 99
Chioini, Oberst Omar 215, 244
Clarke, Arthur C. 96
Code, genetischer 110
Collins 141 f.
Conant, James Briant 125
Crick, Francis C. 110
Croiset, Gerard 110
Curie, Marie 56

Davenport, David W. 183 f.
Drake, Prof. Frank 124
Dreifaltigkeitsgott ›Ku-kau-akahi‹ 54
Druiden 73
Druidentempel 73
Dünnenberger, Willi 15, 48, 152
Dupont-Sommer, Prof. Andrée 176

Eddington, Arthur 111
Eddy, John A. 77
Egger, Friedrich 213
Einstein, Albert 67, 103, 106, 109, 115
Elle, megalithische 76
Ellice-Inseln 48
Elsässer, Prof. Hans 128
Eritaia, Pastor 14, 22, 24
Etana 38
Ethnologen 37, 54 f.
Evolutionslehre 79, 89

Faber-Kaiser, Andreas 134 ff.
Faraday, Michael 59
Feynman, Prof. Richard Phillips 107
Fidschi-Inseln 13, 51
Fixsterne 76
Flavius Josephus 176
Flugapparate 178 f., 184, 187 f.

Geoffrey, Mönch 81
Gesellschaftsinseln 53
Gilav, Prof. Emmanuel 129
Gilbert Islands 13
Grimble, Arthur 26, 34, 36
Gott Maui 52, 113
Gott Tagaloa 54
Götter-Astronauten-Theorie 34
Guatemala, Tikal 208

Hässig, Dr. Rosina 55
Hassnain, Prof. Dr. F. M. 170–172, 174, 178
Hawaii-Inseln 48, 54
Hawkins, Gerald 75–77
Hegglin, Pater 55
Helmholtz, Herman Ludwig Ferdinand von 128
Henoch, Prophet 164 f.
Hesekiel, Prophet 9
Homet, Prof. Marcel 91
Hoyle, Sir Fred 76
Huber, Siegfried 225

Illies, Prof. Joachim 101
Indonesien 25
Inka 141, 198
Irland 67 f., 82, 96
Israeliten 163

Jakob, Erzvater 92 f., 97
Jakob I., König 72
Jesus 168 ff., 175 ff.
Jones, Inigo 72

Kaaba 95
Kalkutta 184 f.
Kamoriki, Pastor 14, 20–22, 24, 27
Kanjilal, Prof. Dr. Dileep Kumar 178 f.
Kapstadt 10
Karitoro (Energie) 34 f.
Karl II., König 73
Karolinen-Gruppe, Inseln 25
Kaschmir-Legende 161
Kaschmir-Tal 161 f.
Kausitaki 181
Kebra Negest 167
Kei-Ani, Berg 52
Kippenhahn, Prof. Rudolf 108
Kiribati, Inseln 10 f., 13 ff., 29, 32, 52, 55, 63
Koralleninsel 12, 21
Krupp, Edwin C. 77 f.
Kybele 94

Landeplatz der Götter 12
Lavoisier, Antoine Laurent 142
Leben, außerirdisches (extraterristrisches) 128 ff.
Le Paige, Gustavo 133
Loch, Schwarzes 106 f., 110
Lockyer, Sir Joseph Norman 73

Magnetfeld 87, 114 ff.
Mana 112 f.

Maneba 31, 45
Maoris 51
Marae 111 f.
Matinaba 52
Matiriki 52
Maya-Stelen 211
May-Tempel 211
Magalithbauten 98
Megalithen 67
Megalithikum 78
Megalith-Steinkreis 90
Megalith-Zentren 69
Mercurio, Rico 15, 47, 142
Merlin, Prophet und Magier 81 f.
Mikromonde 120
Mikronesier 13, 25
Millar, Carlos 216, 244 ff., 250
Mohammed 95
Mohenjo-Daro 183
Monod, Jaques 131
Monolith 41, 48 f., 55, 111, 220
Monolithenkreis 72
Monte Alban, Mexiko 207
Molekulargenetik 101
Mormonen 26
Mose-Grab 163, 171
Mythologie 24 f., 51 f.
Mythos von Nareau 34

Nareau, Gott 33 f., 65
NASA 123, 125
Nauru 13, 16 f.
Nauru-Phosphat-Corporation 17
Nei Tewenei, Komet 34
Neolithikum 69, 81
Neu-Guinea 33
Neuseeland 14, 16, 51
Niraki-ni-Karawa 38
Niutao, Insel 48

Observatorium, steinzeitliches 75 f.
O'Keefe, Dr. John 123
Otintai-Hotel 20, 24, 27, 56

Panamericana 245
Papin, Denis 168
Paturi, Felix R. 76
Pembrokeshire 74
Pentagramm 76
Persien 193
Peru 196
Phillips, Dr. Gene 200, 211
Photonen 108
Photonentriebwerke 35
Phytagoras, Lehrsatz des 70
Pisco-Tal 245, 251
Planck, Max 116
Polymere 129
Polynesier 51
Pulsar 106
Puma-Punku-Ruinenfeld, La Paz 217, 219–235, 242
Puttkamer, Jesco von 123
Pythia 94, 98

Raiatea, Insel 111
Raivavae, Insel 52
Rauzabal Khanyar, Wallfahrtsstätte 177
Riese Tabuariki 62
Rigveda 181
Robins, Dr. G. V. 83 f., 88, 111
Roche-Grenze 124
Ruinenfeld von Mohenjo-Daro 148 f.
Ruppe, Prof. Dr. Harry O. 122

Sadduzäer 176
Sängers, Prof. Eugen 35
Salisbury 67
Salomo, König 167 f.
Samaranganasutradhara 182
Samoa-Inseln 38, 48, 51, 54
Sanskrit 186
Sanskrit-Buch 174
Sanskrit-Texte 177, 179, 187 f.
Sanskrit-Überlieferung 175
Sassaniden 149
Satapatha Brahmana 181

Satelliten, geostationäre 120
Satelliten, irdische 120
Satelliten, künstliche 120, 123, 127
Scarborough, Reverend C. 10 f., 13 f., 22, 24, 30, 38, 41 f., 46, 48, 56, 60 ff., 65
Schklowskij, Prof. J. S. 130 f.
Schottland 67
Schöpfergott Ta'aroa 54
Schwarzer Stein 95
Schwarzschild, Karl 106
Schwarzschild-Radius 106
Seefahrer, prähistorische 50
Shaw, G. B. 116
Sikhs 189
Silicate 85
Skylab 121
Sacsayhuaman-Ruinen 237 ff.
Sonnenclan Karongo 26
Sonnenenergie-Kollektoren 182
Srinagar 159 f., 177
Steinkreis, australischer 91
Steinkreis von Ain es Zerka 91
Steinkreis von Ajun-uns Rass 91
Steinkreis von Avebury 68, 73
Steinkreis von Balquhain und Loanhead of Daviot 68
Steinkreis von Brahmagiri 90
Steinkreis von Brodgar und Stennes 68
Steinkreis von Castlerigg 68
Steinkreise von Cullerie und Sunhoney 68
Steinkreis von Garynahine 68
Steinkreis von Gilgal 90
Steinkreis von Lios 68
Steinkreis von Msoura 90
Steinkreis von New Grange 68
Steinkreis von Nioro du Rip 90
Steinkreis von Old Keig 68
Steinkreis von Portela de Mogos 92
Steinkreis Quebrada 91
Steinkreis von Sillustani 90
Steinkreis von Stanton Drew 68
Steinkreis von Stonehenge 68 ff., 89, 113
Steinkreis von Swinside 68
Steinkreis von Temple Wood 68
Steinskulpturen 203
Stonhenge 67, 78 f., 89, 98, 232
Strahlung, schwarze 104 f., 107
Stübel, Alphons 222
Supernova 105
System, kosmisches 109

Tabunia 12
Tabu-Kreis 38
Tabuzone 59
Tamana-Insel 42
Tarawa-Insel 12 f., 15, 19, 21, 31, 42, 55 f., 60
Taylor, John 105
Te Aba-na-Anti 62
Te Bomatemaki 33
Te-Bongi-Ro-Legende 52, 62
Te J-Matang 11
Te Kananrabo 62
Te-Mahara 52
Tebanga, Dorf 39
Technik, außerirdische 233
Technologie, außerirdische 120
Teeta 27–47, 56–65
Tempelruine Cucas 141 ff.
Tepe 19, 30, 45
Tepe Yahya, Stadt 149
Thermolumineszenz-Analyse 87 f.
Thom, Dr. Alexander 74, 76–78, 98
Thürkauf, Prof. Max 101
Tiahuanaco 235
Tinirau 51
Tonga-Inseln 51
Trilithen 75
Tschudi, Johann Jakob von 220, 232
Tuamotu-Inseln 48
Tubuai, Insel 111

UFO's 126
Uhle, Max 222 f.
UNO 130
Urgott Jo 54
Urknall 105
Urleben 129

Vaimanika Sastra 181
Velikovski, Immanuel 77
Vimana (Flugmaschine) 181

Ward, Kapitän 14 f.
Watson, J. D. 110
Watt, Dr. Robin 50
Weltall 33
Wernick, Robert 99
West-Samoa 48
Wilder-Smith, A. E. 102
Wintersonnenwende 70, 75, 80
Wolman, Prof. Yeheskel 129 f.
Wüste Sinai 161

Yajurveda 181
Yuz-Asaf, Prophet 172

Zeit, prähistorische 67
Ziehr, Wilhelm 112
Zolotov, Prof. Aleksej Vasilievich 119

Immanuel Velikovsky

Welten im Zusammenstoß

Ullstein Buch 34112

Ullstein Sachbuch

Zur Zeit des Exodus, als Moses lebte, verdunkelte sich der Himmel, regneten feurige Steine herab, wurden Berge versetzt und versank Land im Meer. So berichtet es die Bibel. Auch in anderen schriftlichen Zeugnissen der Vorzeit werden immer wieder große Naturkatastrophen dargestellt. Sind dies alles nur phantasievolle Übertreibungen der Chronisten, Märchen oder Mythen? Oder beruhen diese Berichte auf Tatsachen?
Immanuel Velikovsky stellt die vieldiskutierte Hypothese auf, daß die in alten religiösen Texten, Tafeln und Kalendern aufgezeichneten Ereignisse Beschreibungen von kosmischen Unglücksfällen, Zusammenstößen und Explosionen von Planeten sind.
Heute stützen die wissenschaftlichen Erkenntnisse des Raumfahrtzeitalters manche Berichte der Alten und die Thesen, die Velikovsky daraus entwickelte.

Immanuel Velikovsky

Erde im Aufruhr

Mit zahlreichen Abbildungen

Ullstein Buch 34125

Die Erde – kein Ort friedlicher Evolution, sondern Teil eines Universums, in dem teilweise tödliche Strahlung herrscht, das durchrast wird von Fragmenten zertrümmerter Himmelskörper. Von erdgeschichtlichen Revolutionen in der Vor- und Frühgeschichte unseres Planeten zeugen versteinerte Pflanzen und Tiere, erstaunliche Skelettfunde, seltsame Höhlen und Flußtäler. Velikovsky analysiert diese naturwissenschaftlich unbestrittenen Fakten auf neue und spannende Weise und führt dem Leser die Erde als einen Planeten im Aufruhr vor Augen.

Ullstein Sachbuch

Immanuel
Velikovsky

Die Seevölker

Mit vielen Abbildungen

Ullstein Buch 34139

Ullstein Sachbuch

Wer waren die »Seevölker«? Waren es Barbarenhorden, die aus dem Norden kommend, über das Mittelmeergebiet hereinbrachen und die hethitische, mykenische sowie andere Zivilisationen zerstörten? Sind sie von Ramses III. im zwölften Jahrhundert v. Chr. zurückgedrängt worden? Handelte es sich bei den Seevölkern tatsächlich um die Philister? – Velikovsky beantwortet diese Fragen und löst zugleich das Rätsel der sogenannten Priesterkönige. Er rekonstruiert auf radikal neue Weise die ägyptische Geschichte und die an ihr orientierte antike Chronologie.